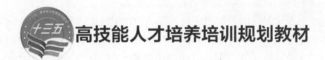
高技能人才培养培训规划教材

数控车削加工案例详解

主　编　吴光明

副主编　闫　博　郭沃辉

参　编　陈炜斌　陈瑞兵

U0322824

机械工业出版社

本书作者凭借近三十年的数控加工经验，采用了先进的项目教学理念，基于广州数控（GKS980TDb）操作系统，由浅入深，列举了 29 个实际生产中有代表性的数控车床加工案例，详细地讲述了数控车床加工工艺和编程技巧，包括常用命令的使用、加工工艺文件的编制、工序的安排以及加工参数的设置等。本书将生产中常用的知识寓于实例中进行精细讲解，并对实例的每一步操作目的和参数设置进行详细的分析，让读者在学习过程中潜移默化地掌握这些实用知识。读者只要按照实例一步步地操作，就一定能掌握数控车床加工工艺及各种常用的编程技巧。

　　本书内容紧密结合职业技能鉴定的要求，以模块化的形式编写，书中 29 个案例分别对应相应职业资格等级的要求。通过对本书的学习和实践，读者可轻松达到数控车床加工高级工以上水平。

　　本书可作为职业院校实训指导用书，也可作为企业和培训机构职业资格鉴定培训教材。

图书在版编目（CIP）数据

数控车削加工案例详解/吴光明主编 . —北京：机械工业出版社，2019.3

高技能人才培养培训规划教材

ISBN 978-7-111-62295-6

Ⅰ . ①数… Ⅱ . ①吴… Ⅲ . ①数控机床–车床–车削–加工工艺–教材 Ⅳ . ①TG519.1

中国版本图书馆 CIP 数据核字（2019）第 050732 号

机械工业出版社（北京市百万庄大街 22 号　邮政编码 100037）
策划编辑：汪光灿　责任编辑：汪光灿　黎　艳
责任校对：张　薇　封面设计：张　静
责任印制：张　博
三河市国英印务有限公司印刷
2019 年 5 月第 1 版第 1 次印刷
184mm×260mm · 17.25 印张 · 426 千字
0001—1900 册
标准书号：ISBN 978-7-111-62295-6
定价：43.00 元

前　言

　　数控加工是 CAD/CAPP/CAM 系统中最能明显发挥效益的环节，它在自动加工、提高加工质量和产品质量、缩短产品研制周期等方面发挥着重要作用，在汽车工业、航空工业、3C 行业等现代制造业领域有着广泛的应用，是智能制造 2025 必不可少的重要环节。随着数控技术的广泛应用，数控机床在现代制造企业中的普及率越来越高，企业对能熟练掌握数控加工工艺和数控编程技术的高技能人才的需求量越来越大。培养大批量社会急需的高技能数控人才已成为职业教育的当务之急。

　　本书基于广州数控（GKS980TDb）操作系统，列举了 29 个来自生产一线的数控车床加工案例，以由简入难、循序渐进的方式对零件加工过程进行细致的分析与讲解。在讲解每个案例的过程中，针对知识点和技能要求，着重分析加工工艺及编程技巧，内容编排通俗易懂，图文并茂，将生产、教学中的经验与技巧运用其中。

　　本书内容紧密结合职业技能鉴定的要求，以模块化的形式编写，书中 29 个案例分别对应相应职业资格等级的要求。全书实例均已通过验证，基本涵盖了数控车床加工零件的常见特征，对加工工艺的分析透彻，增加了加工工艺以及装夹过程的图例步骤，让读者清晰了解零件的整个加工过程，即使是初学者，通过本书也能很直观地看懂零件编程以及加工过程。

　　本书由东莞市高技能公共实训中心组织编写。吴光明任主编，闫博、郭沃辉任副主编，陈炜斌、陈瑞兵参编。其中，陈炜斌编写项目一~项目四，陈瑞兵编写项目五~项目八，闫博编写项目九~项目十七，郭沃辉编写项目十八~项目二十五，其余项目由吴光明编写。在本书编写过程中，东莞理工学校、东莞理工学院城市学院、东莞技师学院、东莞职业技术学院及东莞模具制造相关企业也给予了大力支持，在此一并表示衷心的感谢。

　　由于编者水平有限，书中难免有错误和不妥之处，恳请广大读者批评指正。作者电子邮箱：645674430@qq. com。

编者

目 录

第一篇

轴类零件的加工

项目一

阶梯轴零件的加工

【项目综述】

　　本项目结合阶梯轴零件的加工案例，综合训练学生实施加工工艺设计、程序编制、机床加工、零件精度检测、产品提交等零件加工完整工作过程的工作方法。实施本项目训练学生的专业技能和应掌握的关联知识见表1-1。

表1-1　专业技能和关联知识

专业技能	关联知识
1. 零件工艺结构分析 2. 零件加工工艺方案设计 3. 机床、毛坯、夹具、刀具及切削用量的合理选用 4. 工序卡的填写与加工程序的编制 5. 熟练操作机床对零件进行加工 6. 零件精度检测及加工结果判断	1. 零件的数控车削加工工艺设计 2. 轴向切削加工循环指令（G90）的应用 3. 相关量具的使用

　　仔细分析图1-1所示图样，根据给定的工具和毛坯，编写出合理的加工程序，并加工出合乎要求的零件。

一、零件的加工工艺设计与程序编制

1. 分析零件结构

　　零件外轮廓主要由3个阶梯圆柱面和有关倒角等表面组成。整张零件图的尺寸标注完整，符合数控加工尺寸标注要求，零件轮廓描述清楚完整。

2. 选择毛坯和机床

　　根据图样要求，工件毛坯尺寸为 $\phi20$mm 棒料，材质为硬铝，选择卧式数控车床。

3. 选择工具、量具和刀具

　　（1）选择工具　装夹工件所需要的工具清单见表1-2。

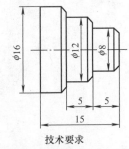

技术要求

1. 毛坯及材料：$\phi20$棒料，硬铝。
2. 未注倒角C1，锐角倒钝。
3. 未注公差按GB/T 1804—m确定。
4. 不得使用锉刀、砂布等修饰工件表面。

图1-1　零件的实训图例 SC001

表1-2　工具清单

序号	名称	规格	单位	数量
1	自定心卡盘	$\phi250$mm	个	1
2	卡盘扳手	—	副	1
3	刀架扳手	—	副	1
4	垫刀片	—	块	若干

（2）选择量具　检测所需要的量具清单见表1-3。

表1-3　量具清单

序号	名称	规格	分度值	单位	数量
1	游标卡尺	0～150mm	0.01mm	把	1
2	钢直尺	0～150mm	0.02mm	把	1

（3）选择刀具　刀具清单见表1-4。

表1-4　刀具清单

序号	刀具号	刀具名称	刀具规格/mm×mm	数量	加工表面	刀尖圆弧半径/mm
1	T01	93°外圆粗车刀	20×20	1把	粗车外轮廓	0.4
2	T02	93°外圆精车刀	20×20	1把	精车外轮廓	0.2
3	T03	3mm切断刀	20×20	1把	切断	—

4. 确定零件装夹方式

加工工件时采用自定心卡盘装夹。卡盘夹持毛坯留出加工长度约20.0mm。

5. 确定加工工艺路线

分析零件图可知，可通过一次装夹完成所有工序。因此，零件加工步骤如下：手动加工左端端面→粗加工外圆轮廓，留0.2mm精加工余量→精加工外圆轮廓至图样尺寸要求→切断→平端面，倒角。加工工艺路线如图1-2所示。

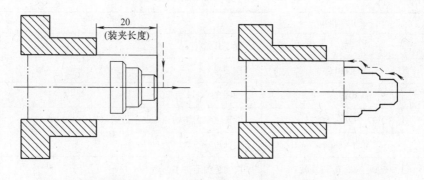

a) 加工端面　　　　　　　　　　　b) 粗、精加工工件外圆轮廓

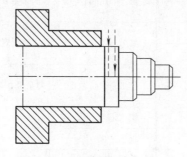

c) 切断工件

图1-2　加工工艺路线

6. 填写加工工序卡（表1-5）

表1-5 加工工序卡

零件图号	SC001	操作人员		实习日期	
使用设备	卧式数控车床	型号	CAK4085	实习地点	数控车车间
数控系统	GSK 980TDb	刀架	4刀位、自动换刀	夹具名称	自定心卡盘

工步号	工步内容	刀具号	程序号	主轴转速 $n/(r/min)$	进给量 $f/(mm/r)$	切削深度 a_p/mm	备注
1	加工工件左端端面（至端面平整、光滑）	T01	—	1200	0.05	0.3	手动
2	粗加工外圆轮廓，留0.2mm精加工余量	T01	O0001	800	0.2	1	自动
3	精加工外圆轮廓至图样尺寸	T02	O0002	1500	0.1	0.1	自动
4	切断工件	T03	—	600	—	—	手动
审核人		批准人		日 期	

7. 建立工件坐标系

加工时以零件端面中心为工件坐标系原点。

8. 编制加工程序（表1-6和表1-7）

表1-6 工件外圆轮廓粗加工程序

程序段号	程序内容	说 明
	%	程序开始符
	O0001；	程序号
N10	T0101；	调用93°外圆粗车刀
N20	G97 G99 F0.2；	设置进给为恒转速控制，进给量为0.2mm/r
N30	M03 S800；	主轴正转，转速为800r/min
N40	G00 X22.0 Z2.0；	快速进给至加工起始点
N50	G90 X18.0 Z−20.0；	加工 ϕ16mm外圆，径向余量0.2mm，轴向余量0.1mm
N60	X16.2 Z−20.0；	
N70	X14.0 Z−9.9；	加工 ϕ12mm外圆，径向余量0.2mm，轴向余量0.1mm
N80	X12.2；	
N90	X10.0 Z−4.9；	加工 ϕ8mm外圆，径向余量0.2mm，轴向余量0.1mm
N100	X8.2；	
N110	G00 X100.0 Z100.0；	快速退刀
N120	M30；	程序结束
	%	程序结束符

表 1-7 工件外圆轮廓精加工程序

程序段号	程序内容	说 明
	%	程序开始符
	O0002;	程序号
N10	T0202;	调用 93°外圆精车刀
N20	G97 G99 F0.1;	设置进给为恒转速控制，进给量为 0.1mm/r
N30	M03 S1500;	主轴正转，转速为 1500r/min
N40	G00 X22.0 Z2.0;	快速进给至加工起始点
N50	X6.0;	快速进给至倒角 X 坐标初始点
N60	G01 Z0;	慢速进给至倒角 Z 坐标初始点
N70	X8.0 Z−1.0;	倒角 C1
N80	Z−5.0;	加工 φ8mm 外圆轮廓
N90	X10.0;	加工 φ12mm 外圆右轴肩
N100	X12.0 Z−6.0;	倒角 C1
N110	Z−10.0;	加工 φ12mm 外圆轮廓
N120	X14.0;	加工 φ16mm 外圆右轴肩
N130	X16.0 Z−11.0;	倒角 C1
N140	Z−20.0;	加工 φ16mm 外圆轮廓
N150	G00 X100.0;	X 轴快速退刀
N160	Z100.0;	Z 轴快速退刀
N170	M30;	程序结束
	%	程序结束符

二、工件加工实施过程

加工工件的步骤如下：

（1）开机

1）检查润滑油泵、油路等是否正常。

2）接通电源，打开数控车床总开关，按下机床电源开关 Ⅰ，松开红色急停开关 ●，系统自动启动，并进入操作画面，如图 1-3 所示。

（2）机床各轴回零

1）按下【回零】按钮 ⬦，即选择归零模式为【机械回零】。选择 X 轴先回零（避免与尾座相撞），按下【X 轴】按钮 +x，机床 X 轴自动回零。

2）用同样的方法将 Z 轴回零。两轴回零后，X、Z 机械坐标显示为零，指示灯 由闪烁变为亮灯。

（3）装夹毛坯 用卡盘扳手松开卡盘，将毛坯安装在卡盘上（夹持毛坯留出加工长度约 20.0mm），旋动卡盘上的 3 颗螺钉夹紧工件。

图 1-3　广州数控 GSK 980TD 系统面板

（4）装夹刀具　使用刀架扳手松开刀架上的螺钉，按照刀架上的编码依次将所需的 3 把刀具（表 1-4）安装在刀架上，检查刀具刀尖高度与工件中心是否等高（若低了，可在刀具下面添加垫刀片；若高了，需更换刀具），并锁紧螺钉。

（5）对刀

1）按下【录入方式】按钮，然后按下【程序】按钮，进入【录入方式】界面，使用 MDI 键盘上的按键，输入：S600 M03，按下输入键，再按下【程序启动】按钮，启动主轴。

2）按下【手轮方式】按钮，分别使用【X 轴控制】和【Z 轴控制】按钮，操作手动轮（可通过【移动量】按钮、、控制移动速度），移动 T01 号刀具，使刀尖轻碰工件端面；按下【X 轴控制】按钮，沿 X 轴方向手动切削，至端面平整、光滑为止。并沿 X 轴正方向退出，如图 1-4 所示。

3）按下【刀补】按钮，进入【刀补】界面，使用【方向】按钮将光标移动到【001】处，如图 1-5 所示。输入：Z0，按下【输入】按钮，数据自动输入到相应 Z 轴栏，完成 Z 轴对刀。

4）按下【手轮方式】按钮，分别使用【X 轴控制】和【Z 轴控制】按钮，操作手动轮移动 1 号刀具，使刀尖试切工件外圆一刀（注意不要多切）；按下【Z 轴控制】按钮，沿 Z 轴正方向退刀，如图 1-6 所示。

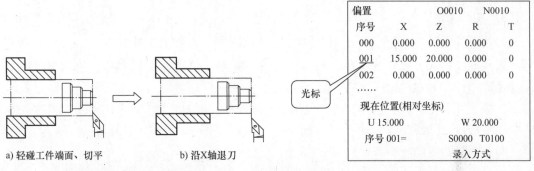

a) 轻碰工件端面、切平　　　b) 沿X轴退刀

图 1-4　Z 轴对刀示意图　　　　　　　　　图 1-5　【刀补】界面

5）使主轴停止转动，测量试切后外圆的直径（如测量为 18.0mm），按下【刀补】按钮，进入【刀补】界面，使用【方向】按钮，将光标移动到【001】处。输入：X18.0，按下【输入】按钮，完成 X 轴对刀。

6）使用同样的办法，完成其余两把刀 X 轴、Z 轴方向的对刀。

（6）录入程序

按下【编辑方式】按钮 和【程序】按钮，进入【编辑程序】界面，使用 MDI 键盘上的按键将表 1-6 所示工件外圆轮廓粗加工程序输入到系统中。

（7）加工工件

1）按下【自动方式】按钮 和【程序】按钮 ，进入【坐标位置】界面，按下【翻页】按钮 ，切换至【现在位置】界面，如图 1-7 所示。

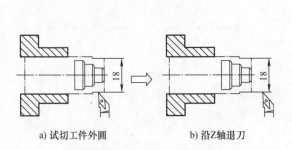

a) 试切工件外圆　　　　　b) 沿Z轴退刀

图 1-6　X 轴对刀示意图　　　　　　　　　图 1-7　【现在位置】界面

2）将【快速倍率】按钮 和【进给倍率】按钮 调节到 25%，关好机床门。按下【程序启动】按钮，机床开始自动加工，注意观察其运行状态与【现在位置】界面显示是否一致，特别是进刀位置，如发现问题，立即按下进给停止键。如运行正常，可逐渐提高进给速度，调至 100%【快速移动进给率】旋钮可调到 50%。

3）加工完毕后，使用游标卡尺测量工件尺寸并计算与实际尺寸的差值，然后在【刀具磨损】中修改差值。

4）将表1-7所示工件外圆轮廓精加工程序输入到系统中，重复1）～3）步骤，完成外圆轮廓的精加工。

（8）切断工件

1）按下【手动方式】按钮和【换刀】按钮，换取T03号刀具。

2）按下【录入方式】按钮和【程序】按钮，进入【录入方式】界面，使用MDI键盘上的按键，输入：S600 M03，按下【程序启动】按钮，启动主轴。

3）按下【手轮方式】按钮，分别使用【X轴控制】和【Z轴控制】按钮，操作手动轮移动T03号刀具到指定位置，并手动切断工件（注意：手动进给时应保持匀速切削）。

（9）去飞边。

（10）整理　加工完毕，卸下毛坯，清理机床。

三、总结与评价

根据表1-8的要求对已加工的工件进行正确的自我评价，并找出在学习过程中遇到的问题，然后认真总结方法。

表1-8　自我鉴定

鉴定项目及标准	配　分	检测方式	自　检	得　分	备　注
用试切法对刀	5	不合格不得分			
φ16mm	20	不合格不得分			
φ12mm	20	不合格不得分			
φ8mm	20	不合格不得分			
C1（5处）	25	不合格不得分			
安全操作、清理机床	10	违规一次扣2分			
总结					

四、尺寸检测

1）用千分尺检测工件的3个外轮廓尺寸是否达到要求（图1-8）。

2）用游标卡尺检测工件的3个长度尺寸是否达到要求（图1-9）。

图1-8　用千分尺测量外圆

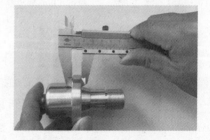

图1-9　用游标卡尺测量长度

五、注意事项

1）工作时请穿好工作服、安全鞋，戴好工作帽及防护镜，注意：不允许戴手套操作机床。

2）禁止用手或其他任何物体接触正在旋转的主轴、工件或其他运动部位。

3）机床开始工作前要预热，并认真检查润滑系统工作是否正常。

4）禁止用手接触刀尖和切屑，必须要用铁钩子或毛刷来清理切屑。

5）在加工过程中，不允许打开机床防护门。

6）装夹刀具时，车刀刀尖必须与主轴轴线等高。

7）若出现尺寸误差，可以通过调整刀具的补偿来解决。

8）加工过程中，尽量采用试切、测量、补偿、试测方法控制尺寸精度。

9）程序中设置的换刀点不一定是最佳位置，应根据所用刀具及机床情况，重新设置。

10）精加工时，采用小的刀尖圆弧半径可加工出较高表面质量的工件。

11）精加工时要采用高主轴转速、小的进给量、小的切削深度的方法来选择切削用量，才能加工出表面质量较高的工件。

12）粗加工时在机床允许范围内应尽量选择大的切削深度和进给量，切削速度则相应选小些。

13）工件加工完毕，清除切屑，擦拭机床，使机床与环境保持清洁状态。

项目二

锥度阶梯轴零件的加工

【项目综述】

本项目结合锥度阶梯轴零件的加工案例，综合训练学生实施加工工艺设计、程序编制、机床加工、零件精度检测、产品提交等零件加工完整工作过程的工作方法。实施本项目训练学生的专业技能和应掌握的关联知识见表2-1。

表2-1 专业技能和关联知识

专 业 技 能	关 联 知 识
1. 零件工艺结构分析 2. 零件加工工艺方案设计 3. 机床、毛坯、夹具、刀具及切削用量的合理选用 4. 工序卡的填写与加工程序的编写 5. 熟练操作机床对零件进行加工 6. 零件精度检测及加工结果判断	1. 零件的数控车削加工工艺设计 2. 锥度参数的计算 3. 轴向切削加工循环指令（G90）的应用 4. 相关量具的使用

仔细分析图2-1所示图样，根据给定的工具和毛坯，编写出合理的加工程序，并加工出合乎要求的零件。

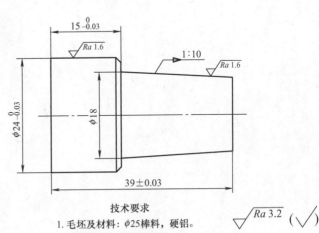

技术要求
1. 毛坯及材料：φ25棒料，硬铝。
2. 未注倒角C1，锐角倒钝。
3. 未注公差按GB/T 1804—m确定。
4. 不得使用锉刀、砂布等修饰工件表面。

图2-1 零件的实训图例 SC002

一、零件的加工工艺设计与程序编制

1. 分析零件结构

零件外轮廓主要由 $\phi 24_{-0.03}^{0}$ mm 的圆柱面和锥度为1:10的表面以及倒角等表面组成。整张零件图的尺寸标注完整，符合数控加工尺寸标注要求，零件轮廓描述清楚完整，表面粗糙度值要求为 $Ra1.6\mu m$ 和 $Ra3.2\mu m$，无热处理和硬度要求。

2. 选择毛坯和机床

根据图样要求，工件毛坯尺寸为 $\phi25$mm 棒料，材质为硬铝，选择卧式数控车床。

3. 选择工具、量具和刀具

（1）选择工具　装夹工件所需要的工具清单见表2-2。

表2-2　工具清单

序号	名称	规格	单位	数量
1	自定心卡盘	φ250mm	个	1
2	卡盘扳手	—	副	1
3	刀架扳手	—	副	1
4	垫刀片	—	块	若干

（2）选择量具　检测所需要的量具清单见表2-3。

表2-3　量具清单

序号	名称	规格	分度值	单位	数量
1	游标卡尺	0～150mm	0.01mm	把	1
2	千分尺	0～25mm	0.01mm	把	1
3	钢直尺	0～150mm	0.02mm	把	1
4	游标万能角度尺	0°～320°	2′	把	1
5	表面粗糙度比较样块	—	—	套	1

（3）选择刀具　刀具清单见表2-4。

表2-4　刀具清单

序号	刀具号	刀具名称	刀具规格/mm×mm	数量	加工表面	刀尖圆弧半径/mm
1	T01	93°外圆粗车刀	20×20	1把	粗车外轮廓	0.4
2	T02	93°外圆精车刀	20×20	1把	精车外轮廓	0.2
3	T03	3mm 切断刀	20×20	1把	切断	—

4. 确定零件装夹方式

加工工件时采用自定心卡盘。卡盘夹持毛坯留出加工长度约50.0mm。

5. 确定加工工艺路线

分析零件图可知，可通过一次装夹完成所有工序。因此，零件加工步骤如下：手动加工左端端面→粗加工外圆轮廓，留0.2mm精加工余量→精加工外圆轮廓至图样尺寸要求→切断→平端面，倒角。加工工艺路线如图2-2所示。

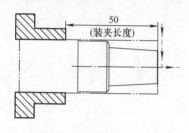
a) 加工端面

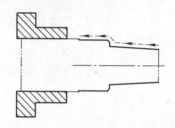
b) 粗、精加工工件外圆轮廓

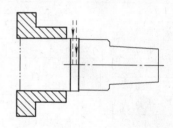
c) 切断工件

图2-2　加工工艺路线

6. 填写加工工序卡（表2-5）

表2-5 加工工序卡

零件图号	SC002	操作人员			实习日期	
使用设备	卧式数控车床	型号	CAK6140		实习地点	数控车车间
数控系统	GSK 980TA	刀架	4刀位、自动换刀		夹具名称	自定心卡盘
工步号	工步内容	刀具号	程序号	主轴转速 $n/(r/min)$	进给量 $f/(mm/r)$	切削深度 a_p/mm	备注
1	加工工件左端端面（至端面平整、光滑）	T01		1500	0.05	0.3	手动
2	粗加工外圆轮廓，留0.2mm精加工余量	T01	O0001	800	0.2	1	自动
3	精加工外圆轮廓至图样尺寸	T02	O0002	1500	0.05	0.1	自动
4	切断工件	T03	—	400	—	—	手动
审核人		批准人			日 期	

7. 建立工件坐标系

加工工件以零件端面中心为工件坐标系原点。

8. 基点坐标计算

本例主要计算圆锥小端直径。已知圆锥锥度为1:5，圆锥大端直径 D 为 $\phi18mm$，根据锥度的定义，圆锥锥度为大小端圆的直径差与锥体高度的比值，则有：

$$\frac{D}{L} = \frac{18 - D_2}{39 - 15} = \frac{1}{10}$$

算得：圆锥小端直径 D_2 为 $\phi15.6mm$。

9. 编制加工程序（表2-6和表2-7）

表2-6 工件外圆轮廓粗加工程序

程序段号	程序内容	说　明
	%	程序开始符
	O0001;	程序号
N10	T0101;	调用93°外圆粗车刀
N20	G97　G99　F0.2;	设置进给为恒转速控制，进给量0.2mm/r
N30	M03　S800;	主轴正转，转速800r/min
N40	G00　X27.0　Z2.0;	快速进给至加工起始点
N50	G90　X24.2　Z-42.0;	加工 $\phi24mm$ 外圆，径向余量0.2mm
N60	X21.6　Z-23.9　R-1.2;	
N70	X19.6　R-1.2;	加工1:10锥度，径向余量0.2mm，轴向余量0.1mm
N80	X17.6　R-1.2;	
N90	X15.8　R-1.2;	
N100	G00　X100.0　Z100.0;	快速退刀
N110	M30;	程序结束
	%	程序结束符

表 2-7 工件外圆轮廓精加工程序

程序段号	程序内容	说　明
	%	程序开始符
	O0002;	程序号
N10	T0202;	调用 93°外圆精车刀
N20	G97　G99　F0.05;	设置进给为恒转速控制，进给量 0.05mm/r
N30	M03　S1500;	主轴正转，转速 1500r/min
N40	G00　X27.0　Z2.0;	快速进给至加工起始点
N50	X15.6;	快速进给至倒角 X 坐标初始点
N60	G01　Z0;	直线进给至倒角 Z 坐标初始点
N70	X18.0　Z-24.0;	加工 1∶10 锥度
N80	X22.0;	加工 φ24mm 外圆左轴肩
N90	X24.0　Z-25.0;	倒角 *C*1
N100	Z-42.0;	加工 φ24mm 外圆
N110	G00　X100.0;	X 轴快速退刀
N120	Z100.0;	Z 轴快速退刀
N130	M30;	程序结束
	%	程序结束符

二、工件加工实施过程

加工工件的步骤如下：

1）开启机床，各轴回机床参考点。

2）按照表 2-5 依次安装刀具。

3）使用自定心卡盘装夹毛坯，夹持毛坯留出加工长度约 50.0mm。

4）对刀，并设置刀具补偿。

5）手动加工工件左端端面，至端面平整、光滑为止。

6）输入表 2-6 所示工件外圆轮廓粗加工程序。

7）单击【程序启动】按钮，自动加工工件。

8）加工完毕后，测量工件尺寸与实际尺寸的差值，然后在【刀具磨损】中修改差值。

9）输入表 2-7 所示工件外圆轮廓精加工程序。

10）单击【程序启动】，进行精加工。

11）重复 7）、8）步骤，直至工件尺寸合格为止。

12）换取 T03 号刀具，手动切断工件。

13）去飞边。

14）加工完毕，卸下工件，清理机床。

三、总结与评价

根据表 2-8 要求对已加工的工件进行正确的自我评价，并找出在学习过程中遇到的问

题，然后认真总结方法。

表 2-8　自我鉴定

鉴定项目及标准	配　分	检测方式	自　检	得　分	备　注
用试切法对刀	5	不合格不得分			
$\phi24_{-0.03}^{0}$ mm	10	每超差 0.01mm 扣 2 分			
$15_{-0.03}^{0}$ mm	10	每超差 0.01mm 扣 2 分			
$C1$	5	不合格不得分			
锥度 1:10	40	每超差 2′扣 2 分			
(39±0.03) mm	10	每超差 0.01mm 扣 2 分			
$Ra1.6\mu m$（2 处）	10	每降一级扣 2 分			
安全操作、清理机床	10	违规一次扣 2 分			
总 结					

四、尺寸检测

1）用游标万能角度尺检测工件的锥度是否达到要求（图 2-3）。

2）用千分尺检测工件的外圆尺寸是否达到要求。

3）用游标卡尺检测工件的长度尺寸是否达到要求。

五、车圆锥时产生废品的原因及预防措施

图 2-3　用游标万能角度尺测量锥度

加工圆锥面时会产生很多缺陷，例如锥度（角度）或尺寸不正确、双曲线误差、表面粗糙度值过大等。对所产生的缺陷必须根据具体情况进行仔细分析，找出原因，并采取相应的措施加以解决见表 2-9。

表 2-9　车圆锥时产生废品的原因及预防措施

废品种类	产生原因	预防措施
锥度（角度）不正确	车刀没有夹紧 编程错误	夹紧车刀 检查程序
大小端尺寸不正确	编程错误	检查程序
双曲线误差	车刀刀尖未对准工件轴线	车刀刀尖必须与工件轴线等高
表面粗糙度值达不到要求	1）切削用量选择不当 2）车刀角度不正确，刀尖不锋利	1）正确选择切削用量 2）刃磨车刀，保证车刀角度正确，刀尖要锋利

六、注意事项

1）机床工作前要有预热，认真检查润滑系统工作是否正常。

2）禁止用手接触刀尖和切屑，必须要用铁钩子或毛刷来清理切屑。

3）在加工过程中，不允许打开机床防护门。

4）装夹刀具时，车刀刀尖必须与主轴轴线等高。

5）若出现尺寸误差可以通过调整刀具的补偿来解决。

6）加工过程中，尽量采用试切、测量、补偿、试测方法控制尺寸精度。

7）程序中设置的换刀点不一定是最佳位置，应根据所用刀具及机床情况，重新设置。

8）精加工时采用高主轴转速、小进给量、小的切削深度的方法来选择切削用量，采用小的刀尖圆弧半径可加工出较高表面质量的工件。

9）粗加工时，在机床允许范围内应尽量选择大的切削深度和进给量，切削速度则相应选小些。

10）工件加工完毕，清除切屑，擦拭机床，使机床与环境保持清洁状态。

项目三

内锥阶梯孔零件的加工

【项目综述】

本项目结合内锥阶梯孔零件的加工案例，综合训练学生实施加工工艺设计、程序编制、机床加工、零件精度检测、产品提交等零件加工完整工作过程的工作方法。实施本项目训练学生的专业技能和应掌握的关联知识见表 3-1。

表 3-1　专业技能和关联知识

专 业 技 能	关 联 知 识
1. 零件工艺结构分析 2. 零件加工工艺方案设计 3. 机床、毛坯、夹具、刀具及切削用量的合理选用 4. 工序卡的填写与加工程序的编写 5. 熟练操作机床对零件进行加工 6. 零件精度检测及加工结果判断	1. 零件的数控车削加工工艺设计 2. 轴向切削加工循环指令（G90）的应用 3. 相关量具的使用

仔细分析图 3-1 所示图样，根据给定的工具和毛坯，编写出合理的加工程序，并加工出合乎要求的零件。

一、零件的加工工艺设计与程序编制

1. 分析零件结构

零件外轮廓主要由 $\phi 19_{-0.02}^{0}$ mm 的圆柱面、$\phi 12_{0}^{+0.02}$ mm 的内孔和内锥度为 1 : 5 的表面及倒角等表面组成。整张零件图的尺寸标注完整，符合数控加工尺寸标注要求，零件轮廓描述清楚完整，表面粗糙度值要求为 $Ra1.6\mu$m 和 $Ra3.2\mu$m，无热处理和硬度要求。

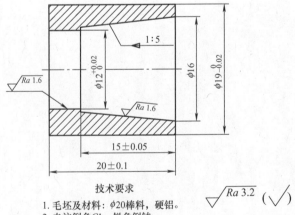

技术要求

1. 毛坯及材料：$\phi 20$ 棒料，硬铝。
2. 未注倒角C1，锐角倒钝。
3. 未注公差按GB/T 1804—m确定。
4. 不得使用锉刀、砂布等修饰工件表面。

图 3-1　零件的实训图例 SC003

2. 选择毛坯和机床

根据图样要求，工件毛坯尺寸为 ϕ20mm 棒料，材质为硬铝，选择卧式数控车床。

3. 选择工具、量具和刀具

（1）选择工具　装夹工件所需要的工具清单见表3-2。

表3-2　工具清单

序号	名称	规格	单位	数量
1	自定心卡盘	ϕ250mm	个	1
2	卡盘扳手	—	副	1
3	刀架扳手	—	副	1
4	垫刀片	—	块	若干

（2）选择量具　检测所需要的量具清单见表3-3。

表3-3　量具清单

序号	名称	规格	分度值	单位	数量
1	游标卡尺	0～150mm	0.01mm	把	1
2	钢直尺	0～150mm	0.02mm	把	1
3	外径千分尺	25～50mm	0.01mm	把	1
4	内径千分尺	5～50mm	0.01mm	把	1

（3）选择刀具　刀具清单见表3-4。

表3-4　刀具清单

序号	刀具号	刀具名称	刀具规格/mm×mm	数量	加工表面	刀尖圆弧半径/mm
1	T01	93°外圆粗车刀	20×20	1把	粗车外轮廓	0.4
2	T02	93°外圆精车刀	20×20	1把	精车外轮廓	0.2
3	T03	93°内孔粗车刀	ϕ16×35	1把	粗车外轮廓	0.4
4	T04	93°内孔精车刀	ϕ16×35	1把	精车外轮廓	0.2
5	T05	3mm 切断刀	20×20	1把	切断	—
6	T06	中心钻	A3	1个	中心孔	—
7	T07	钻头	ϕ10	1个	钻孔	—

4. 确定零件装夹方式

加工工件时采用自定心卡盘装夹。卡盘夹持毛坯留出加工长度约35.0mm。

5. 确定加工工艺路线

分析零件图可知，可通过一次装夹完成所有工序。因此，零件加工步骤如下：手动加工左端端面→手动钻中心孔→手动钻通孔→粗加工内孔轮廓，留 0.2mm 精加工余量→精加工内孔轮廓至图样尺寸要求→粗加工外圆轮廓，留 0.2mm 精加工余量→精加工外圆轮廓至图样尺寸要求→切断→调头，平端面、倒角。加工工艺路线如图3-2所示。

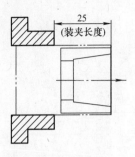
a) 加工左端端面

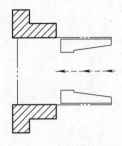
b) 钻中心孔、钻通孔

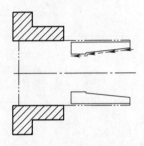
c) 粗、精加工内孔轮廓

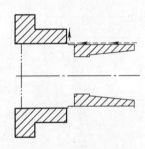
d) 粗、精加工外圆轮廓

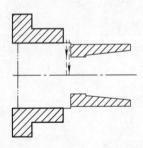
e) 切断工件

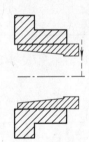
f) 调头平端面、倒角

图 3-2　加工工艺路线

6. 填写加工工序卡（表3-5）

表3-5　加工工序卡

零件图号	SC003	操作人员		实习日期	
使用设备	卧式数控车床	型号	CAK6140	实习地点	数控车车间
数控系统	GSK 980TA	刀架	4刀位、自动换刀	夹具名称	自定心卡盘

工步号	工步内容	刀具号	程序号	主轴转速 $n/(\text{r/min})$	进给量 $f/(\text{mm/r})$	切削深度 a_p/mm	备注
1	加工工件左端端面（至端面平整、光滑）	T01	—	1500	0.05	0.3	手动
2	钻中心孔	T06	—	1500	—	5	手动
3	钻通孔	T07	—	300	—	35	手动

（续）

工步号	工步内容	刀具号	程序号	主轴转速 $n/(\text{r/min})$	进给量 $f/(\text{mm/r})$	切削深度 a_p/mm	备注
4	粗加工内孔轮廓，留0.2mm精加工余量	T03	O0001	800	0.2	1.5	自动
5	精加工内孔轮廓至图样尺寸	T04	O0002	1500	0.05	0.1	自动
6	粗加工外圆轮廓，留0.2mm精加工余量	T01	O0003	800	0.2	0.4	自动
7	精加工外圆轮廓至图样尺寸	T02	O0003	1500	0.05	0.1	自动
8	切断工件	T06	—	300	—	—	手动
9	调头，平端面、倒角	T01		1500	0.05		手动
审核人		批准人			日 期		

7. 建立工件坐标系

加工工件以零件端面中心为工件坐标系原点。

8. 编制加工程序（表3-6～表3-8）

表3-6 工件内孔轮廓粗加工程序

程序段号	程序内容	说 明
	%	程序开始符
	O0001；	程序号
N10	T0303；	调用93°内孔粗车刀
N20	G97 G99 F0.2；	设置进给为恒转速控制，进给量0.2mm/r
N30	M03 S800；	主轴正转，转速800r/min
N40	G00 X8.0 Z2.0；	快速进给至加工起始点
N50	G90 X11.8 Z-21.0；	加工φ12mm通孔
N60	X11.0 Z-15.0 R1.5；	加工内锥孔
N70	X12.8；	
N80	G00 X100.0 Z100.0；	快速退刀
N90	M30；	程序结束
	%	程序结束符

表3-7 工件内孔轮廓精加工程序

程序段号	程序内容	说 明
	%	程序开始符
	O0002；	程序号
N10	T0404；	调用93°内孔精车刀
N20	G97 G99 F0.05；	设置进给为恒转速控制，进给量0.05mm/r
N30	M03 S1500；	主轴正转，转速1500r/min
N40	G00 X16.0 Z2.0；	快速进给至加工起始点
N50	G01 Z0；	慢速移动到工件表面

（续）

程序段号	程序内容	说　　明
N60	X13.0　Z-15.0;	加工内锥面
N70	X12.0;	加工ϕ12mm内孔
N80	Z-21.0;	
N90	X11.0;	X轴退刀
N100	G0　Z200.0;	Z轴快速退刀
N110	X100.0;	X轴快速退刀
	M30	程序结束

表3-8　工件外圆轮廓粗、精加工程序

程序段号	程序内容	说　　明
	%	程序开始符
	O0003;	程序号
N10	T0101;	调用93°外圆精车刀
N20	G97　G99　F0.2;	设置进给为恒转速控制，进给量0.2mm/r
N30	M03　S1500;	主轴正转，转速1500r/min
N40	G00　X22.0　Z2.0;	快速进给至加工起始点
N50	G90　X19.2　Z-21.0;	粗加工外圆轮廓
N60	G00　X100.0　Z100.0;	快速退刀
N70	T0202;	调用93°外圆精车刀
N80	G97　G99　F0.05;	设置进给为恒转速控制，进给量0.05mm/r
N90	M03　S1500;	主轴正转，转速1500r/min
N100	G00　X22.0　Z2.0;	快速进给至加工起始点
N110	X17.0;	精加工外圆轮廓
N120	G01　Z0;	
N130	X19.0　Z-1.0;	
N140	Z-21.0;	
N150	G00　X100.0;	X轴快速退刀
N160	Z100.0;	Z轴快速退刀
N170	M30;	程序结束
	%	程序结束符

二、工件加工实施过程

加工工件的步骤如下：

1）开启机床，各轴回机床参考点。

2）按照表3-4依次安装刀具。

3）使用自定心卡盘装夹毛坯，夹持毛坯留出加工长度约35.0mm。

4）对刀，并设置刀具补偿。

5）启动主轴，换取T01外圆粗加工刀具，加工工件左端端面，至端面平整、光滑为止。

6）启动主轴，换取T06中心钻，钻中心孔，钻深5mm。

7）启动主轴，换取 T07 钻头，钻通孔。

8）输入表 3-6 工件内孔轮廓粗加工程序。

9）单击【程序启动】按钮，自动加工工件。

10）输入表 3-7 工件内孔轮廓精加工程序。

11）单击【程序启动】按钮，自动加工工件。加工完毕后，测量工件尺寸与实际尺寸的差值，若不合格可通过修改【刀具磨损】中差值，直至工件尺寸合格为止。

12）输入表 3-8 工件外圆轮廓粗、精加工程序。

13）单击【程序启动】按钮，自动加工工件。加工完毕后，测量工件尺寸与实际尺寸的差值，若不合格可通过修改【刀具磨损】中差值，直至工件尺寸合格为止。

14）换取 T05 号刀具，手动切断工件。

15）调头，校正工件。

16）换取 T01 号刀具，启动主轴，手动加工去除多余毛坯余量，需保证工件总长，且端面平整、光滑为止。

17）倒角，去飞边。

18）加工完毕，卸下工件，清理机床。

三、总结与评价

根据表 3-9 要求对已加工的工件进行正确的自我评价，并找出在学习过程中遇到的问题，然后认真总结方法。

表 3-9　自我鉴定

鉴定项目及标准	配　分	检测方式	自　检	得　分	备　注
用试切法对刀	10	不合格不得分			
$\phi 19_{-0.02}^{\ 0}$ mm	20	每超差 0.01mm 扣 2 分			
$\phi 12_{\ 0}^{+0.02}$ mm	20	每超差 0.01mm 扣 2 分			
(20±0.1) mm	16	每超差 0.01mm 扣 2 分			
(15±0.05) m	16	每超差 0.01mm 扣 2 分			
$Ra1.6\mu m$（2 处）	4	不合格不得分			
C1（2 处）	4	不合格不得分			
安全操作、清理机床	10	违规一次扣 2 分			
总 结					

四、尺寸检测

1）用涂色法检测工件的内孔锥度是否达到要求。

2）用千分尺检测工件的外圆尺寸是否达到要求。

3）用游标卡尺检测工件的长度尺寸是否

图 3-3　用内径千分尺检测工件的内孔尺寸

达到要求。

4）用内径千分尺检测工件的内孔尺寸是否达到要求（图3-3）。

五、内孔误差原因分析（表3-10）

表3-10　内孔误差原因分析

误差种类	序号	可能产生原因
内孔尺寸不对	1	测量不正确
	2	车刀安装不正确，刀柄与孔壁相碰
	3	产生积屑瘤，增加刀尖长度，使孔尺寸变大
	4	工件的热胀冷缩现象
内孔有锥度	1	刀具磨损
	2	刀柄刚性差，产生让刀现象
	3	刀柄与孔壁相碰
	4	主轴轴线歪斜、床身不水平、床身导轨磨损等机床本身原因
内孔不圆	1	孔壁薄，装夹时产生变形
	2	轴承间隙太大，主轴颈成椭圆
	3	工件加工余量和材料组织不均匀
内孔不光	1	车刀磨损
	2	车刀刃磨不良，表面粗糙度值大
	3	车刀几何角度不合理，车刀刀尖低于工件轴线
	4	切削用量选择不当
	5	刀柄细长，产生振动

六、注意事项

1）机床工作前要有预热，认真检查润滑系统工作是否正常。

2）禁止用手接触刀尖和切屑，必须要用铁钩子或毛刷来清理切屑，禁止戴手套操作机床。

3）在加工过程中，不允许打开机床防护门。

4）装夹刀具时，车刀刀尖必须与主轴轴线等高。

5）加工内孔时，注意刀具的吃刀量与刀具长度，避免出现撞刀现象。

6）若出现尺寸误差可以通过调整刀具的补偿来解决。

7）加工过程中，尽量采用试切、测量、补偿、试测方法控制尺寸精度。

8）程序中设置的换刀点不一定是最佳位置，应根据所用刀具及机床情况，重新设置。

9）精加工时采用高主轴转速、小进给量、小的切削深度的方法来选择切削用量，采用小的刀尖圆弧半径可加工出较高表面质量的工件。

10）粗加工时在机床允许范围内应尽量选择大的切削深度和进给量，切削速度则相应选小些。

11）工件加工完毕，清除切屑，擦拭机床，使机床与环境保持清洁状态。

项目四

复合阶梯轴零件的加工

【项目综述】

本项目结合阶梯轴零件的加工案例，综合训练学生实施加工工艺设计、程序编制、机床加工、零件精度检测、产品提交等零件加工完整工作过程的工作方法。实施本项目训练学生的专业技能和应掌握的关联知识见表4-1。

表 4-1　专业技能和关联知识

专 业 技 能	关 联 知 识
1. 零件工艺结构分析 2. 零件加工工艺方案设计 3. 机床、毛坯、夹具、刀具及切削用量的合理选用 4. 工序卡的填写与加工程序的编写 5. 熟练操作机床对零件进行加工 6. 零件精度检测及加工结果判断	1. 零件的数控车削加工工艺设计 2. 相关参数的计算 3. 固定循环加工指令（G71）的应用

仔细分析图 4-1 所示图样，根据给定的工具和毛坯，编写出合理的程序，并加工出合乎要求的零件。

一、零件的加工工艺设计与程序编制

1. 分析零件结构

零件外轮廓主要由 $\phi 34_{-0.03}^{0}$ mm、$\phi 28_{-0.03}^{0}$ mm、$\phi 20_{-0.03}^{0}$ mm 的圆柱面，$R10$ mm 圆弧；$30°$ 锥度表面和倒角等表面组成。整张零件图的尺寸标注完整，符合数控加工尺寸标注要求，零件轮廓描述清楚完整，表面粗糙度值要求为 $Ra1.6\mu m$ 和 $Ra3.2\mu m$，无热处理和硬度要求。

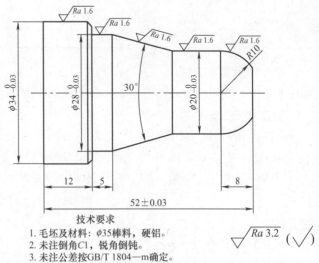

技术要求
1. 毛坯及材料：$\phi 35$棒料，硬铝。
2. 未注倒角$C1$，锐角倒钝。
3. 未注公差按GB/T 1804—m确定。
4. 不得使用锉刀、砂布等修饰工件表面。

$\sqrt{Ra\ 3.2}\ (\sqrt{\ })$

图 4-1　零件的实训图例 SC004

2. 选择毛坯和机床

根据图样要求，工件毛坯尺寸为 $\phi 35$mm 棒料，材质为硬铝，选择卧式数控车床。

3. 选择工具、量具和刀具

（1）选择工具　装夹工件所需要的工具清单见表4-2。

表4-2　工具清单

序号	名称	规格	单位	数量
1	自定心卡盘	φ250mm	个	1
2	卡盘扳手	—	副	1
3	刀架扳手	—	副	1
4	垫刀片	—	块	若干

（2）选择量具　检测所需要的量具清单见表4-3。

表4-3　量具清单

序号	名称	规格	分度值	单位	数量
1	游标卡尺	0～150mm	0.01mm	把	1
2	千分尺	0～25mm 25～50mm	0.01mm	把	各1
3	半径样板	$R7～R14.5mm$	—	套	1
4	游标万能角度尺	0～320°	2′	把	1
5	表面粗糙度比较样块	—	—	套	1

（3）选择刀具　刀具清单见表4-4。

表4-4　刀具清单

序号	刀具号	刀具名称	刀具规格/mm×mm	数量	加工表面	刀尖圆弧半径/mm
1	T01	93°外圆粗车刀	20×20	1把	粗车外轮廓	0.4
2	T02	93°外圆精车刀	20×20	1把	精车外轮廓	0.2
3	T03	3mm切断刀	20×20	1把	切断	—

4. 确定零件装夹方式

加工工件时采用自定心卡盘装夹。卡盘夹持毛坯留出加工长度约60.0mm。

5. 确定加工工艺路线

分析零件图可知，可通过一次装夹完成所有工序。因此，零件加工步骤如下：手动加工左端端面→粗加工左端外圆轮廓，留0.2mm精加工余量→精加工外圆轮廓至图样尺寸要求→切断→平端面，倒角。加工工艺路线如图4-2所示。

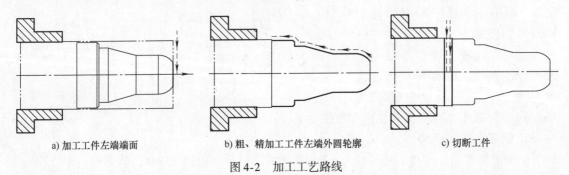

a) 加工工件左端端面　　b) 粗、精加工工件左端外圆轮廓　　c) 切断工件

图4-2　加工工艺路线

6. 填写加工工序卡（表4-5）

表4-5　加工工序卡

零件图号	SC004		操作人员				实习日期		
使用设备	卧式数控车床		型号		CAK6140		实习地点		数控车车间
数控系统	GSK 980TA		刀架		4刀位、自动换刀		夹具名称		自定心卡盘
工步号	工步内容		刀具号	程序号	主轴转速 $n/(r/min)$	进给量 $f/(mm/r)$	切削深度 a_p/mm		备注
1	加工工件左端端面 （至端面平整、光滑）		T01	—	1500	0.05	0.3		手动
2	粗加工工件左端外圆 轮廓，留0.2mm精加工 余量		T01	O0001	800	0.2	1		自动
3	精加工外圆轮廓至图 样尺寸		T02	O0001	1500	0.05	0.1		自动
4	切断工件		T03	—	400	—	—		手动
审核人			批准人				日　　期		

7. 建立工件坐标系

加工工件以零件端面中心为工件坐标系原点。

8. 基点坐标计算

（1）计算圆锥长度　已知圆锥锥角为30°，圆锥大端直径为$\phi28mm$，小端直径为$\phi20mm$，根据三角函数关系，则有：$\tan\alpha =$ 对边/邻边，即

$$L = \frac{A}{\tan\alpha} = \frac{(28-20)/2}{\tan(30°/2)}mm \approx 14.928mm$$

算得：长度L为14.928mm。

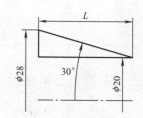

（2）计算圆弧小端直径　已知圆弧半径$R10$，长度为8mm，根据直角三角形的勾股定理，则有：$A^2 + B^2 = C^2$，即

$$D = 2A = 2 \times \sqrt{10^2 - 8^2}mm = 12mm$$

算得：圆弧小端直径D为12mm。

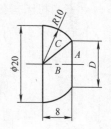

9. 编制加工程序（表4-6）

表4-6　工件外圆轮廓粗、精加工程序

程序段号	程序内容	说　　明
	%	程序开始符
	O0001；	程序号
N10	T0101；	调用93°外圆粗车刀
N20	G97　G99　F0.2；	设置进给为恒转速控制，进给量0.2mm/r
N30	M03　S800；	主轴正转，转速800r/min
N40	G00　X37.0　Z2.0；	快速进给至加工起始点

（续）

程序段号	程序内容	说　明
N50	G71 U1.0 R1.0;	外圆粗车固定循环加工，每刀切削深度 1.0mm，退刀距离
N60	G71 P70 Q150 U0.2 W0.1 F0.2;	1.0mm，循环段 N70～N150，径向余量 0.2mm，轴向余量 0.1mm，进给量 0.2mm/r
N70	G00 X12.0;	快速进给至锥度 X 轴起始点
N80	G01 Z0;	直线切削至锥度 Z 轴起始点
N90	G03 X20.0 Z-8.0 R10.0;	加工 R10mm 圆弧
N100	G01 Z-20.072;	加工 φ20mm 外圆轮廓
N110	X28.0 Z-35.0;	加工 30°锥度
N120	Z-40.0;	加工 φ28mm 外圆轮廓
N130	X32.0;	加工 φ34mm 外圆轴肩
N140	X34.0 Z-41.0;	倒角 C1
N150	Z-54.0;	加工 φ34mm 外圆轮廓
N160	G00 X100.0 Z100.0;	快速退刀
N170	M05;	主轴停止
N180	S1500 M03;	主轴正转，转速 1500r/min
N190	T0202;	调用 93°外圆精车刀
N200	G00 X37.0 Z2;	快速进给至加工起始点
N210	G70 P70 Q150 F0.05;	固定循环加工，循环段 N70～N150，进给量 0.05mm/r
N220	G00 X100.0 Z100.0;	快速退刀
N230	M30;	程序结束
	%	程序结束符

二、工件加工实施过程

加工工件的步骤如下：

1）开启机床，各轴回机床参考点。

2）按照表 4-4 依次安装刀具。

3）使用自定心卡盘装夹毛坯，夹持毛坯留出加工长度约 60.0mm。

4）对刀，并设置刀具补偿。

5）手动加工工件左端端面，至端面平整、光滑为止。

6）输入表 4-6 工件外圆轮廓粗、精加工程序。

7）单击【程序启动】按钮，自动加工工件。加工完毕后，测量工件尺寸与实际尺寸的差值，然后在【刀具磨损】中修改差值，直至工件尺寸合格为止。

8）换取 T03 号刀具，手动切断工件。

9）去飞边。

10）加工完毕，卸下工件，清理机床。

三、总结与评价

根据表 4-7 要求对已加工的工件进行正确的自我评价，并找出在学习过程中遇到的问

题，然后认真总结方法。

表 4-7　自我鉴定

鉴定项目及标准	配　分	检测方式	自　检	得　分	备　注
用试切法对刀	5	不合格不得分			
$\phi 34_{-0.03}^{0}$ mm	12	每超差 0.01mm 扣 2 分			
$\phi 28_{-0.03}^{0}$ mm	12	每超差 0.01mm 扣 2 分			
$\phi 20_{-0.03}^{0}$ mm	12	每超差 0.01mm 扣 2 分			
$R10$ mm	12	不合格不得分			
锥度 30°	12	每超差 2′ 扣 2 分			
$C1$	5	不合格不得分			
(52 ± 0.03) mm	10	每超差 0.01mm 扣 2 分			
$Ra1.6\mu$m（5 处）	10	每降一级扣 2 分			
安全操作、清理机床	10	违规一次扣 2 分			
总结					

四、尺寸检测

1）用游标万能角度尺检测工件的锥度是否达到要求。

2）用千分尺来检测工件的外圆尺寸是否达到要求。

3）用游标卡尺检测工件的长度尺寸是否达到要求。

4）用半径样板检测工件的圆弧尺寸是否达到要求（图 4-3）。

图 4-3　用半径样板检测工件圆弧

五、注意事项

1）机床工作前要有预热，认真检查润滑系统工作是否正常。

2）禁止用手接触刀尖和切屑，必须要用铁钩子或毛刷来清理切屑，禁止戴手套操作机床。

3）在加工过程中，不允许打开机床防护门。

4）装夹刀具时，车刀刀尖必须与主轴轴线等高。

5）若出现尺寸误差可以通过调整刀具的补偿来解决。

6）加工过程中，尽量采用试切、测量、补偿、试测方法控制尺寸精度。

7）程序中设置的换刀点不一定是最佳位置，应根据所用刀具及机床情况，重新设置。

8）精加工时采用高主轴转速、小进给量、小的切削深度的方法来选择切削用量，采用小的刀尖圆弧半径可加工出较高表面质量的工件；采用恒线速切削来保证球体和锥体外表面质量要求高的工件。

9）精加工时，必须对精车刀具进行刀具半径补偿，否则加工的圆弧存在加工误差。

10）粗加工时在机床允许范围内应尽量选择大的切削深度和进给量，切削速度则相应选小些。

11）工件加工完毕，清除切屑，擦拭机床，使机床与环境保持清洁状态。

项目五

复合圆弧零件的加工

【项目综述】

本项目结合复合圆弧零件的加工案例，综合训练学生实施加工工艺设计、程序编制、机床加工、零件精度检测、产品提交等零件加工完整工作过程的工作方法。实施本项目训练学生的专业技能和应掌握的关联知识见表5-1。

表5-1 专业技能和关联知识

专 业 技 能	关 联 知 识
1. 零件工艺结构分析 2. 零件加工工艺方案设计 3. 机床、毛坯、夹具、刀具及切削用量的合理选用 4. 工序卡的填写与加工程序的编写 5. 熟练操作机床对零件进行加工 6. 零件精度检测及加工结果判断	1. 零件的数控车削加工工艺设计 2. 固定循环加工指令（G73）的应用

仔细分析图 5-1 所示图样，根据给定的工具和毛坯，编写出合理的加工程序，并加工出符合要求的零件。

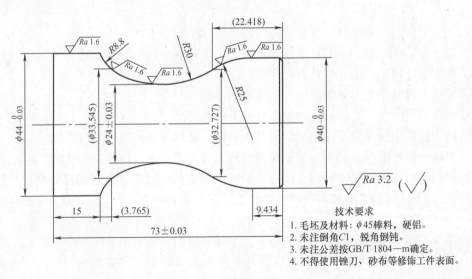

图 5-1　零件的实训图例 SC005

一、零件的加工工艺设计与程序编制

1. 分析零件结构

零件外轮廓主要由 $\phi 44_{-0.03}^{0}\,\mathrm{mm}$、$\phi 40_{-0.03}^{0}\,\mathrm{mm}$ 的圆柱面，$R25\mathrm{mm}$、$R30\mathrm{mm}$、$R8.8\mathrm{mm}$ 圆弧面和倒角等表面组成。整张零件图的尺寸标注完整，符合数控加工尺寸标注要求，零件轮廓描述清楚完整，表面粗糙度值要求为 $Ra1.6\mu\mathrm{m}$ 和 $Ra3.2\mu\mathrm{m}$，无热处理和硬度要求。

2. 选择毛坯和机床

根据图样要求，工件毛坯尺寸为 $\phi45\mathrm{mm}$ 棒料，材质为硬铝，选择卧式数控车床。

3. 选择工具、量具和刀具

（1）选择工具　装夹工件所需要的工具清单见表5-2。

表5-2　零件加工工具清单

序号	名称	规格	单位	数量
1	自定心卡盘	$\phi250\mathrm{mm}$	个	1
2	卡盘扳手	—	副	1
3	刀架扳手	—	副	1
4	垫刀片	—	块	若干

（2）选择量具　检测所需要的量具清单见表5-3。

表5-3　量具清单

序号	名称	规格	分度值	单位	数量
1	游标卡尺	0～150mm	0.01mm	把	1
2	千分尺	0～25mm 25～50mm	0.01mm	把	各1
3	钢直尺	0～150mm	0.02mm	把	1
4	半径样板	$R7～R14.5\mathrm{mm}$ $R15～R25\mathrm{mm}$ $R26～R80\mathrm{mm}$	—	套	各1
5	表面粗糙度比较样块			套	1

（3）选择刀具　刀具清单见表5-4。

表5-4　刀具清单

序号	刀具号	刀具名称	刀具规格/mm×mm	数量	加工表面	刀尖圆弧半径/mm
1	T01	93°外圆粗车刀	20×20	1把	粗车外轮廓	0.4
2	T02	93°外圆精车刀	20×20	1把	精车外轮廓	0.2
3	T03	3mm切断刀	20×20	1把	切断	—

4. 确定零件装夹方式

加工工件时采用自定心卡盘装夹。卡盘夹持毛坯留出加工长度约80.0mm。

5. 确定加工工艺路线

分析零件图可知, 可通过一次装夹完成所有工序。因此, 零件加工步骤如下: 手动加工左端端面→粗加工外圆轮廓, 留0.2mm精加工余量→精加工外圆轮廓至图样尺寸要求→切断→平端面, 倒角。加工工艺路线如图5-2所示。

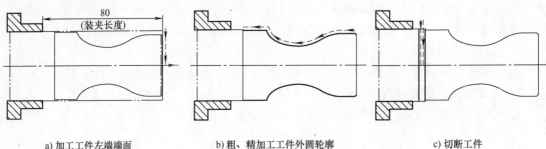

a) 加工工件左端端面   b) 粗、精加工工件外圆轮廓   c) 切断工件

图5-2 加工工艺路线

6. 填写加工工序卡 (表5-5)

表5-5 加工工序卡

零件图号	SC005	操作人员		实习日期	
使用设备	卧式数控车床	型号	CAK6140	实习地点	数控车车间
数控系统	GSK 980TA	刀架	4刀位、自动换刀	夹具名称	自定心卡盘
工步号	工步内容	刀具号	程序号	主轴转速 $n/(r/min)$	进给量 $f/(mm/r)$	切削深度 a_p/mm	备注
1	加工工件左端端面 (至端面平整、光滑)	T01	—	1500	0.05	0.3	手动
2	粗加工外圆轮廓, 留 0.2mm精加工余量	T01	O0001	800	0.2	1	自动
3	精加工外圆轮廓至图样尺寸	T02	O0001	1500	0.05	0.1	自动
4	切断工件	T03	—	400	—	—	手动
审核人		批准人		日 期	

7. 建立工件坐标系

加工工件以零件端面中心为工件坐标系原点。

8. 编制加工程序 (表5-6)

表5-6 工件外圆轮廓粗、精加工程序

程序段号	程序内容	说 明
	%	程序开始符
	O0001;	程序号
N10	T0101;	调用93°外圆粗车刀
N20	G97 G99 F0.2;	设置进给为恒转速控制, 进给量0.2mm/r
N30	M03 S800;	主轴正转, 转速800r/min
N40	G00 X47.0 Z2.0;	快速进给至加工起始点

（续）

程序段号	程序内容	说　明
N50	G73 U11.5 R11.0;	固定循环加工，X 轴切削量 11.5mm，循环加工 11 次，循环段
N60	G73 P70 Q140 U0.2 W0.1;	N70～N140，径向余量 0.2mm，轴向余量 0.1mm，进给量 0.2mm/r
N70	G00 X38.0;	快速进给至锥度 X 轴起始点
N80	G01 Z0;	直线切削至锥度 Z 轴起始点
N90	X40.0 Z－1.0;	倒角 C1
N100	Z－9.434;	加工 ϕ40mm 外圆轮廓
N110	G03 X32.727 Z－22.418 R25.0;	加工 R25.0mm 外圆轮廓
N120	G02 X33.545 Z－54.235 R30.0;	加工 R30.0mm 外圆轮廓
N130	X44.0 Z－57.0 R8.8;	加工 R8.8mm 外圆轮廓
N140	G01 Z－76.0;	加工 ϕ44mm 外圆轮廓
N150	G00 X100.0 Z100.0;	快速退刀
N160	M05;	主轴停止
N170	S1500 M03;	主轴正转，转速 1500r/min
N180	T0202;	调用 93° 外圆精车刀
N190	G00 X47.0 Z0;	快速进给至加工起始点
N200	G70 P70 Q140 F0.05;	固定循环加工，循环段 N70～N140，进给量 0.05mm/r
N210	G00 X100.0 Z100.0;	快速退刀
N220	M30;	程序结束
	%	程序结束符

二、工件加工实施过程

加工工件的步骤如下：

1）开启机床，各轴回机床参考点。

2）按照表 5-4 依次安装刀具。

3）使用自定心卡盘装夹毛坯，夹持毛坯留出加工长度约 80.0mm。

4）对刀，并设置刀具补偿。

5）手动加工工件左端端面，至端面平整、光滑为止。

6）输入表 5-6 工件外圆轮廓表面粗、精加工程序。

7）单击【程序启动】按钮，自动加工工件。

8）加工完毕后，测量工件尺寸与实际尺寸的差值，然后在【刀具磨损】中修改差值，直至工件尺寸合格为止。

9）换取 T03 号刀具，手动切断工件。

10）去飞边。

11）加工完毕，卸下工件，清理机床。

三、总结与评价

根据表 5-7 要求对已加工的工件进行正确的自我评价，并找出在学习过程中遇到的问

题，然后认真总结方法。

表 5-7　自我鉴定

鉴定项目及标准	配　分	检测方式	自　检	得　分	备　注
用试切法对刀	5	不合格不得分			
$\phi44\,_{-0.03}^{\,0}$ mm	10	每超差 0.01mm 扣 2 分			
$\phi40\,_{-0.03}^{\,0}$ mm	10	每超差 0.01mm 扣 2 分			
$C1$（2 处）	5	不合格不得分			
$R8.8$ mm	10	不合格不得分			
$R25$ mm	10	不合格不得分			
$R30$ mm	10	不合格不得分			
(73 ± 0.03) mm	10	不合格不得分			
$\phi24\pm0.03$	10	不合格不得分			
$Ra1.6\mu m$（5 处）	10	每降一级扣 2 分			
安全操作、清理机床	10	违规一次扣 2 分			
总 结					

四、尺寸检测

1. 用千分尺来检测工件的外圆尺寸是否达到要求。

2. 用游标卡尺检测工件的长度尺寸是否达到要求。

3. 用半径样板检测工件的圆弧尺寸是否达到要求。

五、注意事项

1）机床工作前要有预热，认真检查润滑系统工作是否正常。

2）禁止用手接触刀尖和切屑，必须要用铁钩子或毛刷来清理切屑，禁止戴手套操作机床。

3）在加工过程中，不允许打开机床防护门。

4）装夹刀具时，车刀刀尖必须与主轴轴线等高。

5）若出现尺寸误差可以通过调整刀具的补偿来解决。

6）加工过程中，尽量采用试切、测量、补偿、试测方法控制尺寸精度。

7）程序中设置的换刀点不一定是最佳位置，应根据所用刀具及机床情况，重新设置。

8）精加工时采用高主轴转速、小进给量、小的切削深度的方法来选择切削用量，可加工出表面质量较高的工件；采用恒线速切削来保证球体和锥体外表面质量要求。

9）精加工时，必须对精车刀具进行刀具半径补偿，否则加工的圆弧存在加工误差；采用小的刀尖圆弧半径可加工出表面质量较高的工件。

10）粗加工时在机床允许范围内应尽量选择大的切削深度和进给量，切削速度则相应选小些。

11）工件加工完毕，清除切屑，擦拭机床，使机床与环境保持清洁状态。

项目六

阶梯轴零件的加工

【项目综述】

　　本项目结合阶梯轴零件的加工案例，综合训练学生实施加工工艺设计、程序编制、机床加工、零件精度检测、产品提交等零件加工完整工作过程的工作方法。实施本项目训练学生的专业技能和应掌握的关联知识见表6-1。

表6-1　专业技能和关联知识

专 业 技 能	关 联 知 识
1. 零件工艺结构分析	1. 零件的数控车削加工工艺设计
2. 零件加工工艺方案设计	2. 切槽加工循环指令（G75）的应用
3. 机床、毛坯、夹具、刀具及切削用量的合理选用	3. 相关量具的使用
4. 工序卡的填写与加工程序的编写	
5. 熟练操作机床对零件进行加工	
6. 零件精度检测及加工结果判断	

　　仔细分析图6-1所示图样，根据给定的工具和毛坯，编写出合理的加工程序，并加工出符合要求的工件。

一、零件的加工工艺设计与程序编制

1. 分析零件结构

　　零件外轮廓主要由阶梯圆柱面、槽和倒角等表面组成。整张零件图的尺寸标注完整，符合数控加工尺寸标注要求，零件轮廓描述清楚完整。

2. 选择毛坯和机床

　　根据图样要求，工件毛坯尺寸为 $\phi 35\text{mm}$ 棒料，材质为硬铝，选择卧式数控车床。

3. 选择工具、量具和刀具

　　（1）选择工具　装夹工件所需要的工具清单见表6-2。

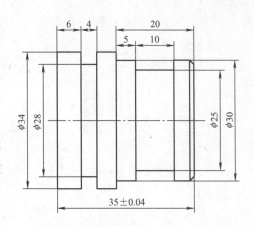

技术要求

1. 毛坯及材料：$\phi 35$ 棒料，硬铝。
2. 未注倒角 $C1$，锐角倒钝。
3. 未注公差按GB/T 1804—m确定。
4. 不得使用锉刀、砂布等修饰工件表面。

图6-1　零件的实训图例 SC006

表6-2　工具清单

序号	名称	规格	单位	数量
1	自定心卡盘	φ250mm	个	1
2	卡盘扳手	—	副	1
3	刀架扳手	—	副	1
4	垫刀片	—	块	若干

（2）选择量具　检测所需要的量具清单见表6-3。

表6-3　量具清单

序号	名称	规格	分度值	单位	数量
1	游标卡尺	0～150mm	0.01mm	把	1
2	钢直尺	0～150mm	0.02mm	把	1

（3）选择刀具　刀具清单见表6-4。

表6-4　刀具清单

序号	刀具号	刀具名称	刀具规格/mm×mm	数量	加工表面	刀尖圆弧半径/mm
1	T01	93°外圆粗车刀	20×20	1把	粗车外轮廓	0.4
2	T02	93°外圆精车刀	20×20	1把	精车外轮廓	0.2
3	T03	3mm 切断刀	20×20	1把	切断/切槽	—

4. 确定零件装夹方式

工件加工时采用自定心卡盘装夹。卡盘夹持毛坯留出加工长度约40.0mm。

5. 确定加工工艺路线

分析零件图可知，零件可通过一次装夹完成所有工序。因此，零件加工步骤如下：手动加工右端端面→粗加工外圆轮廓，留0.2mm精加工余量→精加工外圆轮廓至图样尺寸要求→加工第一个槽至图样尺寸要求→加工第二个槽至图样尺寸要求→切断至图样尺寸要求→平端面，倒角。加工工艺路线如图6-2所示。

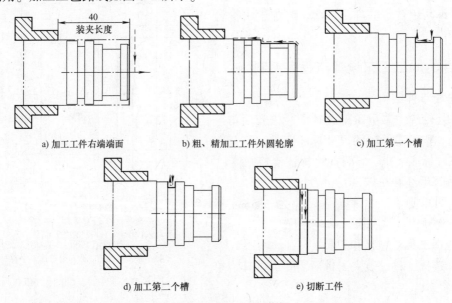

a) 加工工件右端端面　　b) 粗、精加工工件外圆轮廓　　c) 加工第一个槽

d) 加工第二个槽　　e) 切断工件

图6-2　加工工艺路线

6. 填写加工工序卡（表6-5）

表6-5　加工工序卡

零件图号	SC006	操作人员			实习日期	
使用设备	卧式数控车床	型号	CAK6140		实习地点	数控车车间
数控系统	GSK 980TA	刀架	4刀位、自动换刀		夹具名称	自定心卡盘
工步号	工步内容	刀具号	程序号	主轴转速 $n/(\text{r/min})$	进给量 $f/(\text{mm/r})$	切削深度 a_p/mm	备注
1	加工工件右端端面（至端面平整、光滑）	T01	—	1500	0.05	0.3	手动
2	粗加工外圆轮廓，留0.2mm精加工余量	T01	O0001	800	0.2	1	自动
3	精加工外圆轮廓至尺寸	T02	O0001	1500	0.05	0.1	自动
4	加工第一个槽	T03	O0002	800	0.08	2.5	自动
5	加工第二个槽	T03	O0003	800	0.08	3	自动
6	切断工件	T03	—	800	—	—	手动
审核人		批准人			日　期	

7. 建立工件坐标系

加工工件以零件端面中心为工件坐标系原点。

8. 编制加工程序（表6-6～表6-8）

表6-6　工件外圆轮廓粗、精加工程序

程序段号	程序内容	说　　明
	%	程序开始符
	O0001；	程序号
N10	T0101；	调用93°外圆粗车刀
N20	G97　G99　F0.2；	设置进给为恒转速控制，进给量0.2mm/r
N30	M03　S800；	主轴正转，转速800r/min
N40	G00　X37.0　Z2.0；	快速进给至加工起始点
N50	G71　U1.0　R0.5	外圆粗车固定循环加工，每次切削深度1.0mm，退刀距离
N60	G71　P70　Q120　U0.2；	0.5mm，循环段N70～N120，径向余量0.2mm
N70	G00　X28.0；	
N80	G01　Z0；	
N90	X30.0　Z−1.0；	
N100	Z−20.0；	粗加工外圆轮廓
N110	X34.0；	
N120	Z−36.0；	
N130	G00　X100.0　Z100.0；	快速退刀
N140	T0202　S1500　M03；	调用93°外圆精车刀，主轴正转，转速1500r/min
N150	G99　F0.05；	设置为每转进给模式，进给量0.05mm/r
N160	G00　X37.0　Z2.0；	快速进给至加工起始点
N170	G70　P70　Q120；	精车固定循环加工，循环段N70～N120
N180	G00　X100.0　Z100.0；	快速退刀
N190	M30；	程序结束
	%	程序结束符

表 6-7 第一个槽加工程序

程序段号	程序内容	说　明
	%	程序开始符
	O0002；	程序号
N10	T0303；	调用 3mm 外圆切断刀
N20	G97　G99　F0.08；	设置进给为恒转速控制，进给量 0.08mm/r
N30	M03　S800；	主轴正转，转速 800r/min
N40	G00　X37.0　Z－8.0；	快速进给至加工起始点
N50	G75　R1.0；	径向切槽固定循环，退刀量 1.0mm，X 轴终点坐标 25.0mm，Z 轴
N60	G75　X25.0　Z－15.0 P10000　Q25000；	终点坐标 -15.0mm，X 轴每次切削深度 1.0mm，Z 轴每次切削深度 2.5mm
N70	G00　X100.0；	X 轴快速退刀
N80	Z100.0；	Z 轴快速退刀
N90	M30；	程序结束
	%	程序结束符

表 6-8 第二个槽加工程序

程序段号	程序内容	说　明
	%	程序开始符
	O0003；	程序号
N10	T0303；	调用 3mm 外圆切断刀
N20	G97　G99　F0.08；	设置进给为恒转速控制，进给量 0.08mm/r
N30	M03　S800；	主轴正转，转速 800r/min
N40	G00　X37.0　Z－28.0；	快速进给至加工起始点
N50	G01　X28.0；	采用 G01 指令直线切槽
N60	G04　X2.0；	槽底暂停 2s（起修光槽底作用）
N70	G00　X37.0；	X 方向快速退刀
N80	W－1.0；	Z 方向定位
N90	G01　X28.0；	采用 G01 指令直线切槽
N100	G04　X2.0；	槽底停留 2s
N110	G00　X37.0；	X 方向快速退刀
N120	G00　X100.0　Z100.0；	快速退刀
N130	M30；	程序结束
	%	程序结束符

二、工件加工实施过程

加工工件的步骤如下：

1）开启机床，各轴回机床参考点。

2）按照表 6-4 依次安装刀具。

3）使用自定心卡盘装夹毛坯，夹持毛坯留出加工长度约 40.0mm。

4）对刀，并设置刀具补偿。

5）手动加工工件右端端面，至端面平整、光滑为止。

6）输入表 6-6 工件外圆轮廓粗、精加工程序。

7）单击【程序启动】按钮，自动加工工件。

8）加工完毕后，测量工件尺寸与实际尺寸的差值，然后在【刀具磨损】中修改差值，直至工件尺寸合格为止。

9）输入表 6-7 第一个槽加工程序，单击【程序启动】按钮，进行加工。

10）输入表 6-8 第二个槽加工程序，单击【程序启动】按钮，进行加工。

11）换取 T03 号刀具，手动切断工件。

12）去飞边。

13）加工完毕，卸下工件，清理机床。

三、总结与评价

根据表 6-9 要求对已加工的工件进行正确的自我评价，并找出在学习过程中遇到的问题，然后认真总结方法。

表 6-9　自我鉴定

鉴定项目及标准	配　分	检测方式	自　检	得　分	备　注
用试切法对刀	5	不合格不得分			
$\phi 30$mm	10	不合格不得分			
$\phi 34$mm	10	不合格不得分			
第一个槽	30	不合格不得分			
第二个槽	30	不合格不得分			
(35 ± 0.04)mm	3	不合格不得分			
C1	2	不合格不得分			
安全操作、清理机床	10	违规一次扣 2 分			
总 结					

四、尺寸检测

1）用千分尺检测工件的外圆尺寸是否达到要求。

2）用游标卡尺检测工件的长度尺寸是否达到要求。

五、切槽加工误差原因分析

表 6-10　切槽加工误差原因分析

误差现象	产生原因
槽的侧面呈现凹凸面	1. 刀具安装不正确
	2. 刀具刃磨角度不对称
	3. 刀具刃磨量前小后大
	4. 刀具安装角度不对称
	5. 刀具两刀尖磨损量不对称
槽底出现振动现象，有振纹	1. 工件安装不正确
	2. 刀具刚性差或刀具伸出太长
	3. 切削用量选择不当，导致切削力过大
	4. 刀具刃磨参数不正确
	5. 程序在槽底的延时时间太长
切削过程出现扎刀现象	1. 进行量过大
	2. 切削阻塞
槽直径或槽宽尺寸不正确	1. 对刀不正确
	2. 刀具磨损或修改刀具磨损参数不当
	3. 编程出错

六、注意事项

1）机床工作前要有预热，认真检查润滑系统工作是否正常。

2）禁止用手接触刀尖和切屑，必须要用铁钩子或毛刷来清理切屑，禁止戴手套操作机床。

3）在加工过程中，不允许打开机床防护门。

4）装夹刀具时，车刀刀尖必须与主轴轴线等高。

5）若出现尺寸误差可以通过调整刀具的补偿来解决。

6）加工过程中，尽量采用试切、测量、补偿、试测方法控制尺寸精度。

7）加工槽时，注意工件是否产生滑动现象。

8）程序中设置的换刀点，不一定是最佳位置，应根据所用刀具及机床情况，重新设置。

9）精加工时采用高主轴转速、小进给量、小的切削深度的方法来选择切削用量，可加工出表面质量较高的工件；采用恒线速切削来保证球体和锥体外表面质量要求。

10）精加工时，必须对精车刀具进行刀具半径补偿，否则加工的圆弧存在加工误差；采用小的刀尖圆弧半径可加工出较高的工件表面质量。

11）粗加工时在机床允许范围内应尽量选择大的切削深度和进给量，切削速度则相应选小些。

12）工件加工完毕，清除切屑，擦拭机床，使机床与环境保持清洁状态。

项目七

细长轴零件的加工

【项目综述】

本项目结合细长轴类零件加工案例，综合训练学生实施加工工艺设计、程序编制、机床加工、零件精度检测、产品提交等零件加工完整工作过程的工作方法。实施本项目训练学生的专业技能和应掌握的关联知识见表7-1。

表7-1 专业技能和关联知识

专 业 技 能	关 联 知 识
1. 零件工艺结构分析	1. 零件的数控车削加工工艺设计
2. 零件加工工艺方案设计	2. 相关固定循环加工指令的应用
3. 工序卡的填写与加工程序的编写	
4. 零件精度检测及加工结果判断	

仔细分析图7-1所示图样，根据给定的工具和毛坯，编写出合理的加工程序，并加工出符合要求的零件。

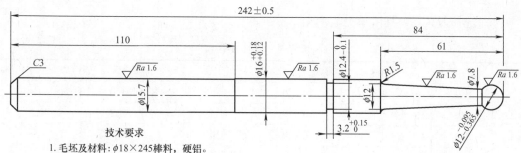

技术要求

1. 毛坯及材料：$\phi 18 \times 245$ 棒料，硬铝。
2. 锐角倒钝。
3. 未注公差按GB/T 1804—m确定。
4. 不得使用锉刀、砂布等修饰工件表面。

图7-1 零件的实训图例 SC007

一、零件的加工工艺设计与程序编制

1. 分析零件结构

零件外轮廓主要由 $\phi 16^{+0.18}_{+0.12}$ mm、$\phi 15.7$ mm 的圆柱面、$SR6$ mm 圆球、窄槽和倒角等表面组成。整张零件图的尺寸标注完整，符合数控加工尺寸标注要求，零件轮廓描述清楚完整，表面粗糙度值要求为 $Ra1.6 \mu m$ 和 $Ra3.2 \mu m$，无热处理和硬度要求。

2. 选择毛坯和机床

根据图样要求，工件毛坯尺寸为 $\phi15 \times 245$mm 棒料，材质为硬铝，选择卧式数控车床。

3. 选择工具、量具和刀具

（1）选择工具　工件需调头装夹加工，装夹过程中用百分表完成校正等工作，具体工具清单见表7-2。

表7-2　工具清单

序号	名称	规格	单位	数量
1	自定心卡盘	$\phi250$mm	个	1
2	卡盘扳手	—	副	1
3	刀架扳手	—	副	1
4	垫刀片	—	块	若干
5	磁性表座	—	副	1
6	活动顶尖	—	个	1

（2）选择量具　检测所需要的量具清单见表7-3。

表7-3　量具清单

序号	名称	规格	分度值	单位	数量
1	游标卡尺	0~150mm	0.01mm	把	1
2	千分尺	0~25mm 25~50mm	0.01mm	把	各1
3	百分表	0~0.8mm	0.01mm	个	1
4	半径样板	$R7~R14.5$mm		套	1
5	表面粗糙度比较样块			套	1

（3）选择刀具　刀具清单见表7-4。

表7-4　刀具清单

序号	刀具号	刀具名称	刀具规格/mm×mm	数量	加工表面	刀尖圆弧半径/mm
1	T01	93°外圆粗车刀	20×20	1把	粗车外轮廓	0.4
2	T02	93°外圆精车刀	20×20	1把	精车外轮廓	0.2
3	T03	2mm切槽刀	20×20	1把	切槽	—
4	T04	中心钻	A3	1个	中心孔	—

4. 确定零件装夹方式

工件加工时采用自定心卡盘装夹。卡盘夹持毛坯留出加工长度约186mm。工件调头是使用软爪或护套夹持工件 $\phi16$mm 部分，预防已加工部分被夹伤。

5. 确定加工工艺路线

分析零件图可知，零件需通过两次装夹完成所有工序。因此，零件加工步骤如下：手动加工工件左端端面→手动钻中心孔→使用活动顶尖顶住工件（注意用力的力度）→粗加工左端外圆轮廓，留0.2mm精加工余量→精加工外圆轮廓至图样尺寸要求→粗精加工工件外圆槽→工件调头装夹并校正→加工工件右端端面，保证工件总长至图样尺寸要求→粗加工工件右端外圆轮廓，留0.2mm精加工余量→精加工工件外圆轮廓至图样尺寸要求。加工工艺路线如图7-2所示。

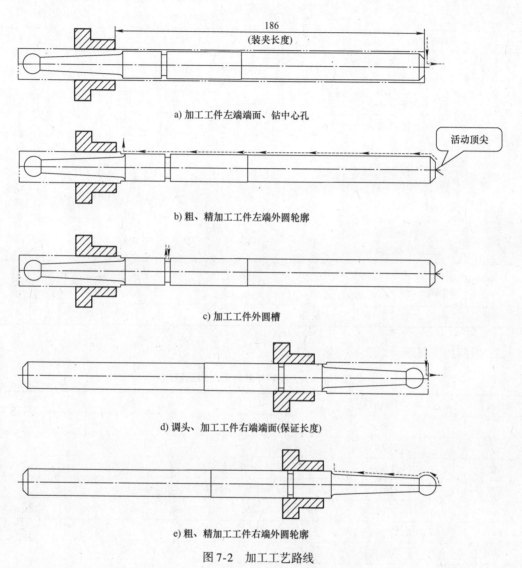

a) 加工工件左端端面、钻中心孔

b) 粗、精加工工件左端外圆轮廓

c) 加工工件外圆槽

d) 调头、加工工件右端端面(保证长度)

e) 粗、精加工工件右端外圆轮廓

图7-2 加工工艺路线

6. 填写加工工序卡（表7-5）

表7-5 加工工序卡

零件图号	SC007	操作人员			实习日期	
使用设备	卧式数控车床	型号	CAK6140		实习地点	数控车车间
数控系统	GSK980TA	刀架	4刀位、自动换刀		夹具名称	自定心卡盘
工步号	工步内容	刀具号	程序号	主轴转速 n/(r/min)	进给量 f/(mm/r)	切削深度 a_p/mm	备注
1	加工工件左端端面（至端面平整、光滑）	T01	—	1500	0.05	0.3	手动

（续）

工步号	工步内容	刀具号	程序号	主轴转速 $n/(\text{r/min})$	进给量 $f/(\text{mm/r})$	切削深度 a_p/mm	备注
2	钻中心孔	T04	—	1500	—	5	手动
3	精加工左端外圆轮廓至图样尺寸	T02	O0001	1500	0.1	1	自动
4	粗、精加工外圆槽	T03	O0002	500	0.05	1	自动
5	工件调头、装夹并校正	—	—	手动	—	—	手动
6	加工工件右端端面（至端面平整、光滑、并至图样尺寸要求）	T01	—	1500	—	—	手动
7	粗加工右端外圆轮廓，留 0.2mm 精加工余量	T01	O0003	800	0.2	1	自动
8	精加工右端外圆轮廓至图样尺寸	T02	O0003	1500	0.05	0.1	自动
审核人		批准人			日　期		

7. 编制加工程序（表 7-6 ~ 表 7-8）

表 7-6　工件左端外圆轮廓精加工程序

程序段号	程序内容	说　明
	%	程序开始符
	O0001;	程序号
N10	T0202;	调用93°外圆精车刀
N20	G97　G99　F0.1;	设置进给为恒转速控制，进给量 0.1mm/r
N30	M03　S1500;	主轴正转，转速 1500r/min
N40	G00　X20.0　Z2.0;	快速进给至加工起始点
N50	X9.7;	
N60	G01　Z0;	
N70	X15.7　Z-3.0;	
N80	Z-110.0;	精加工工件外圆轮廓
N90	X16.15;	
N100	Z-183.0;	
N110	G00　X100.0;	X 轴线快速退刀
N120	Z100.0;	Z 轴线快速退刀
N130	M30;	程序结束
	%	程序结束符

表7-7 工件外圆槽加工程序

程序段号	程序内容	说 明
	%	程序开始符
	O0002;	程序号
N10	T0303;	调用2mm切槽刀
N20	G97 G99 F0.05;	设置进给为恒转速控制，进给量0.05mm/r
N30	M03 S500;	主轴正转，转速500r/min
N40	G00 X20.0 Z-156.8;	快速进给至加工起始点
N50	G01 X12.4;	加工外形槽轮廓
N60	G04 X1.0;	
N70	G00 X20.0;	
N80	W-1.2;	
N90	G01 X12.4;	
N100	G04 X1.0;	
N110	G00 X100.0;	X轴快速退刀
N120	Z100.0;	Z轴快速退刀
N130	M30;	程序结束
	%	程序结束符

表7-8 工件右端外圆轮廓粗、精加工程序

程序段号	程序内容	说 明
	%	程序开始符
	O0003;	程序号
N10	T0101;	调用93°外圆粗车刀
N20	G97 G99 F0.2;	设置进给为恒转速控制，进给量0.2mm/r
N30	M03 S800;	主轴正转，转速800r/min
N40	G00 X20.0 Z2.0;	快速进给至加工起始点
N50	G71 U1.0 R1.0;	外圆粗车固定循环加工，每刀切削深度1.0mm，退刀距离1.0mm，循环段N70~N120，径向余量0.2mm
N60	G71 P70 Q120 U0.2;	
N70	G00 X0;	粗加工工件外圆轮廓
N80	G01 Z0;	
N90	G03 X7.8 Z-10.56 R6.0;	
N100	G01 X11.88 Z-59.562;	
N110	G02 X14.878 Z-61.0 R1.5;	
N120	G01 X20.0;	
N130	G00 X100.0 Z100.0;	快速退刀
N140	M05;	主轴停止
N150	S1500 M03;	主轴正转，转速1500r/min
N160	T0202;	调用93°外圆精车刀
N170	G00 X20.0 Z0;	快速进给至加工起始点
N180	G70 P70 Q120 F0.05;	精车固定循环加工，循环段N70~N120，进给量0.05mm/r
N190	G00 X100.0 Z100.0;	快速退刀
N200	M30;	程序结束
	%	程序结束符

二、工件加工实施过程

加工工件的步骤如下：

1）开启机床，各轴回机床参考点。

2）按照表7-4依次安装刀具。

3）使用自定心卡盘装夹毛坯，夹持毛坯留出加工长度约186.0mm。

4）对刀，并设置刀具补偿。

5）起动主轴，换取T01外圆粗车刀加工工件左端端面，至端面平整、光滑为止。

6）起动主轴，换取T04中心钻，钻中心孔，钻深5mm；然后使用活动顶尖顶住工件（注意用力的力度，否则工件会出现变形）。

7）输入表7-6工件左端外圆轮廓精加工程序。

8）单击【程序启动】按钮，自动加工工件。加工完毕后，测量工件尺寸与实际尺寸的差值，然后在【刀具磨损】中修改差值，直至工件尺寸合格为止。

9）输入表7-7工件外圆槽加工程序。

10）单击【程序启动】按钮，自动加工工件。加工完毕后，测量工件尺寸与实际尺寸的差值，然后在【刀具磨损】中修改差值，直至工件尺寸合格为止。

11）调头装夹，校正工件。

12）换取T01号刀具，起动主轴，手动去除多余毛坯余量，需保证工件总长，且端面平整、光滑为止。

13）输入表7-8工件右端外圆轮廓粗、精加工程序。

14）单击【程序启动】按钮，自动加工工件。加工完毕后，测量工件尺寸与实际尺寸的差值，然后在【刀具磨损】中修改差值，直至工件尺寸合格为止。

15）去飞边。

16）加工完毕，卸下工件，清理机床。

三、总结与评价

根据表7-9要求对已加工的工件进行正确的自我评价，并找出在学习过程中遇到的问题，然后认真总结方法。

表7-9　自我鉴定

鉴定项目及标准	配　分	检测方式	自　检	得　分	备　注
用试切法对刀	5	不合格不得分			
$\phi 16^{+0.18}_{+0.12}$mm	15	每超差0.01mm扣2分			
$\phi 12.4^{0}_{-0.1}$mm	15	每超差0.01mm扣2分			
$\phi 15.7$mm	12	不合格不得分			
$\phi 12^{-0.095}_{-0.365}$mm	15	不合格不得分			
$32^{+0.15}_{0}$mm	12	每超差0.01mm扣2分			
(242 ± 0.5)mm	12	不合格不得分			

（续）

鉴定项目及标准	配　分	检测方式	自　检	得　分	备　注
$Ra1.6\mu m$（4处）	4	不合格不得分			
安全操作、清理机床	10	违规一次扣2分			
总 结					

四、尺寸检测

1）用千分尺检测工件的外圆尺寸是否达到要求。

2）用游标卡尺来检测工件的长度尺寸是否达到要求。

3）用半径样板检测工件的圆弧尺寸是否达到要求。

4）用游标万能角度尺检测工件的锥度是否达到要求。

五、注意事项

1）工作时穿好工作服、安全鞋，戴好工作帽及防护镜，注意：不允许戴手套操作机床。

2）禁止用手或其他任何方式接触正在旋转的主轴、工件或其他运动部位。

3）机床工作开始工作前要有预热，认真检查润滑系统工作是否正常，如机床长时间未开动。

4）禁止用手接触刀尖和切屑，必须要用铁钩子或毛刷来清理切屑。

5）在加工过程中，不允许打开机床防护门。

6）装夹刀具时，车刀刀尖必须与主轴轴线等高。

7）若出现尺寸误差可以通过调整刀具的补偿来解决。

8）加工槽时，注意工件是否产生滑动现象。

9）精加工时，采用恒线速切削来保证锥体外表面质量要求。

10）调头装夹后，所有刀具必须重新对刀。

11）加工过程中，尽量采用试切、测量、补偿、试测方法控制尺寸精度。

12）程序中设置的换刀点不一定是最佳位置，应根据所用刀具及机床情况，重新设置。

13）精加工时要采用高主轴转速、小进给量、小的切削深度的方法来选择切削用量，采用小的刀尖圆弧加工可加工出表面质量较高的工件。

14）粗加工时在机床允许范围内应尽量选择大的切削深度和进给量，切削速度则相应选小些。

15）工件加工完毕，清除切屑，擦拭机床，使机床与环境保持清洁状态。

项目八

阶梯套类零件的加工

【项目综述】

本项目结合阶梯套类零件的加工案例，综合训练学生实施加工工艺设计、程序编程、机床加工、零件精度检测、产品提交等零件加工完整工作过程的工作方法。实施本项目训练学生的专业技能和应掌握的关联知识见表8-1。

表8-1 专业技能和关联知识

专业技能	关联知识
1. 零件工艺结构分析 2. 零件加工工艺方案设计 3. 机床、毛坯、夹具、刀具及切削用量的合理选用 4. 工序卡的填写与加工程序的编写 5. 熟练操作机床对零件进行加工 6. 零件精度检测及加工结果判断	1. 零件的数控车削加工工艺设计 2. 轴向切削加工循环指令（G90）的应用 3. 相关量具的使用

仔细分析图8-1所示图样，根据给定的工具和毛坯，编写出合理的加工程序，并加工出符合要求的零件。

一、零件的加工工艺设计与程序编制

1. 分析零件结构

零件外轮廓主要由1个圆柱面、3个阶梯孔和倒角等表面组成。整张零件图的尺寸标注完整，符合数控加工尺寸标注要求，零件轮廓描述清楚完整。

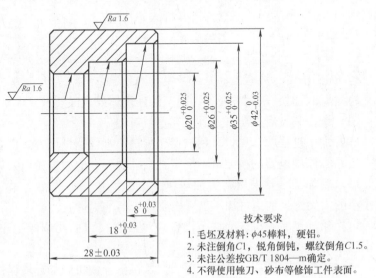

技术要求

1. 毛坯及材料：ϕ45棒料，硬铝。
2. 未注倒角C1，锐角倒钝，螺纹倒角C1.5。
3. 未注公差按GB/T 1804—m确定。
4. 不得使用锉刀、砂布等修饰工件表面。

图 8-1 零件的实训图例 SC008

2. 选择毛坯和机床

根据图样要求，工件毛坯尺寸为ϕ45mm棒料，材质为硬铝，选择卧式数控车床。

3. 选择工具、量具和刀具

（1）选择工具　装夹工件所需要的工具清单见表8-2。

表8-2　工具清单

序号	名称	规格	单位	数量
1	自定心卡盘	φ250mm	个	1
2	卡盘扳手	—	副	1
3	刀架扳手	—	副	1
4	垫刀片	—	块	若干

（2）选择量具　检测所需要的量具清单见表8-3。

表8-3　量具清单

序号	名称	规格	分度值	单位	数量
1	游标卡尺	0~150mm	0.01mm	把	1
2	钢直尺	0~150mm	0.02mm	把	1
3	外径千分尺	25~50mm	0.01mm	把	1
4	内径千分尺	5~50mm	0.01mm	把	1

（3）选择刀具　刀具清单见表8-4。

表8-4　刀具清单

序号	刀具号	刀具名称	刀具规格/mm×mm	数量	加工表面	刀尖圆弧半径/mm
1	T01	93°外圆粗车刀	20×20	1把	粗车外轮廓	0.4
2	T02	93°外圆精车刀	20×20	1把	精车外轮廓	0.2
3	T03	93°内孔粗车刀	φ16×35	1把	粗车外轮廓	0.4
4	T04	93°内孔精车刀	φ16×35	1把	精车外轮廓	0.2
5	T05	3mm切断刀	20×20	1把	切断	—
6	T06	中心钻	A3	1个	中心孔	—
7	T07	钻头	φ18	1个	钻孔	—

4. 确定零件装夹方式

工件加工时采用自定心卡盘装夹。卡盘夹持毛坯留出加工长度约35.0mm。

5. 确定加工工艺路线

分析零件图可知，零件可通过一次装夹完成所有工序。因此，零件加工步骤如下：手动加工左端端面→手动钻中心孔→手动钻通孔→粗加工内孔轮廓，留0.2mm精加工余量→精加工内孔轮廓至图样尺寸要求→粗加工外圆轮廓，留0.2mm精加工余量→精加工外圆轮廓至图样尺寸要求→切断→调头、平端面及倒角。加工工艺路线如图8-2所示。

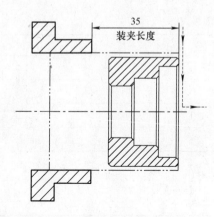

a) 加工左端端面

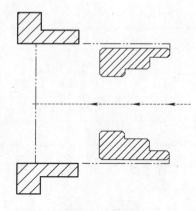

b) 钻中心孔、钻通孔

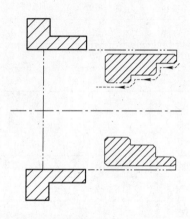

c) 粗、精加工内孔轮廓

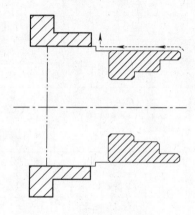

d) 粗、精加工外圆轮廓

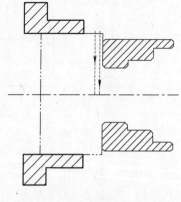

e) 切断工件

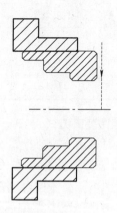

f) 调头平端面，倒角

图 8-2　加工工艺路线

6. 填写加工工序卡（表8-5）

表8-5　加工工序卡

零件图号	SC008	操作人员		实习日期	
使用设备	卧式数控车床	型号	CAK6140	实习地点	数控车车间
数控系统	GSK 980TA	刀架	4刀位、自动换刀	夹具名称	自定心卡盘

工步号	工步内容	刀具号	程序号	主轴转速 $n/(r/min)$	进给量 $f/(mm/r)$	切削深度 a_p/mm	备注
1	加工工件左端端面（至端面平整、光滑）	T01	—	1500	0.05	0.3	手动
2	钻中心孔	T06	—	1500		5	手动
3	钻通孔	T07	—	300		35	手动
4	粗加工内孔轮廓，留0.2mm精加工余量	T03	O0001	800	0.2	1.5	自动
5	精加工内孔轮廓至图样尺寸	T04	O0002	1500	0.05	0.1	自动
6	粗加工左端外圆轮廓，留0.2mm精加工余量	T01	O0003	800	0.2	1.5	自动
7	精加工左端外圆轮廓至图样尺寸	T02	O0003	1500	0.05	0.1	自动
8	切断工件	T06	—	300	—	—	手动
9	调头、平端面及倒角	T01	—	1500	0.05	—	手动
审核人		批准人		日　期	

7. 建立工件坐标系

加工工件以零件端面中心为工件坐标系原点。

8. 编制加工程序（表8-6～表8-8）

表8-6　工件内孔轮廓粗加工程序

程序段号	程序内容	说　明
	%	程序开始符
	O0001;	程序号
N10	T0303;	调用93°内孔粗车刀
N20	G97 G99 F0.2;	设置进给为恒转速控制，进给量0.2mm/r
N30	M03 S800;	主轴正转，转速800r/min
N40	G00 X18.0 Z2.0;	快速进给至加工起始点
N50	G90 X19.8 Z−32.0;	内外径车削循环加工，加工 $\phi20mm$ 阶梯孔
N60	X23.0 Z−17.9;	加工 $\phi26mm$ 阶梯孔
N70	X25.8;	
N80	X29.0 Z−7.9;	加工 $\phi35mm$ 阶梯孔
N90	X32.0;	
N100	X34.8;	
N110	G00 X100.0 Z100.0;	快速退刀
N120	M30;	程序结束
	%	程序结束符

表 8-7 工件内孔轮廓精加工程序

程序段号	程序内容	说　明
	%	程序开始符
	O0002；	程序号
N10	T0404；	调用93°内孔精车刀
N20	G97　G99　F0.05；	设置进给为恒转速控制，进给量0.05mm/r
N30	M03　S1500；	主轴正转，转速1500r/min
N40	G00　X37.0　Z2.0；	快速进给至加工起始点
N50	G01　Z0；	慢速移动到工件表面
N60	X35.0　Z−1.0；	倒角 C1
N70	Z−8.0；	加工 φ35mm 内孔轮廓
N80	X28.0；	加工 φ35mm 孔底
N90	X26.0　Z−9.0；	倒角 C1
N100	Z−18.0；	加工 φ26mm 内孔轮廓
N110	X22.0；	加工 φ26mm 孔底
N120	X20.0　Z−19.0；	倒角 C1
N130	Z−32.0；	加工 φ20mm 内孔轮廓
N140	G00　X18.0；	X 轴快速退刀
N150	Z100.0；	Z 轴快速退刀
N160	M30；	程序结束
	%	程序结束符

表 8-8 工件外圆轮廓粗、精加工程序

程序段号	程序内容	说　明
	%	程序开始符
	O0003；	程序号
N10	T0101；	调用93°外圆精车刀
N20	G97　G99　F0.2；	设置进给为恒转速控制，进给量0.2mm/r
N30	M03　S800；	主轴正转，转速800r/min
N40	G00　X47.0　Z2.0；	快速进给至加工起始点
N50	G90　X43.5　Z−32.0	粗加工外圆轮廓
N60	X42.2；	
N70	G00　X100.0　Z100.0；	快速退刀
N80	T0202；	调用93°外圆精车刀
N90	G97　G99　F0.05；	设置进给为恒转速控制，进给量0.05mm/r
N100	M03　S1500；	主轴正转，转速1500r/min
N110	G00　X47.0　Z2.0；	快速进给至加工起始点
N120	X40.0；	精加工外圆轮廓
N130	G01　Z0；	
N140	X42.0　Z−1.0；	
N150	Z−32.0；	
N160	G00　X100.0；	X 轴快速退刀
N170	Z100.0；	Z 轴快速退刀
N180	M30；	程序结束
	%	程序结束符

二、工件加工实施过程

加工工件的步骤如下：

1) 开启机床，各轴回机床参考点。

2) 按照表8-4依次安装刀具。

3) 使用自定心卡盘装夹毛坯，夹持毛坯留出加工长度约35.0mm。

4) 对刀，并设置刀具补偿。

5) 起动主轴，换取T01外圆粗车刀具，加工工件左端端面，至端面平整、光滑为止。

6) 起动主轴，换取T06中心钻，钻中心孔，钻深5mm。

7) 起动主轴，换取T07钻头，钻通孔。

8) 输入表8-6工件内孔轮廓粗加工程序。

9) 单击【程序启动】按钮，自动加工工件。

10) 输入表8-7工件内孔轮廓精加工程序。

11) 单击【程序启动】按钮，自动加工工件。加工完毕后，测量工件尺寸与实际尺寸的差值，若不合格可通过修改【刀具磨损】中差值，直至工件尺寸合格为止。

12) 输入表8-8工件外圆轮廓粗、精加工程序。

13) 单击【程序启动】按钮，自动加工工件。加工完毕后，测量工件尺寸与实际尺寸的差值，若不合格可通过修改【刀具磨损】中差值，直至工件尺寸合格为止。

14) 换取T05号刀具，手动切断工件。

15) 调头，校正工件。

16) 换取T01号刀具，起动主轴，手动去除多余毛坯余量，需保证工件总长，且端面平整、光滑为止。

17) 倒角，去飞边。

18) 加工完毕，卸下工件，清理机床。

三、总结与评价

根据表8-9要求对已加工的工件进行正确的自我评价，并找出在学习过程中遇到的问题，然后认真总结方法。

表8-9 自我鉴定

鉴定项目及标准	配 分	检测方式	自 检	得 分	备 注
用试切法对刀	5	不合格不得分			
$\phi42_{-0.03}^{0}$ mm	10	每超差0.01扣2分			
$\phi35_{0}^{+0.025}$ mm	13	每超差0.01扣2分			
$\phi26_{0}^{+0.025}$ mm	13	每超差0.01扣2分			
$\phi20_{0}^{+0.025}$ mm	13	每超差0.01扣2分			
$8_{0}^{+0.03}$ mm	8	每超差0.01扣2分			
$18_{0}^{+0.03}$ mm	8	每超差0.01扣2分			
(28 ± 0.03) mm	8	每超差0.01扣2分			

(续)

鉴定项目及标准	配　分	检测方式	自　检	得　分	备　注
表面粗糙度 $Ra1.6\mu m$（2处）	6	不合格不得分			
$C1$（6处）	6	不合格不得分			
安全操作、清理机床	10	违规一次扣2分			
总 结					

四、尺寸检测

1）用千分尺检测工件的外圆尺寸是否达到要求。

2）用游标卡尺检测工件的长度尺寸是否达到要求。

3）用内径千分尺和内径百分表检测工件的内孔尺寸是否达到要求（图8-3）。

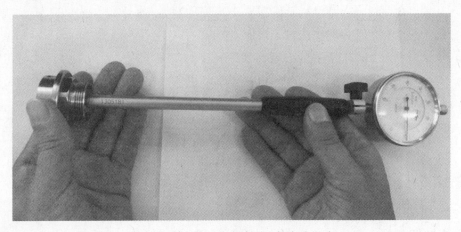

图8-3　用内径百分表检测工件内孔尺寸

五、内孔误差原因分析（表8-10）

表8-10　内孔误差原因分析

误差现象	产生原因
尺寸不对	1. 测量不正确
	2. 车刀安装不对，刀柄与孔壁相碰
	3. 产生积屑瘤，增加刀尖长度、使孔车大
	4. 工件的热胀冷缩
内孔有锥度	1. 刀具磨损
	2. 刀柄刚性差，产生让刀现象
	3. 刀柄与孔壁相碰
	4. 车头轴线歪斜、床身不水平、床身导轨磨损等机床原因

（续）

误差现象	产生原因
内孔不圆	1. 孔壁薄，装夹时产生变形
	2. 轴承间隙太大，主轴颈呈椭圆形状
	3. 工件加工余量和材料组织不均匀
内孔不光滑	1. 车刀磨损
	2. 车刀刃磨不良，表面粗糙度值高
	3. 车刀几何角度不合理，装刀高度低于中心线
	4. 切削用量选择不当
	5. 刀柄细长，产生振动

六、注意事项

1）机床工作前要有预热，认真检查润滑系统工作是否正常。

2）禁止用手接触刀尖和切屑，必须要用铁钩子或毛刷来清理切屑，禁止戴手套操作机床。

3）在加工过程中，不允许打开机床防护门。

4）装夹刀具时，车刀刀尖必须与主轴轴线等高。

5）加工内孔时，注意刀具的吃刀量与刀具长度，避免出现撞刀现象。

6）若出现尺寸误差可以通过调整刀具的补偿来解决。

7）加工过程中，尽量采用试切、测量、补偿、试测方法控制尺寸精度。

8）程序中设置的换刀点，不一定是最佳位置，应根据所用刀具及机床情况，重新设置。

9）精加工时采用高主轴转速、小进给量、小的切削深度的方法来选择切削用量，采用小的刀尖圆弧半径可加工出较高的工件表面质量。

10）粗加工时在机床允许范围内应尽量选择大的切削深度和进给量，切削速度则相应选小些。

11）工件加工完毕，清除切屑，擦拭机床，使机床与环境保持清洁状态。

第二篇

螺纹件的加工

项目九

螺纹阶梯轴零件的加工

【项目综述】

本项目结合螺纹阶梯轴零件的加工案例，综合训练学生实施加工工艺设计、程序编制、机床加工、零件精度检测、螺纹相关知识、产品提交等零件加工完整工作过程的工作方法。实施本项目训练学生的专业技能和应掌握的关联知识见表9-1。

表 9-1 专业技能和关联知识

专业技能	关联知识
1. 零件工艺结构分析	1. 零件的数控车削加工工艺设计
2. 零件加工工艺方案设计	2. 螺纹参数的计算
3. 机床、毛坯、夹具、刀具、切削用量的合理选用	3. 螺纹切削加工循环指令（G92）的应用
4. 工序卡的填写与加工程序的编写	
5. 熟练操作机床对零件进行加工	
6. 零件精度检测及加工结果判断	

仔细分析图9-1所示图样，根据给定的工具和毛坯，编写出合理的加工程序，并加工出符合要求的零件。

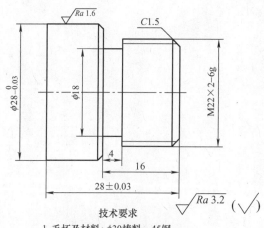

技术要求

1. 毛坯及材料：$\phi30$棒料，45钢。
2. 未注倒角C1，锐角倒钝。
3. 未注公差按GB/T 1804—m确定。
4. 不得使用锉刀、砂布等修饰工件表面。

图 9-1　零件的实训图例 SC009

一、零件的加工工艺设计与程序编制

1. 分析零件结构

零件外轮廓主要由 $\phi 28_{-0.03}^{\ 0}$ mm 的圆柱面，$M22 \times 2 - 6g$ 的外螺纹，$4mm \times 2mm$ 螺纹退刀槽和倒角等表面组成。整张零件图的尺寸标注完整，符合数控加工尺寸标注要求，零件轮廓描述清楚完整，表面粗糙度值要求为 $Ra1.6\mu m$ 和 $Ra3.2\mu m$，无热处理和硬度要求。

2. 选择毛坯和机床

根据图样要求，工件毛坯尺寸为 $\phi 30mm$ 棒料，材质为硬铝，选择卧式数控车床。

3. 选择工具、量具和刀具

（1）选择工具 装夹工件所需要的工具清单见表9-2。

表9-2 工具清单

序号	名称	规格	单位	数量
1	自定心卡盘	$\phi 250mm$	个	1
2	卡盘扳手	—	副	1
3	刀架扳手	—	副	1
4	垫刀片	—	块	若干

（2）选择量具 检测所需要的量具清单见表9-3。

表9-3 量具清单

序号	名称	规格	分度值	单位	数量
1	游标卡尺	$0 \sim 150mm$	0.01mm	把	1
2	千分尺	$0 \sim 25mm$ $25 \sim 50mm$	0.01mm	把	各1
3	钢直尺	$0 \sim 150mm$	0.02mm	把	1
4	螺纹环规	$M22 \times 2$	6g	套	1
5	表面粗糙度比较样块	—	—	套	1

（3）选择刀具 刀具清单见表9-4。

表9-4 刀具清单

序号	刀具号	刀具名称	刀具规格/mm×mm	数量	加工表面	刀尖圆弧半径/mm
1	T01	93°外圆粗车刀	20×20	1把	粗车外轮廓	0.4
2	T02	93°外圆精车刀	20×20	1把	精车外轮廓	0.2
3	T03	3mm外切槽刀	20×20	1把	切槽、切断	—
4	T04	60°外螺纹车刀	20×20	1把	车螺纹	—

4. 确定零件装夹方式

工件加工时采用自定心卡盘装夹。卡盘夹持毛坯留出加工长度约35.0mm。

5. 确定加工工艺路线

　　分析零件图可知，零件可通过一次装夹完成所有工序。因此，零件加工步骤如下：手动加工工件左端端面→粗加工工件左端外圆轮廓，留 0.2mm 精加工余量→精加工左端外圆轮廓至图样尺寸要求→手动加工螺纹退刀槽→加工螺纹至图样尺寸要求→切断工件→平端面、倒角。加工工艺路线如图 9-2 所示。

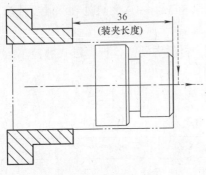

a) 加工工件左端端面

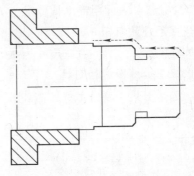

b) 粗、精加工工件左端外圆轮廓

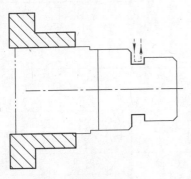

c) 加工螺纹退刀槽

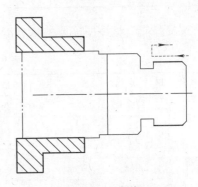

d) 加工M22×2螺纹

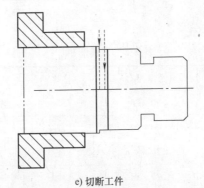

e) 切断工件

图 9-2　加工工艺路线

6. 填写加工工序卡（表9-5）

表9-5　加工工序卡

零件图号	SC009	操作人员		实习日期	
使用设备	卧式数控车床	型号	CAK6140	实习地点	数控车车间
数控系统	GSK 980TA	刀架	4刀位、自动换刀	夹具名称	自定心卡盘

工步号	工步内容	刀具号	程序号	主轴转速 $n/(\text{r/min})$	进给量 $f/(\text{mm/r})$	切削深度 a_p/mm	备注
1	加工工件左端端面（至端面平整、光滑）	T01	—	1500	0.05	0.3	手动
2	粗加工工件左端外圆轮廓，留0.2mm精加工余量	T01	O0001	800	0.2	1.5	自动
3	精加工工件左端外圆轮廓至图样尺寸要求	T02	O0002	1500	0.05	0.1	自动
4	加工退刀槽 5mm × ϕ20mm	T03		300	0.08	4	手动
5	加工螺纹（至图样尺寸要求）	T04	O0003	520	2	按表	自动

审核人		批准人		日　期	

7. 建立工件坐标系

加工工件以零件右端面中心为工件坐标系原点。

8. 外螺纹部分尺寸计算

（1）外圆柱面直径与螺纹实际小径的确定

① 加工螺纹时，零件材料因受车刀挤压而使外径胀大，因此螺纹部分的零件外径应比螺纹的公称直径小0.2 ~ 0.4mm，一般取 $d_计 = d - 0.1P$；在图样中 $d_计 = d - 0.1P = 22\text{mm} - 0.1 \times 2\text{mm} = 21.8\text{mm}$。

② 在实际生产中，为了计算方便，不考虑螺纹车刀的刀尖半径的影响，一般取螺纹实际小径 $d_{1计} = d - 1.3P = 22\text{mm} - 1.3 \times 2\text{mm} = 19.4\text{mm}$。

（2）主轴转速 n 的确定　在数控车床加工螺纹，主轴转速受数控系统、螺纹导程、刀具、零件尺寸和材料等多种因素影响。不同的数控系统，推荐不同的主轴转速范围，操作者在仔细查阅说明书后，可根据实际情况选用。使用大多数经济型数控车床车削螺纹时，推荐主轴转速：$n \leq 1200/P - K$。式中 P 为螺纹螺距（mm），K 为保险系数（一般取80），n 为主轴转速（r/min）。

根据图样要求加工 M22 ×2 普通外螺纹，主轴转速 $n \leq 1200/P - K = (1200/2 - 80)\text{r/min} = 520\text{r/min}$。根据零件材料、刀具等因素取 $n = 400 \sim 500\text{r/min}$，学生实习时一般取 $n = 400\text{r/min}$。

（3）切削深度 a_p 的选用及分配　车削螺纹时，应遵循后一刀的切削深度 a_p 不能超过前一刀的切削深度的原则，即递减的切削深度分配方式，否则会因切削面积的增加、切削力过大而损坏刀具。但为了提高螺纹表面粗糙度值，采用硬质合金车刀时，最后一刀的背吃刀量尽可能不小于0.1mm 见表9-6。

数控车削加工案例详解

表9-6 螺纹加工常用走刀次数与分层切削余量 （单位：mm）

公 制 螺 纹								
螺距		1.0	1.5	2.0	2.5	3.0	3.5	4
牙深		0.65	0.975	1.3	1.625	1.95	2.275	2.6
切削深度		1.3	1.95	2.6	3.25	3.9	4.55	5.2
走刀次数及切削余量（直径值）	1次	0.7	0.8	0.9	1.0	1.2	1.5	1.5
	2次	0.4	0.5	0.6	0.7	0.7	0.7	0.8
	3次	0.2	0.5	0.6	0.6	0.6	0.6	0.6
	4次		0.15	0.4	0.4	0.4	0.6	0.6
	5次			0.1	0.4	0.4	0.4	0.4
	6次				0.15	0.4	0.4	0.4
	7次					0.2	0.2	0.4
	8次						0.15	0.3
	9次							0.2

9. 编制加工程序 （表9-7~表9-9）

表9-7 工件外圆轮廓粗加工程序

程序段号	程序内容	说　明
	%	程序开始符
	O0001;	程序号
N10	T0101;	调用93°外圆粗车刀
N20	G97　G99　F0.2;	设置进给为恒转速控制，进给量0.2mm/r
N30	M03　S800;	主轴正转，转速800r/min
N40	G00　X32.0　Z2.0;	快速进给至加工起始点
N50	G90　X28.2　Z-32.0;	内外径车削固定循环加工，径向余量0.2mm，Z轴终点坐标 -32.0mm
N60	X26.0　Z-15.9;	加工φ22mm外圆，径向余量0.2mm，轴向余量0.1mm，Z轴终点坐标 -15.9mm
N70	X24.0;	
N80	X22.0;	
N90	G00　X100.0　Z100.0;	快速退刀
N100	M30;	程序结束
	%	程序结束符

表9-8 工件外圆轮廓精加工程序

程序段号	程序内容	说　明
	%	程序开始符
	O0002;	程序号
N10	T0202;	调用93°外圆精车刀
N20	G97　G99　F0.05;	设置进给为恒转速控制，进给量0.05mm/r
N30	M03　S1500;	主轴正转，转速1500r/min

（续）

程序段号	程序内容	说　明
N40	G00　X32.0　Z2.0；	快速进给至加工起始点
N50	X19.0；	快速进给至倒角 X 坐标初始点
N60	G01　Z0；	直线进给至倒角 Z 坐标初始点
N70	X21.8　Z-1.5；	倒角 C1.5
N80	Z-16.0；	加工 φ22mm 外圆轮廓
N90	X26.0；	加工 φ28mm 外圆轴肩
N100	X28.0　Z-17.0；	倒角 C1
N110	Z-32.0；	加工 φ28mm 外圆轮廓
N120	G00　X100.0；	X 轴快速退刀
N130	Z100.0；	Z 轴快速退刀
N140	M30；	程序结束
	％	程序结束符

表 9-9　工件右端螺纹加工程序

程序段号	程序内容	说　明
	％	程序开始符
	O0003；	程序号
N10	T0404；	调用 60°螺纹车刀
N20	G97　G99；	设置进给为恒转速控制
N30	M03　S520；	主轴正转，转速 520r/min
N40	G00　X32.0　Z2.0；	快速进给至加工起始点
N50	G92　X20.9　Z-25.0　F2.0；	螺纹切削循环加工，X 轴第一刀切削深度 0.9mm，Z 轴终点坐标 -25.0mm，螺距 2.0mm
N60	X20.3；	第二刀切削深度 0.6mm
N70	X19.8；	第三刀切削深度 0.5mm
N80	X19.5；	第四刀切削深度 0.3mm
N90	X19.4；	第五刀切削深度 0.1mm
N100	G00　X100.0　Z100.0；	快速退刀
N110	M30；	程序结束
	％	程序结束符

二、工件加工实施过程

加工工件的步骤如下：

1）开启机床，各轴回机床参考点。

2）按照表 9-4 依次安装刀具。

3）使用自定心卡盘装夹毛坯，夹持毛坯留出加工长度约 35.0mm。

4）对刀，并设置刀具补偿。

5）手动加工工件左端端面，至端面平整、光滑为止。

6）输入表9-7工件外圆轮廓粗加工程序。

7）单击【程序启动】按钮，自动加工工件。加工完毕后，测量工件尺寸与实际尺寸的差值，若不合格可通过修改【刀具磨损】中差值，直至工件尺寸合格为止。

8）输入表9-8工件外圆轮廓精加工程序。

9）重复第7）步骤。

10）换取T03号刀具，手动加工螺纹退刀槽，至工件尺寸合格为止。

11）输入表9-9工件右端螺纹加工程序。

12）重复第7）步骤。

13）换取T03号刀具，手动切断工件。

14）去飞边。

15）加工完毕，卸下工件，清理机床。

三、总结与评价

根据表9-10要求对已加工的工件进行正确的自我评价，并找出在学习过程中遇到的问题，然后认真总结方法。

表9-10 自我鉴定

鉴定项目及标准	配 分	检测方式	自 检	得 分	备 注
用试切法对刀	5	不合格不得分			
$\phi 28_{-0.03}^{0}$ mm	20	每超差0.01mm扣2分			
M22×2 – 6g	30	不合格不得分			
退刀槽（4mm×2mm）	10	不合格不得分			
C1.5	5	不合格不得分			
C1	5	不合格不得分			
（28±0.03）mm	10	每超差0.01mm扣2分			
Ra1.6μm（1处）	5	每降一级扣2分			
安全操作、清理机床	10	违规一次扣2分			
总　结					

四、尺寸检测

1）用千分尺检测工件的外圆尺寸是否达到要求。

2）用游标卡尺检测工件的长度尺寸是否达到要求。

3）用游标卡尺检验外槽尺寸是否达到要求。

4）用螺纹环规检测外螺纹尺寸是否达到要求。

检测方法：用螺纹环规旋入外螺纹，当通规（图9-3）能全部旋入，而止规（图9-4）

不能旋入时螺纹为合格；当通规能全部旋入，而止规也能全部旋入时螺纹为不合格；当通规不能全部旋入时螺纹为不合格。

图9-3　螺纹环规通规

图9-4　螺纹环规止规

五、注意事项

1）机床工作前要有预热，认真检查润滑系统工作是否正常。

2）禁止用手接触刀尖和切屑，必须要用铁钩子或毛刷来清理切屑，禁止戴手套操作机床。

3）在加工过程中，不允许打开机床防护门。

4）装夹刀具时，车刀刀尖必须与主轴轴线等高。

5）若出现尺寸误差可以通过调整刀具的补偿来解决。

6）加工过程中，尽量采用试切、测量、补偿、试测方法控制尺寸精度。

7）加工槽时，注意工件是否发生滑动。

8）粗、精车螺纹必须是同样的主轴转速，如果改变螺纹转速会导致工件乱牙；螺纹加工的循环点不能随便改动，如果改变循环点会导致工件乱牙。

9）螺纹精度控制：加工螺纹时，螺纹循环运行后，停车测量；然后根据测量结果调整刀具磨损量，重新运行螺纹循环指令，直至符合尺寸要求。

10）程序中设置的换刀点，不一定是最佳位置，应根据所用刀具及机床情况，重新设置。

11）精加工时采用高主轴转速、小进给量、小的切削深度的方法来选择切削用量，采用小的刀尖圆弧半径可加工出较高的工件表面质量；采用恒线速切削来保证球体和锥体的外表面质量要求。

12）所使用的精车刀有刀尖圆弧半径，精加工时，必须进行刀具半径补偿，否则加工的圆弧存在加工误差。

13）粗加工时在机床允许范围内应尽量选择大的切削深度和进给量，切削速度则相应选小些。

14）工件加工完毕，清除切屑，擦拭机床，使机床与环境保持清洁状态。

项目十

螺纹套类零件的加工

【项目综述】

　　本项目结合螺纹套类零件的加工案例，综合训练学生实施加工工艺设计、程序编制、机床加工、零件精度检测、产品提交等零件加工完整工作过程的工作方法。实施本项目训练学生的专业技能和应掌握的关联知识见表10-1。

表 10-1　专业技能和关联知识

专 业 技 能	关 联 知 识
1. 零件工艺结构分析	1. 零件的数控车削加工工艺设计
2. 零件加工工艺方案设计	2. 循环加工指令（G90、G92）的应用
3. 机床、毛坯、夹具、刀具、切削用量的合理选用	3. 相关量具的使用
4. 工序卡的填写与加工程序的编写	
5. 熟练操作机床对零件进行加工	
6. 零件精度检测及加工结果判断	

　　仔细分析图10-1所示图样，根据给定的工具和毛坯，编写出合理的加工程序，并加工出符合要求的零件。

一、零件的加工工艺设计与程序编制

1. 分析零件结构

　　零件外轮廓主要由1个圆柱面、内通孔、内螺纹、内沟槽和倒角等表面组成。整张零件图的尺寸标注完整，符合数控加工尺寸标注要求，零件轮廓描述清楚完整，表面粗糙度要求为 $Ra1.6\mu m$，无热处理和硬度要求。

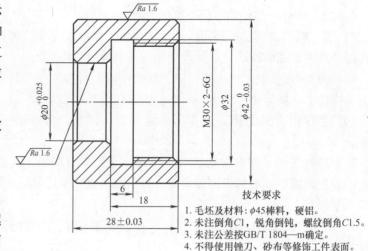

技术要求

1. 毛坯及材料：$\phi45$棒料，硬铝。
2. 未注倒角C1，锐角倒钝，螺纹倒角C1.5。
3. 未注公差按GB/T 1804—m确定。
4. 不得使用锉刀、砂布等修饰工件表面。

图 10-1　零件的实训图例 SC010

2. 选择毛坯和机床

根据图样要求，工件毛坯尺寸为 ϕ45mm 棒料，材质为硬铝，选择卧式数控车床。

3. 选择工具、量具和刀具

（1）选择工具　装夹工件所需要的工具清单见表 10-2。

表 10-2　工具清单

序号	名称	规格	单位	数量
1	自定心卡盘	ϕ250mm	个	1
2	卡盘扳手	—	副	1
3	刀架扳手	—	副	1
4	垫刀片	—	块	若干

（2）选择量具　检测所需要的量具清单见表 10-3。

表 10-3　量具清单

序号	名称	规格	分度值	单位	数量
1	游标卡尺	0~150mm	0.01mm	把	1
2	钢直尺	0~150mm	0.02mm	把	1
3	外径千分尺	25~50mm	0.01mm	把	1
4	内径千分尺	5~50mm	0.01mm	把	1
5	螺纹塞规	M30×2	6G	套	1

（3）选择刀具　刀具清单见表 10-4。

表 10-4　刀具清单

序号	刀具号	刀具名称	刀具规格/mm×mm	数量	加工表面	刀尖圆弧半径/mm
1	T01	93°外圆粗车刀	20×20	1 把	粗车外轮廓	0.4
2	T02	93°外圆精车刀	20×20	1 把	精车外轮廓	0.2
3	T03	93°内孔粗车刀	ϕ16×35	1 把	粗车外轮廓	0.4
4	T04	93°内孔精车刀	ϕ16×35	1 把	精车外轮廓	0.2
5	T05	内螺纹车刀	ϕ16×20	1 把	螺纹加工	—
6	T06	3mm 切断刀	20×20	1 把	切断	—
7	T07	3mm 内切槽刀	ϕ16×20	1 把	内沟槽加工	—
8	T08	中心钻	A3	1 个	中心孔	—
9	T09	钻头	ϕ18	1 个	钻孔	—

4. 确定零件装夹方式

工件加工时采用自定心卡盘装夹。卡盘夹持毛坯留出加工长度约 35.0mm。

5. 确定加工工艺路线

分析零件图可知，零件可通过一次装夹完成所有工序。因此，零件加工步骤如下：手动加工左端端面→手动钻中心孔→手动钻通孔→粗加工内孔轮廓，留 0.2mm 精加工余量→精加工内孔轮廓至图样尺寸要求→加工内沟槽→加工内螺纹→粗加工外圆轮廓，留 0.2mm 精加工余量→精加工外圆轮廓至图样尺寸要求→切断→调头、平端面、倒角。加工工艺路线如图 10-2 所示。

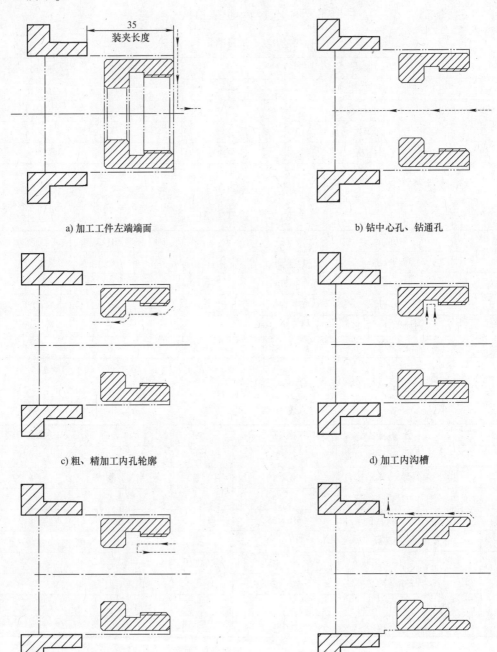

a) 加工工件左端端面

b) 钻中心孔、钻通孔

c) 粗、精加工内孔轮廓

d) 加工内沟槽

e) 加工螺纹

f) 粗、精加工外圆轮廓

图 10-2　加工工艺路线

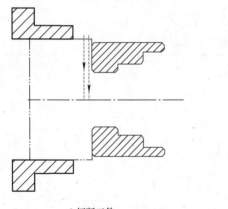
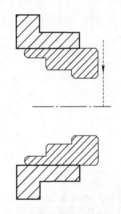

g) 切断工件　　　　　　　　　　　h) 调头平端面、倒角

图 10-2　加工工艺路线（续）

6. 填写加工工序卡（表 10-5）

表 10-5　加工工序卡

零件图号	SC010	操作人员		实习日期	
使用设备	卧式数控车床	型号	CAK6140	实习地点	数控车车间
数控系统	GSK 980TA	刀架	4 刀位、自动换刀	夹具名称	自定心卡盘
工步号	工步内容	刀具号	程序号	主轴转速 $n/(\text{r/min})$	进给量 $f/(\text{mm/r})$	切削深度 a_p/mm	备注
---	---	---	---	---	---	---	---
1	加工工件左端端面（至端面平整、光滑）	T01	—	1500	0.05	0.3	手动
2	钻中心孔	T08		1500		5	手动
3	钻通孔	T09	—	300	—	35	手动
4	粗加工内孔轮廓，留 0.2mm 精加工余量	T03	O0001	800	0.2	1.5	自动
5	精加工内孔轮廓至图样尺寸	T04	O0001	1500	0.05	0.1	自动
6	加工内沟槽	T07	O0002	400	0.1	1	自动
7	加工内螺纹	T05	O0003	520	2	按表	自动
8	粗加工左端外圆轮廓，留 0.2mm 精加工余量	T01	O0004	800	0.2	1.5	自动
9	精加工左端外圆轮廓至图样尺寸	T02	O0004	1500	0.05	0.1	自动
10	切断工件	T06	—	300		—	手动
11	调头，平端面、倒角	T01	—	1500	0.05	—	手动
审核人		批准人		日　期	

7. 建立工件坐标系

加工工件以零件端面中心为工件坐标系原点。

8. 编制加工程序（表10-6～表10-9）

表10-6 工件内孔轮廓粗加工程序

程序段号	程序内容	说　明
	%	程序开始符
	O0001;	程序号
N10	T0303;	调用93°内孔粗车刀
N20	G97　G99　F0.2;	设置进给为恒转速控制，进给量0.2mm/r
N30	M03　S800;	主轴正转，转速800r/min
N40	G00　X18.0　Z2.0;	快速进给至加工起始点
N50	G90　X19.8　Z-32.0;	加工φ20mm通孔
N60	X23.0　Z-17.9;	
N70	X26.0;	加工φ28.2mm螺纹底孔
N80	X28.0	
N90	G00　X100.0　Z100.0;	快速退刀
N100	T0404;	调用93°内孔精车刀
N110	G97　G99　F0.05;	设置进给为恒转速控制，进给量0.05mm/r
N120	M03　S1500;	主轴正转，转速1500r/min
N130	G00　X31.0　Z2.0;	快速进给至加工起始点
N140	G01　Z0;	慢速移动到工件表面
N150	X28.2　Z-1.5;	倒角C1.5
N160	Z-18.0;	加工φ28.2mm螺纹底孔
N170	X22.0;	加工φ28.2mm孔底
N180	X20.0　Z-19.0;	倒角C1
N190	Z-32.0;	加工φ20mm内孔轮廓
N200	G00　X18.0;	X轴快速退刀
N210	Z100.0;	Z轴快速退刀
N220	M30;	程序结束
	%	程序结束符

表10-7 内沟槽加工程序

程序段号	程序内容	说　明
	%	程序开始符
	O0002;	程序号
N10	T0707;	调用3mm内切槽刀
N20	G97　G99　F0.1;	设置进给为恒转速控制，进给量0.1mm/r
N30	M03　S400;	主轴正转，转速400r/min
N40	G00　X27.0　Z-15.0;	快速进给至加工起始点
N50	G75　R1.0;	径向切槽固定循环加工，退刀量1.0mm，X轴终点坐标32.0mm，Z轴终点坐标-18.0mm，X轴每次切削深度0.5mm，Z轴每次切削深度2.5mm
N60	G75　X32.0　Z-18.0　P5000　Q25000;	
N70	G00　X27.0;	X轴快速退刀
N80	Z100.0;	Z轴快速退刀
N90	M30;	程序结束
	%	程序结束符

表 10-8　螺纹加工程序

程序段号	程序内容	说　明
	%	程序开始符
	O00003；	程序号
N10	T0505；	调用 60°内螺纹车刀
N20	G97　G99；	设置进给为恒转速控制
N30	M03　S520；	主轴正转，转速 520r/min
N40	G00　X27.0　Z2.0；	快速进给至加工起始点
N50	G92　X29.1 Z-15.0　F2.0；	螺纹切削循环加工，X 轴第一刀切削深度 0.9mm，Z 轴终点坐标为 -15.0mm，螺纹导程 2.0mm
N60	X29.7；	第二刀切削深度 0.6mm
N70	X30.2；	第三刀切削深度 0.5mm
N80	X30.4；	第四刀切削深度 0.2mm
N90	X30.5；	第五刀切削深度 0.1mm
N100	G00　X100.0　Z100.0；	快速退刀
N110	M30；	程序结束
	%	程序结束符

表 10-9　工件外圆轮廓粗、精加工程序

程序段号	程序内容	说　明
	%	程序开始符
	O00004；	程序号
N10	T0101；	调用 93°外圆粗车刀
N20	G97　G99　F0.2；	设置进给为恒转速控制，进给量 0.2mm/r
N30	M03　S800；	主轴正转，转速 800r/min
N40	G00　X47.0　Z2.0；	快速进给至加工起始点
N50	G90　X43.5　Z-32.0；	内外径车削循环加工，X 向车削 1.5mm，Z 向终点坐标 -32.0mm
N60	X42.2；	X 向车削 1.3mm
N70	G00　X100.0　Z100.0；	快速退刀
N80	T0202；	调用 93°外圆精车刀
N90	G97　G99　F0.05；	设置进给为恒转速控制，进给量 0.05mm/r
N100	M03　S1500；	主轴正转，转速 1500r/min
N110	G00　X47.0　Z2.0；	快速进给至加工起始点
N120	X40.0；	
N130	G01　Z0；	
N140	X42.0　Z-1.0；	精加工外圆轮廓
N150	Z-32.0；	
N160	G00　X100.0；	X 轴快速退刀
N170	Z100.0；	Z 轴快速退刀
N180	M30；	程序结束
	%	程序结束符

二、工件加工实施过程

加工工件的步骤如下：

1）开启机床，各轴回机床参考点。

2）按照表10-4依次安装刀具。

3）使用自定心卡盘装夹毛坯，夹持毛坯留出加工长度约35.0mm。

4）对刀，并设置刀具补偿。

5）起动主轴，换取T01外圆粗车刀，加工工件左端端面，至端面平整、光滑为止。

6）起动主轴，换取T08中心钻，钻中心孔，钻深5mm。

7）起动主轴，换取T09钻头，钻通孔。

8）输入表10-6工件内孔轮廓粗加工程序。

9）单击【程序启动】按钮，自动加工工件。加工完毕后，测量工件尺寸与实际尺寸的差值，若不合格可通过修改【刀具磨损】中差值，直至工件尺寸合格为止。

10）输入表10-7工件内沟槽加工程序。

11）单击【程序启动】按钮，自动加工工件。加工完毕后，测量工件尺寸与实际尺寸的差值，若不合格可通过修改【刀具磨损】中差值，直至工件尺寸合格为止。

12）输入表10-8工件螺纹加工程序。

13）单击【程序启动】按钮，自动加工工件。加工完毕后，测量工件尺寸与实际尺寸的差值，若不合格可通过修改【刀具磨损】中差值，直至工件尺寸合格为止。

14）输入表10-9工件外圆轮廓粗、精加工程序。

15）单击【程序启动】按钮，自动加工工件。加工完毕后，使用螺纹塞规检测，若不合格可通过修改【刀具磨损】中差值，直至合格为止。

16）换取T06号刀具，手动切断工件。

17）调头，校正工件。

18）换取T01号刀具，起动主轴，手动去除多余毛坯余量，需保证工件总长，至端面平整、光滑为止。

19）倒角，去飞边。

20）加工完毕，卸下工件，清理机床。

三、总结与评价

根据表10-10要求对已加工的工件进行正确的自我评价，并找出在学习过程中遇到的问题，然后认真总结方法。

表10-10 自我鉴定

鉴定项目及标准	配 分	检测方式	自 检	得 分	备 注
用试切法对刀	5	不合格不得分			
$\phi 42_{-0.03}^{0}$ mm	12	每超差0.01mm扣2分			
$\phi 20_{0}^{+0.025}$ mm	12	每超差0.01mm扣2分			
$M30 \times 2 - 6G$	20	每超差0.01mm扣2分			

（续）

鉴定项目及标准	配 分	检测方式	自 检	得 分	备 注
6mm×2mm	8	每超差 0.01mm 扣 2 分			
(28±0.03)mm	12	每超差 0.01mm 扣 2 分			
18mm	8	每超差 0.01mm 扣 2 分			
6mm	8	每超差 0.01mm 扣 2 分			
表面粗糙度 $Ra1.6\mu m$（2 处）	2	不合格不得分			
C1（4 处）	4	不合格不得分			
C1.5	2	不合格不得分			
安全操作、清理机床	7	违规一次扣 2 分			
总 结					

四、尺寸检测

1）用千分尺检测工件的外圆尺寸是否达到要求。

2）用游标卡尺检测工件的长度尺寸是否达到要求。

3）用内径千分尺和内径百分表检测工件的内孔尺寸是否达到要求。

4）用游标卡尺检验内沟槽尺寸是否达到要求。

5）用螺纹塞规（图 10-3）检验螺纹尺寸是否达到要求。

检测方法：用螺纹塞规旋入内螺纹，当通规能全部旋入，而止规不能旋入时螺纹为合格；当通规能全部旋入，止规也能全部旋入时螺纹为不合格；当通规不能全部旋入时螺纹为不合格。

图 10-3 螺纹塞规

五、注意事项

1）机床工作前要有预热，认真检查润滑系统工作是否正常。

2）禁止用手接触刀尖和切屑，必须要用铁钩子或毛刷来清理切屑，禁止戴手套操作机床。

3）在加工过程中，不允许打开机床防护门。

4）装夹刀具时，车刀刀尖必须与主轴轴线等高。

5）若出现尺寸误差可以通过调整刀具的补偿来解决。

6）加工过程中，尽量采用试切、测量、补偿、试测方法控制尺寸精度。

7）加工槽时，注意工件是否发生滑动。

8）加工内孔时，注意刀具的吃刀量与刀具长度，避免出现撞刀现象。

9）加工内螺纹时，要考虑内螺纹车刀的长度，防止内螺纹车刀撞到不通孔孔底。

10）粗、精车螺纹必须是同样的主轴转速，如果改变螺纹转速会导致工件乱牙；螺纹加工的循环点不能随便改动，如果改变循环点会导致工件乱牙。

11）螺纹精度控制：加工螺纹时，螺纹循环运行后，停车测量；然后根据测量结果调整刀具磨损量，重新运行螺纹循环指令，直至符合尺寸要求。

12）程序中设置的换刀点，不一定是最佳位置，应根据所用刀具及机床情况，重新设置。

13）精加工时采用高主轴转速、小进给量、小的切削深度的方法来选择切削用量，采用小的刀尖圆弧半径可加工出较高的工件表面质量；采用恒线速切削来保证球体和锥体外表面质量要求。

14）所使用的精车刀有刀尖圆弧半径，精加工时，必须进行刀具半径补偿，否则加工的圆弧存在加工误差。

15）粗加工时在机床允许范围内应尽量选择大的切削深度和进给量，切削速度则相应选小些。

16）工件加工完毕，清除切屑，擦拭机床，使机床与环境保持清洁状态。

项目十一

薄壁内锥类零件的加工

【项目综述】

本项目结合薄壁内锥类零件的加工案例，综合训练学生实施加工工艺设计、程序编制、机床加工、零件精度检测、螺纹相关知识、产品提交等零件加工完整工作过程的工作方法。实施本项目训练学生的专业技能和应掌握的关联知识见表11-1。

表 11-1　专业技能和关联知识

专 业 技 能	关 联 知 识
1. 零件工艺结构分析 2. 零件加工工艺方案设计 3. 机床、毛坯、夹具、刀具、切削用量的合理选用 4. 工序卡的填写与加工程序的编写 5. 熟练操作机床对零件进行加工 6. 零件精度检测及加工结果判断	1. 零件的数控车削加工工艺设计 2. 循环加工指令的应用

仔细分析图 11-1 所示图样，根据给定的工具和毛坯，编写出合理的加工程序，并加工出符合要求的零件。

一、零件的加工工艺设计与程序编制

1. 分析零件结构

零件外轮廓主要由 $\phi 45^{+0.025}_{0}$ mm内孔，18°内孔锥度表面，M30 × 2 – 6G 的内螺纹和倒角等表面组成。整张零件图的尺寸标注完整，符合数控加工尺寸标注要求，零件轮廓描述清楚完整，表面粗糙度值要求为 $Ra1.6\mu m$ 和 $Ra3.2\mu m$，无热处理和硬度要求。

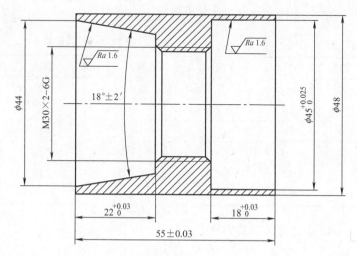

技术要求

1. 毛坯及材料: $\phi48 \times 57$棒料，硬铝。
2. 未注倒角C1，锐角倒钝，螺纹倾角C1.5。
3. 未注公差按GB/T 1804—m确定。
4. 不得使用锉刀、砂布等修饰工件表面。

图 11-1　零件的实训图例 SC011

数控车削加工案例详解

2. 选择毛坯和机床

根据图样要求，工件毛坯

尺寸为 $\phi48 \times 57mm$ 棒料，材质为硬铝，选择卧式数控车床。

3. 选择工具、量具和刀具

（1）选择工具　装夹工件所需要的工具清单见表11-2。

表11-2　工具清单

序号	名称	规格	单位	数量
1	自定心卡盘	$\phi250mm$	个	1
2	卡盘扳手	—	副	1
3	刀架扳手	—	副	1
4	垫刀片	—	块	若干
5	百分表，表座	—	套	1

（2）选择量具　检测所需要的量具清单见表11-3。

表11-3　量具清单

序号	名称	规格	分度值	单位	数量
1	游标卡尺	0~150mm	0.01mm	把	1
2	内径千分尺	5~30mm	0.01mm	把	1
3	钢直尺	0~150mm	0.02mm	把	1
4	螺纹塞规	M30×2	6G	套	1
5	表面粗糙度比较样块	—	—	套	1

（3）选择刀具　刀具清单见表11-4。

表11-4　刀具清单

序号	刀具号	刀具名称	刀具规格/mm×mm	数量	加工表面	刀尖圆弧半径/mm
1	T01	93°外圆精车刀	20×20	1把	精车外轮廓	0.2
2	T02	93°内孔粗车刀	$\phi16×50$	1把	粗车内孔	0.4
3	T03	93°内孔精车刀	$\phi16×50$	1把	精车内孔	0.2
4	T04	60°内螺纹车刀	$\phi16×50$	1把	加工螺纹	—
5	T05	中心钻	A3	1个	中心孔	—
6	T06	钻头	D20	1个	钻孔	—

4. 确定零件装夹方式

1）工件加工时采用自定心卡盘装夹（因为工件外表面不许加工，为了预防工件被夹伤，装夹时应使用软爪或护套），卡盘夹持毛坯留出加工长度约30mm。

2）工件调头时使用软爪或护套夹持工件 $\phi48mm$ 部分，预防已加工部分被夹伤。

5. 确定加工工艺路线

分析零件图可知，零件需通过两次装夹完成所有工序。因此，零件加工步骤如下：手动加工工件左端端面→手动钻中心孔、通孔→粗加工左端内孔轮廓，留 0.2mm 精加工余量→精加工左端内孔轮廓至图样尺寸要求→加工螺纹至图样尺寸要求→调头、校正→手动加工右端端面（保证工件长度）→粗加工右端内孔轮廓，留 0.2mm 精加工余量→精加工内孔轮廓至图样尺寸要求。加工工艺路线如图 11-2 所示。

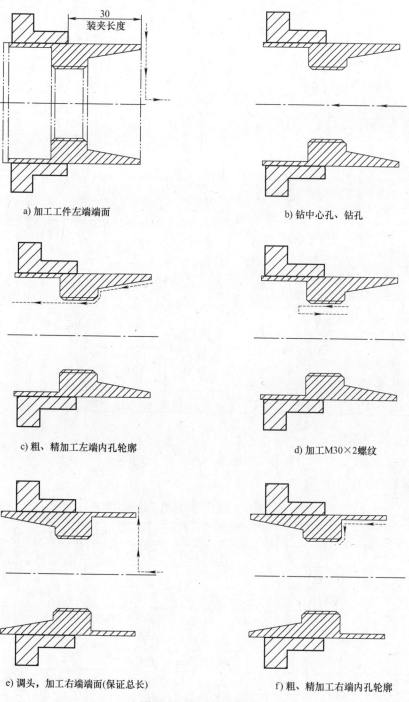

a) 加工工件左端端面

b) 钻中心孔、钻孔

c) 粗、精加工左端内孔轮廓

d) 加工M30×2螺纹

e) 调头，加工右端端面(保证总长)

f) 粗、精加工右端内孔轮廓

图 11-2　加工工艺路线

6. 填写加工工序卡（表 11-5）

表 11-5 加工工序卡

零件图号	SC011	操作人员		实习日期	
使用设备	卧式数控车床	型号	CAK6140	实习地点	数控车车间
数控系统	GSK 980TA	刀架	4 刀位、自动换刀	夹具名称	自定心卡盘

工步号	工步内容	刀具号	程序号	主轴转速 n/(r/min)	进给量 f/(mm/r)	切削深度 a_p/mm	备注
1	加工工件左端端面（至端面平整、光滑）	T01	—	1500	0.05	0.3	手动
2	钻中心孔	T05		1500		5	手动
3	钻通孔	T06		300	—	—	手动
4	粗加工左端内孔轮廓，留 0.2mm 精加工余量	T02	00001	800	0.2	1.5	自动
5	精加工左端内孔轮廓至图样尺寸要求	T03	00001	1500	0.05	0.1	自动
6	加工螺纹（至图样尺寸要求）	T04	00002	520	2	按表	自动
7	调头，校正工件，加工端面（至端面平整、光滑）	T01		1500	0.05	0.3	手动
8	粗加工右端内孔轮廓，留 0.2mm 精加工余量	T02	00003	800	0.2	1.5	自动
9	精加工右端内孔轮廓至图样尺寸要求	T03	00003	1500	0.05	0.1	自动
审核人		批准人		日 期	

7. 建立工件坐标系

加工工件以零件端面中心为工件坐标系原点。

8. 编制加工程序（表 11-6 ~ 表 11-8）

表 11-6 工件左端内孔轮廓粗、精加工程序

程序段号	程序内容	说 明
	%	程序开始符
	00001；	程序号
N10	T0202；	调用 93° 内孔粗车刀
N20	G97 G99 F0.2；	设置进给为恒转速控制，进给量 0.2mm/r
N30	M03 S800；	主轴正转，转速 800r/min
N40	G00 X18.0 Z2.0；	快速进给至加工起始点
N50	G71 U1.5 R1.0；	外圆粗车固定循环加工，每刀切削深度 1.5mm，退刀距离
N60	G71 P70 Q140 U−0.2；	1.0mm，循环段 N70 ~ N140，径向余量 0.2mm

（续）

程序段号	程序内容	说　　明
N70	G00　X44.0；	
N80	G01　Z0；	
N90	X37.031　Z－22.0；	粗加工内孔轮廓
N100	X31.0；	
N130	X28.0　Z－23.5；	
N140	Z－57.0；	
N150	G00　X100.0　Z100.0；	快速退刀
N160	T0303；	调用93°内孔精车刀
N170	G97　G99　F0.05；	设置进给为恒转速控制，进给量0.05mm/r
N180	M03　S1500；	主轴正转，转速1500r/min
N190	G00　X18.0　Z2.0；	快速进给至加工起始点
N200	G70　P70　Q140；	精车固定循环加工，循环段N70～N140
N210	G00　X100.0　Z100.0；	快速退刀
N220	M30；	程序结束
	%	程序结束符

表11-7　工件内螺纹加工程序

程序段号	程序内容	说　　明
	%	程序开始符
	O0002；	程序号
N10	T0404；	调用60°内螺纹车刀
N20	G97　G99；	设置进给为恒转速控制
N30	M03　S520；	主轴正转，转速520r/min
N40	G00　X26.0；	快速进给至内螺纹加工起始点
N50	Z－20.0；	
N60	G92　X28.9　Z－39.0　F2.0；	螺纹切削循环加工，X轴第一刀切削至28.9mm，切削深度0.9mm；Z轴终点坐标－39.0mm，螺距2.0mm
N70	X29.5；	
N80	X30.1；	螺纹加工
N90	X30.5；	
N100	X30.6；	
N110	G00　Z100.0；	快速退刀
N120	X100.0；	
N130	M30；	程序结束
	%	程序结束符

表 11-8　工件右端内孔轮廓粗精加工程序

程序段号	程序内容	说　明
	%	程序开始符
	O0003;	程序号
N10	T0202;	调用93°内孔粗车刀
N20	G97　G99　F0.2;	设置进给为恒转速控制，进给量 0.2mm/r
N30	M03　S800;	主轴正转，转速 800r/min
N40	G00　X26.0　Z2.0;	快速进给至加工起始点
N50	G90　X30.0　Z-18.0;	内外径粗车固定循环加工，X 轴第一刀背吃刀量 1.0mm，Z 轴终点坐标 -18.0mm
N60	X33.0;	粗加工内孔轮廓
N70	X36.0;	
N80	X39.0;	
N90	X42.0;	
N100	X44.8;	
N130	G00　X100.0　Z100.0;	快速退刀
N140	T0202;	调用93°内孔精车刀
N150	G97　G99　F0.05;	设置进给为恒转速控制，进给量 0.05mm/r
N160	M03　S1500;	主轴正转，转速 1500r/min
N170	G00　X45.0　Z2.0;	快速进给至加工起始点
N180	G01　Z-18.0;	精加工内孔轮廓
N190	X31.0;	
N200	X28.0　Z-19.5;	
N210	G00　Z100.0;	快速退刀
N220	X100.0;	
N230	M30;	程序结束
	%	程序结束符

二、工件加工实施过程

加工工件的步骤如下:

1) 开启机床，各轴回机床参考点。

2) 按照表 11-4 依次安装刀具。

3) 使用自定心卡盘装夹毛坯，夹持毛坯留出加工长度约 30.0mm。

4) 对刀，并设置刀具补偿。

5) 起动主轴，换取 T01 外圆精车刀，加工工件左端端面，至端面平整、光滑为止。

6) 起动主轴，换取 T05 中心钻，钻中心孔，钻深 5mm。

7) 起动主轴，换取 T06 钻头，钻通孔。

8) 输入表 11-6 工件左端内孔轮廓粗、精加工程序。

9）单击【程序启动】按钮，自动加工工件。

10）加工完毕后，测量工件尺寸与实际尺寸的差值，若不合格可通过修改【刀具磨损】中差值，直至工件尺寸合格为止。

11）输入表11-7螺纹加工程序。

12）单击【程序启动】按钮，自动加工工件。

13）加工完毕后，使用螺纹环规检测，若不合格可通过修改【刀具磨损】中差值，直至工件尺寸合格为止。

14）调头，校正工件。

15）换取T01号刀具，起动主轴，手动去除多余毛坯余量，需保证工件总长，至端面平整、光滑为止。

16）输入表11-8工件右端内孔轮廓粗、精加工程序。

17）单击【程序启动】按钮，自动加工工件。

18）加工完毕后，测量工件尺寸与实际尺寸的差值，若不合格可通过修改【刀具磨损】中差值，直至工件尺寸合格为止。

19）去飞边。

20）加工完毕，卸下工件，清理机床。

三、总结与评价

根据表11-9要求对已加工的工件进行正确的自我评价，并找出在学习过程中遇到的问题，然后认真总结。

表 11-9　自我鉴定

鉴定项目及标准	配　分	检测方式	自　检	得　分	备　注
用试切法对刀	5	不合格不得分			
$\phi45^{+0.025}_{0}$ mm	15	每超差 0.01mm 扣 2 分			
M30×2-6G	15	不合格不得分			
18°±2′	15	不合格不得分			
$22^{+0.03}_{0}$ mm	10	不合格不得分			
$18^{+0.03}_{0}$ mm	10	不合格不得分			
(55±0.03)mm	5	每超差 0.01mm 扣 2 分			
C1.5	5	不合格不得分			
$Ra1.6\mu m$（2 处）	10	每降一级扣 2 分			
安全操作、清理机床	10	违规一次扣 2 分			
总 结					

四、尺寸检测

1）用三坐标测量机检测工件的内孔锥度是否达到要求。

2）用内径千分尺检测工件的内孔尺寸是否达到要求。

3）用千分尺检测工件的外圆尺寸是否达到要求。

4）用游标卡尺检测工件的长度尺寸是否达到要求。

5）用螺纹塞规检验内螺纹尺寸是否达到要求。

五、用三坐标测量机对工件进行检测

计算机（又称上位机）和测量软件是数据处理中心，主要功能包括：

1. 对控制系统进行参数设置

上位计算机通过"超级终端"方式，与控制系统进行通信并实现参数设置等操作。可以使用专用软件对系统进行调试和检测。

2. 进行测头定义和测头校正及测针补偿

测头的不同配置和不同角度，得到的测量坐标数值不一样。为使测头不同配置和不同位置测量的结果都能够统一进行计算，测量软件要求测量前必须进行测头校正，以获得测头配置和测头角度的相关信息，以便在测量时对每个测点进行测针半径补偿，并把用不同测头角度测点的坐标都转换到"基准"测头位置。

3. 建立零件坐标系（零件找正）

为满足测量的需要，测量软件以零件的基准建立坐标系统，称为零件坐标系。零件坐标系可以根据需要进行平移和旋转。为方便测量，可以建立多个零件坐标系。

4. 对测量数据进行计算和统计、处理

测量软件可以根据需要进行各种投影、构造、拟合计算，也可以对零件图样要求的各项几何公差进行计算、评价，对各测量结果使用统计软件进行统计。借助各种专用测量软件可以进行齿轮、曲线、曲面和复杂零件的扫描等测量。

5. 编程并将运动位置和触测控制通知控制系统

测量软件可以根据用户需要，采用记录测量过程和脱机编程等方法编程，对批量零件进行自动和高精度的测量或扫描。

6. 输出测量报告

在测量软件中，操作员可以按照自己需要的格式设置模板，生成检测报告并输出。

7. 传输测量数据到指定网路或计算机

通过网络连接，计算机可以进行数据、程序的输入和输出。

图11-3所示为使用海克斯康三坐标测量机测量工件。

六、注意事项

1）机床工作前要有预热，认真检查润滑系统工作是否正常。

2）禁止用手接触刀尖和切屑，必须要用铁钩子或毛刷来清理切屑，禁止戴手套操作机床。

3）在加工过程中，不允许打开机床防护门。

图11-3　海克斯康三坐标
测量机测量工件

4）装夹刀具时，车刀刀尖必须与主轴轴线等高。

5）若出现尺寸误差可以通过调整刀具的补偿来解决。

6）调头时，所有刀具必须重新对刀。

7）加工过程中，尽量采用试切、测量、补偿、试测方法控制尺寸精度。

8）加工槽时，注意工件是否发生滑动。

9）粗、精车螺纹必须是同样的主轴转速，如果改变螺纹转速会导致工件乱牙；螺纹加工的循环点不能随便改动，如果改变循环点会导致工件乱牙。

10）螺纹精度控制：加工螺纹时，螺纹循环运行后，停车测量；然后根据测量结果调整刀具磨损量，重新运行螺纹循环指令，直至符合尺寸要求。

11）程序中设置的换刀点，不一定是最佳位置，应根据所用刀具及机床情况，重新设置。

12）精加工时采用高主轴转速、小进给量、小的切削深度的方法来选择切削用量，采用小的刀尖圆弧半径可加工出较高的工件表面质量；采用恒线速切削来保证球体和锥体外表面质量要求。

13）所使用的精车刀有刀尖圆弧半径，精加工时，必须进行刀具半径补偿，否则加工的圆弧存在加工误差。

14）粗加工时在机床允许范围内应尽量选择大的切削深度和进给量，切削速度则相应选小些。

15）工件加工完毕，清除切屑、擦拭机床，使机床与环境保持清洁状态。

项目十二

轴类零件一的加工

本项目结合轴类零件加工案例，综合训练学生实施加工工艺设计、程序编制、机床加工、零件精度检测、产品提交等零件加工完整工作过程的工作方法。实施本项目训练学生的专业技能和应掌握的关联知识见表12-1。

表 12-1　专业技能和关联知识

专业技能	关联知识
1. 零件工艺结构分析	1. 零件的数控车削加工工艺设计
2. 零件加工工艺方案设计	2. 相关固定循环加工指令的应用
3. 工序卡的填写与加工程序的编写	
4. 零件精度检测及加工结果判断	

仔细分析图 12-1 所示图样，根据给定的工具和毛坯，编写出合理的加工程序，并加工出符合要求的零件。

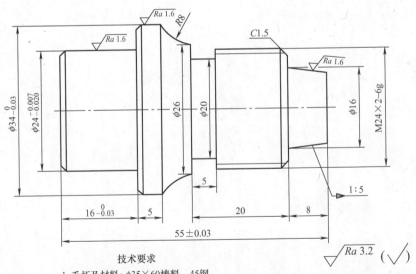

技术要求

1. 毛坯及材料：$\phi 35 \times 60$棒料，45钢。
2. 未注倒角C1，锐角倒钝。
3. 未注公差按GB/T 1804—m确定。
4. 不得使用锉刀、砂布等修饰工件表面。

图 12-1　零件的实训图例 SC012

一、零件的加工工艺设计与程序编制

1. 分析零件结构

零件外轮廓主要由 $\phi 34^{\ 0}_{-0.03}$ mm、$\phi 24^{-0.007}_{-0.020}$ mm 圆柱面，$R8$mm 圆弧，M24 × 2 - 6g 外螺纹，5mm × $\phi 20$mm 螺纹退刀槽，1:5 锥度和倒角等表面组成。整张零件图的尺寸标注完整，符合数控加工尺寸标注要求，零件轮廓描述清楚完整，表面粗糙度值要求为 $Ra1.6\mu$m 和 $Ra3.2\mu$m，无热处理和硬度要求。

2. 选择毛坯和机床

根据图样要求，工件毛坯尺寸为 $\phi 35 \times 60$mm 棒料，材质为 45 钢，选择卧式数控车床。

3. 选择工具、量具和刀具

（1）选择工具　工件需调头装夹加工，装夹过程中需要用百分表完成校正等工作，需要的工具清单见表 12-2。

表 12-2　工具清单

序号	名称	规格	单位	数量
1	自定心卡盘	$\phi 250$mm	个	1
2	卡盘扳手	—	副	1
3	刀架扳手	—	副	1
4	垫刀片	—	块	若干
5	磁性表座	—	副	1

（2）选择量具　检测所需要的量具清单见表 12-3。

表 12-3　量具清单

序号	名称	规格	分度值	单位	数量
1	游标卡尺	0 ~ 150mm	0.01mm	把	1
2	千分尺	0 ~ 25mm 25 ~ 50mm	0.01mm	把	各1
4	百分表	0 ~ 0.8mm	0.01mm	个	1
5	半径样板	$R7 ~ R14.5$mm		套	1
6	螺纹环规	M24 × 2	6g	套	1
7	游标万能角度尺	0 ~ 320°	2′	把	1
8	表面粗糙度比较样块	—	—	套	1

（3）选择刀具　刀具清单见表 12-4。

表 12-4　刀具清单

序号	刀具号	刀具名称	刀具规格/mm × mm	数量	加工表面	刀尖圆弧半径/mm
1	T01	93°外圆粗车刀	20 × 20	1 把	粗车外轮廓	0.4
2	T02	93°外圆精车刀	20 × 20	1 把	精车外轮廓	0.2
3	T03	3mm 外切槽刀	20 × 20	1 把	切槽	—
4	T04	60°螺纹车刀	20 × 20	1 把	车螺纹	—

4. 确定零件装夹方式

1）工件加工时采用自定心卡盘装夹。卡盘夹持毛坯留出加工长度约 25mm。

2）工件调头时使用软爪或护套夹持工件 ϕ24mm 部分，ϕ34mm 左轴肩贴紧卡盘，预防已加工部分被夹伤。

5. 确定加工工艺路线

分析零件图可知，零件需通过两次装夹完成所有工序。因此，零件加工步骤如下：手动加工工件左端端面→粗加工左端外圆轮廓，留 0.2mm 精加工余量→精加工左端外圆轮廓至图样尺寸要求→工件调头、装夹并校正→加工右端端面，保证工件总长至图样尺寸要求→粗加工右端外圆轮廓，留 0.2mm 精加工余量→精加工外圆轮廓至图样尺寸要求→手动加工螺纹退刀槽→加工螺纹至图样尺寸要求。加工工艺路线如图 12-2 所示。

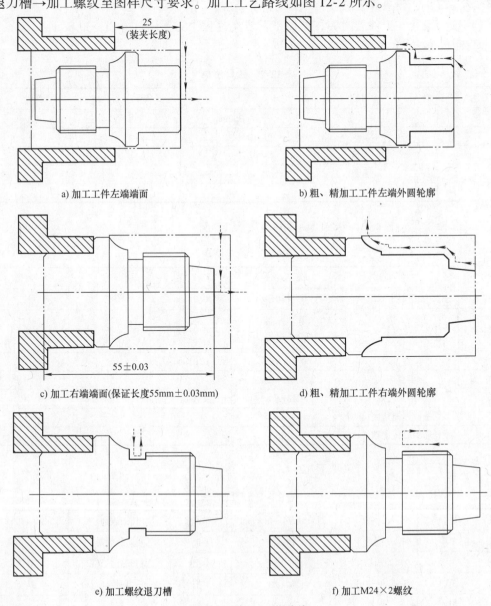

a) 加工工件左端端面

b) 粗、精加工工件左端外圆轮廓

c) 加工右端端面(保证长度55mm±0.03mm)

d) 粗、精加工工件右端外圆轮廓

e) 加工螺纹退刀槽

f) 加工M24×2螺纹

图 12-2　加工工艺路线

6. 填写加工工序卡（表 12-5）

表 12-5　加工工序卡

零件图号	SC012	操作人员		实习日期	
使用设备	卧式数控车床	型号	CAK6140	实习地点	数控车车间
数控系统	GSK 980TA	刀架	4 刀位、自动换刀	夹具名称	自定心卡盘

工步号	工步内容	刀具号	程序号	主轴转速 $n/(\text{r/min})$	进给量 $f/(\text{mm/r})$	切削深度 a_p/mm	备注
1	加工工件左端端面（至端面平整、光滑）	T01	—	1500	0.05	0.3	手动
2	粗加工工件左端外圆轮廓，留 0.2mm 精加工余量	T01	O0001	800	0.2	1.5	自动
3	精加工工件左端外圆轮廓至图样尺寸	T02	O0002	1500	0.05	0.1	自动
4	工件调头、装夹并校正	—	—	手动	—	—	手动
5	加工工件右端端面（至端面平整、光滑并至图样尺寸要求）	T01	O0003	1500	0.1	0.5	自动
6	粗加工工件右端外圆轮廓，留 0.2mm 精加工余量	T01	O0004	800	0.2	1	自动
7	精加工工件右端外圆轮廓至尺寸	T02	O0004	1500	0.05	0.1	自动
8	加工退刀槽 $5 \times \phi20\text{mm}$	T03	—	300	0.08	4	手动
9	加工螺纹（至图样尺寸要求）	T04	O0005	520	2	按表	自动

审核人		批准人		日　　期	

7. 建立工件坐标系

加工工件左、右端端面及外圆轮廓时，分别以零件左、右端端面中心为工件坐标系原点。

8. 计算外螺纹部分尺寸

（1）外圆柱面的直径与实际螺纹小径的确定

①螺纹外径：$d_{计} = \phi24\text{mm} - 0.1 \times 2\text{mm} = \phi23.8\text{mm}$

②螺纹小径：$d_{1计} = \phi24\text{mm} - 1.3 \times 2\text{mm} = \phi21.4\text{mm}$

（2）主轴转速 n 的确定

根据图样要求加工 M24 × 2 普通外螺纹，主轴转速 $n = (1200/2 - 80)\text{r/min} = 520\text{r/min}$。

9. 计算基点坐标

本例主要计算圆锥小端直径 D_2。已知圆锥锥度 L 为 1:5，圆锥大端直径 D_1 为 16mm，根据圆锥计算公式：$\dfrac{D_1 - D_2}{L} = \dfrac{1}{5}$ 得出：$\dfrac{16 - D_2}{8} = \dfrac{1}{5}$，得出圆锥小端直径 D_2 为 14.4mm。

10. 编制加工程序（表12-6~表12-10）

表12-6　工件左端外圆轮廓粗加工程序

程序段号	程序内容	说　明
	%	程序开始符
	O0001；	程序号
N10	T0101；	调用93°外圆粗车刀
N20	G97　G99　F0.2；	设置进给为恒转速控制，进给量 0.2mm/r
N30	M03　S800；	主轴正转，转速 800r/min
N40	G00　X37.0　Z2.0；	快速进给至加工起始点
N50	G90　X34.2　Z-22.0；	内外径车削循环加工，加工 φ34mm 外圆，径向余量 0.2mm，Z 轴终点坐标 -22.0mm
N60	X32.0　Z-15.9；	
N70	X30.0；	
N80	X28.0；	加工 φ24mm 外圆，径向余量 0.2mm，轴向余量 0.1mm
N90	X26.0；	
N100	X24.2；	
N110	G00　X100.0　Z100.0；	快速退刀
N120	M30；	程序结束
	%	程序结束符

表12-7　工件左端外圆轮廓精加工程序

程序段号	程序内容	说　明
	%	程序开始符
	O0002；	程序号
N10	T0202；	调用93°外圆精车刀
N20	G97　G99　F0.05；	设置进给为恒转速控制，进给量 0.05mm/r
N30	M03　S1500；	主轴正转，转速 1500r/min
N40	G00　X37.0　Z2.0；	快速进给至加工起始点
N50	X22.0；	快速进给至倒角 X 坐标初始点
N60	G01　Z0；	直线进给至倒角 Z 坐标初始点
N70	X24.0　Z-1.0；	倒角 *C1*
N80	Z-16.0；	加工 φ24mm 外圆轮廓
N90	X32.0；	加工 φ34mm 外圆左轴肩
N100	X34.0　Z-17.0；	倒角 *C1*
N110	Z-22.0；	加工 φ34mm 外圆轮廓
N120	G00　X100.0；	X 轴快速退刀
N130	Z100.0；	Z 轴快速退刀
N140	M30；	程序结束
	%	程序结束符

表 12-8 工件右端端面加工程序

程序段号	程序内容	说 明
	%	程序开始符
	O0003;	程序号
N10	T0101;	调用93°外圆粗车刀
N20	G97 G99 F0.1;	设置进给为恒转速控制,进给量0.1mm/r
N30	M03 S1500;	主轴正转,转速1500r/min
N40	G00 X37.0 Z7.0;	快速进给至加工起始点
N50	G94 X-1.0 Z5.0;	
N60	Z4.5;	
N70	Z4.0;	
N80	Z3.5;	
N90	Z3.0;	径向切削循环加工,轴向背吃刀量以0.5mm递减
N100	Z2.5;	注:第一刀Z向剩余值=实际测量剩余毛坯-图样总长尺寸
N110	Z2.0;	(如:Z=60-55=5mm)
N120	Z1.5;	
N130	Z1.0;	
N140	Z0.5;	
N150	Z0;	
N160	G00 X100.0 Z100.0;	快速退刀
N170	M30;	程序结束
	%	程序结束符

表 12-9 工件右端外圆轮廓粗、精加工程序

程序段号	程序内容	说 明
	%	程序开始符
	O0004;	程序号
N10	T0101;	调用93°外圆粗车刀
N20	G97 G99 F0.2;	设置进给为恒转速控制,进给量0.2mm/r
N30	M03 S800;	主轴正转,转速800r/min
N40	G00 X37.0 Z2.0;	快速进给至加工起始点
N50	G71 U1.0 R1.0;	固定循环加工,每刀切削深度1.0mm,退刀距离1.0mm,循环段
N60	G71 P70 Q140 U0.2 W0.1 F0.2;	N70~N140,径向余量0.2mm,轴向余量0.1mm
N70	G00 X14.4;	快速进给至锥度X轴起始点
N80	G01 Z0;	直线切削至锥度Z轴起始点
N90	X16.0 Z-8.0;	加工1:5锥度
N100	X20.8;	加工螺纹右端轴肩
N110	X23.8 Z-9.5;	倒角C1.5
N120	Z-28.0;	加工螺纹外圆轮廓
N130	X26.0;	加工R8圆弧轴肩
N140	G02 X34.0 Z-34.0 R8.0;	加工R8圆弧
N150	G00 X100.0 Z100.0;	快速退刀

（续）

程序段号	程序内容	说　明
N160	M05;	主轴停止
N170	S1500　M03;	主轴正转，转速 1500r/min
N180	T0202;	调用 93°外圆精车刀
N190	G00　X37.0　Z2;	快速进给至加工起始点
N210	G70　P70　Q140　F0.05;	精车固定循环加工，循环段 N70～N140，进给量 0.05mm/r
N220	G00　X100.0　Z100.0;	快速退刀
N230	M30;	程序结束
	%	程序结束符

表 12-10　工件右端螺纹加工程序

程序段号	程序内容	说　明
	%	程序开始符
	O0005;	程序号
N10	T0404;	调用 60°螺纹车刀
N20	G97　G99;	设置进给为恒转速控制
N30	M03　S520;	主轴正转，转速 520r/min
N40	G00　X26.0　Z-6.0;	快速进给至螺纹加工起始点
N50	G92　X23.1　Z-25.0　F2.0;	螺纹切削循环加工，第一刀切削深度 0.9mm，Z 轴终点坐标 -25.0mm，螺距 2.0mm
N60	X22.5;	第二刀切削深度 0.6mm
N70	X21.9;	第三刀切削深度 0.6mm
N80	X21.5;	第四刀切削深度 0.4mm
N90	X21.4;	第五刀切削深度 0.1mm
N100	G00　X100.0　Z100.0;	快速退刀
N110	M30;	程序结束
	%	程序结束符

二、工件加工实施过程

加工工件的步骤如下：

1）开启机床，各轴回机床参考点。

2）按照表 12-4 依次安装刀具。

3）使用自定心卡盘装夹毛坯，夹持毛坯留出加工长度约 25.0mm。

4）对刀，并设置刀具补偿。

5）手动车端面，至端面平整、光滑为止。

6）输入表 12-6 工件左端外圆轮廓粗加工程序。

7）单击【程序启动】按钮，自动加工工件。

8）加工完毕后，测量工件尺寸与实际尺寸的差值，然后在【刀具磨损】中修改差值。

9）输入表 12-7 工件左端外圆轮廓精加工程序。

10）单击【程序启动】按钮，进行精加工。

11）调头装夹，并校正工件。

12）输入表 12-8 工件右端端面加工程序。

13）单击【程序启动】按钮，自动加工工件端面，至尺寸合格为止。

14）输入表 12-9 工件右端外圆轮廓粗、精加工程序。

15）单击【程序启动】按钮，自动加工工件。

16）加工完毕后，测量工件尺寸与实际尺寸的差值，然后在【刀具磨损】中修改差值。

17）重复第 15）步骤，直至工件尺寸合格为止。

18）手动加工螺纹退刀槽，至工件尺寸合格为止。

19）输入表 12-10 工件右端螺纹加工程序。

20）单击【程序启动】按钮，自动加工工件。

21）加工完毕后，测量工件尺寸与实际尺寸的差值，然后在【刀具磨损】中修改差值，继续运行螺纹加工程序，直至用螺纹环规检测合格为止。

22）去飞边。

23）加工完毕，卸下工件，清理机床。

三、总结与评价

根据表 12-11 要求对已加工的工件进行正确的自我评价，并找出在学习过程中遇到的问题，然后认真总结。

表 12-11　自我鉴定

鉴定项目及标准	配　分	检测方式	自　检	得　分	备　注
用试切法对刀	5	不合格不得分			
$\phi 34_{-0.03}^{0}$ mm	10	每超差 0.01mm 扣 2 分			
$\phi 24_{-0.020}^{-0.007}$ mm	10	每超差 0.01mm 扣 2 分			
$C1.5$（2 处）	6	不合格不得分			
$R8$ mm	5	不合格不得分			
锥度 1:5	10	每超差 2′扣 2 分			
M24×2−6g	20	不合格不得分			
退刀槽 5mm×$\phi 20$mm	5	不合格不得分			
$C1$	3	不合格不得分			
$16_{-0.03}^{0}$ mm	8	每超差 0.01mm 扣 2 分			
（55±0.03）mm	8	每超差 0.01mm 扣 2 分			
安全操作、清理机床	10	违规一次扣 2 分			
总结					

四、尺寸检测

1）用游标万能角度尺检测工件的锥度是否达到要求。

2）用千分尺来检测工件的外圆尺寸是否达到要求。

3）用游标卡尺检测工件的长度尺寸是否达到要求。

4）用游标卡尺检测工件的外槽尺寸是否达到要求。

5）用螺纹环规检测工件的外螺纹尺寸是否达到要求。

6）用半径样板检测工件的圆弧尺寸是否达到要求。

7）用二次元测量机检测工件的各关键尺寸是否达到要求。

五、二次元测量机工作原理

二次元测量机（图12-3）由光学镜头对待测物体进行高倍率放大成像，经过 CCD 摄像系统将放大后的物体影像送入计算机，能高效地检测各种复杂工件的轮廓和表面形状尺寸、角度及位置，特别适用于精密零部件的微观检测与质量控制。它可将测量数据直接输入到 AutoCAD 软件中，输出完整的工程图（图样可生成 DXF 文档），也可输入到 Word、Excel、SP 报表中进行统计分析。

图 12-3　二次元测量机

六、注意事项

1）机床工作前要有预热，认真检查润滑系统工作是否正常。

2）禁止用手接触刀尖和切屑，必须要用铁钩子或毛刷来清理切屑，禁止戴手套操作机床。

3）在加工过程中，不允许打开机床防护门。

4）装夹刀具时，车刀刀尖必须与主轴轴线等高。

5）若出现尺寸误差可以通过调整刀具的补偿来解决。

6）调头时，所有刀具必须重新对刀。

7）加工过程中，尽量采用试切、测量、补偿、试测方法控制尺寸精度。

8）加工槽时，注意工件是否发生滑动。

9）粗、精车螺纹必须是同样的主轴转速，如果改变螺纹转速会导致工件乱牙；螺纹加工的循环点不能随便改动，如果改变循环点会导致工件乱牙。

10）螺纹精度控制：加工螺纹时，螺纹循环运行后，停车测量；然后根据测量结果调整刀具磨损量，重新运行螺纹循环指令，直至符合尺寸要求。

11）程序中设置的换刀点，不一定是最佳位置，应根据所用刀具及机床情况，重新设置。

12）精加工时采用高转速小进给小切削深度的方法来选择切削用量，采用小的刀尖圆弧半径可加工出较高的工件表面质量；采用恒线速切削来保证球体和锥体外表面质量要求。

13）所使用的精车刀有刀尖圆弧半径，精加工时，必须进行刀具半径补偿，否则加工的圆弧存在加工误差。

14）粗加工时在机床允许范围内应尽量选择大的切削深度和进给量，切削速度则相应选小些。

15）工件加工完毕，清除切屑、擦拭机床，使机床与环境保持清洁状态。

项目十三

轴类零件二的加工

【项目综述】

本项目结合轴类零件加工案例，综合训练学生实施加工工艺设计、程序编制、机床加工、零件精度检测、产品提交等零件加工完整工作过程的工作方法。实施本项目训练学生的专业技能和应掌握的关联知识见表 13-1。

表 13-1　专业技能和关联知识

专 业 技 能	关 联 知 识
1. 零件工艺结构分析	1. 零件的数控车削加工工艺设计
2. 零件加工工艺方案设计	2. 循环加工指令的应用
3. 机床、毛坯、夹具、刀具、切削用量的合理选用	3. 相关量具的使用
4. 工序卡的填写与加工程序的编写	
5. 熟练操作机床对零件进行加工	
6. 零件精度检测及加工结果判断	

仔细分析图 13-1 所示图样，根据给定的工具和毛坯，编写出合理的加工程序，并加工出符合要求的零件。

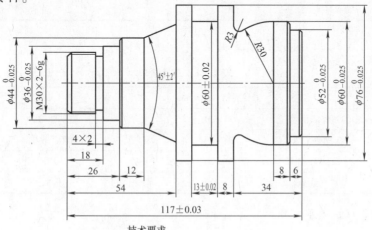

技术要求

1. 毛坯及材料：$\phi80 \times 122$ 棒料，45 钢。
2. 未注倒角 C1，锐角倒钝。
3. 未注公差按 GB/T 1804—m 确定。
4. 不得使用锉刀、砂布等修饰工件表面。

图 13-1　零件的实训图例 SC013

一、零件的加工工艺设计与程序编制

1. 分析零件结构

零件外轮廓主要由圆柱面、锥面、螺纹、槽和倒角等表面组成。整张零件图尺寸标注完整，符合数控加工尺寸标注要求，零件轮廓描述清楚完整。

2. 选择毛坯和机床

根据图样要求，工件毛坯尺寸为 φ80mm×122mm 棒料，材质为 45 钢，选择卧式数控车床。

3. 选择工具、量具和刀具

（1）选择工具　装夹工件所需要的工具清单，见表 13-2。

表 13-2　工具清单

序号	名称	规格	单位	数量
1	自定心卡盘	φ250mm	个	1
2	卡盘扳手	—	副	1
3	刀架扳手	—	副	1
4	垫刀片	—	块	若干

（2）选择量具　检测所需要的量具清单，见表 13-3。

表 13-3　量具清单

序号	名称	规格	分度值	单位	数量
1	游标卡尺	0~150mm	0.01mm	把	1
2	钢直尺	0~150mm	0.02mm	把	1
3	外径千分尺	0~50mm	0.01mm	把	1
4	螺纹环规	M30×2	6g	套	1

（3）选择刀具　刀具清单见表 13-4。

表 13-4　刀具清单

序号	刀具号	刀具名称	刀具规格/mm×mm	数量	加工表面	刀尖圆弧半径/mm
1	T01	93°外圆粗车刀	20×20	1把	粗车外轮廓	0.4
2	T02	93°外圆精车刀	20×20	1把	精车外轮廓	0.2
3	T03	3mm 切槽刀	20×20	1把	切槽	—
4	T04	60°外螺纹车刀	20×20	1把	螺纹	—

4. 确定零件装夹方式

加工工件时采用自定心卡盘装夹。卡盘夹持毛坯留出加工长度约 90.0mm。

5. 确定加工工艺路线

分析零件图可知，需通过两次装夹完成所有工序。因此，零件加工步骤如下：手动加工工件右端端面→粗加工右端外圆轮廓，留 0.2mm 精加工余量→精加工外圆轮廓至图样尺寸要求→加工槽至图样尺寸要求→工件调头、装夹并校正→粗加工左端外圆轮廓，留 0.2mm 精加工余量→精加工外圆轮廓至图样尺寸要求→手动加工退刀槽→加工螺纹至图样尺寸要求。加工工艺路线如图 13-2 所示。

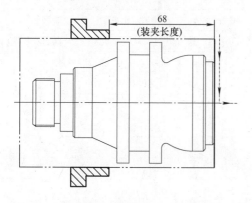

a) 加工工件右端端面

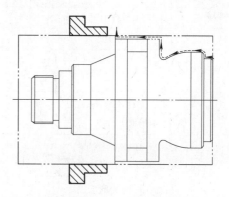

b) 粗、精加工工件右端外圆轮廓

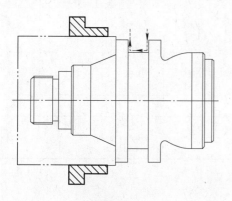

c) 切槽加工

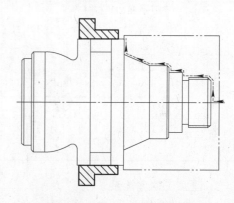

d) 调头、粗、精加工工件左端外圆轮廓

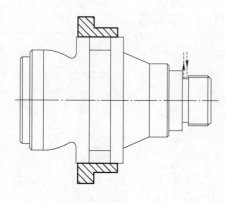

e) 加工退刀槽

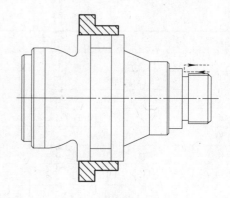

f) 加工外螺纹

图 13-2　加工工艺路线

6. 填写加工工序卡（表13-5）

表13-5　加工工序卡

零件图号	SC013	操作人员		实习日期	
使用设备	卧式数控车床	型号	CAK6140	实习地点	数控车车间
数控系统	GSK 980TA	刀架	4刀位、自动换刀	夹具名称	自定心卡盘

工步号	工步内容	刀具号	程序号	主轴转速 $n/(\text{r/min})$	进给量 $f/(\text{mm/r})$	切削深度 a_p/mm	备注
1	加工工件右端端面（至端面平整、光滑）	T01	—	1500	0.05	0.3	手动
2	粗加工工件右端外圆轮廓，留0.2mm精加工余量	T01	O0001	800	0.2	1	自动
3	精加工外圆轮廓至图样尺寸	T02	O0001	1500	0.05	0.1	自动
4	加工槽	T03	O0002	400	0.1	0.1	自动
5	调头，粗加工工件左端外圆轮廓，留0.2mm精加工余量	T01	O0003	800	0.2	1	自动
6	精加工外圆轮廓至图样尺寸	T02	O0003	1500	0.05	0.1	自动
7	加工退刀槽	T03	—	400	—	—	手动
8	加工外螺纹	T04	O0004	520	2	按表	自动

审核人		批准人		日期	

7. 建立工件坐标系

加工工件以零件端面中心为工件坐标系原点。

8. 编制加工程序（表13-6～表13-9）

表13-6　工件右端外圆轮廓粗、精加工程序

程序段号	程序内容	说明
	%	程序开始符
	O0001;	程序号
N10	T0101;	调用93°外圆粗车刀
N20	G97　G99　F0.2;	设置进给为恒转速控制，进给量0.2mm/r
N30	M03　S800;	主轴正转，转速800r/min
N40	G00　X82.0　Z2.0;	快速进给至加工起始点
N50	G73　U15.0　R15.0;	封闭切削粗加工循环，X轴切削量15mm，循环加工15次，循环段N70～N170，径向余量0.2mm
N60	G73　P70　Q170　U0.2;	
N70	G00　X50.0;	X轴快速接近至倒角起始点
N80	G01　Z0;	Z轴慢速切削至倒角起始点
N90	X52.0　Z−1.0;	倒角 $C1$

（续）

程序段号	程序内容	说　明
N100	Z - 6.0;	加工 ϕ6mm 外圆
N110	X58.0;	加工 ϕ60mm 右端端面
N120	X60.0 Z - 7.0;	倒角 C1
N130	Z - 14.0;	加工 ϕ60mm 外圆
N140	G03 X51.426 Z - 29.45 R30.0;	加工 R30mm 凸圆弧
N150	G02 X56.569 Z - 34.0 R3;	加工 R3mm 凹圆弧
N160	G01 X76.0;	加工 ϕ76mm 右端面
N170	Z - 65.0;	加工 ϕ76mm 外圆
N180	G00 X100.0 Z100.0;	快速退刀
N190	T0202;	调用93°外圆精车刀
N200	G97 G99 F0.05;	设置进给为恒转速控制，进给量 0.05mm/r
N210	M03 S1500;	主轴正转，转速1500r/min
N220	G00 X82.0 Z2.0;	快速进给至加工起始点
N230	G70 P70 Q170;	精加工外圆轮廓
N240	G00 X100.0 Z100.0;	快速退刀
N250	M30;	程序结束
	%	程序结束符

表13-7 工件槽加工程序

程序段号	程序内容	说　明
	%	程序开始符
	O0002;	程序号
N10	T0303;	调用3mm 切槽刀
N20	G97 G99 F0.1;	设置进给为恒转速控制，进给量 0.1mm/r
N30	M03 S400;	主轴正转，转速400r/min
N40	G00 X78.0 Z - 45.0;	快速进给至加工起始点
N50	G75 R1.0;	径向切槽固定循环加工，退刀量 1.0mm，X 轴终点坐标 60.0mm，Z 轴终点坐标 - 55.0mm，X 轴每次切削深度 1.0mm，Z 轴每次切削深度 2.5mm
N60	G75 X60.0 Z - 55.0 P10000 Q25000	
N70	G00 X100.0 Z100.0;	快速退刀
N80	M30;	程序结束
	%	程序结束符

表13-8 工件左端外圆轮廓粗、精加工程序

程序段号	程序内容	说　明
	%	程序开始符
	O0003;	程序号
N10	T0101;	调用93°外圆粗车刀
N20	G97 G99 F0.2;	设置进给为恒转速控制，进给量 0.2mm/r
N30	M03 S800;	主轴正转，转速800r/min
N40	G00 X82.0 Z7.0;	快速进给至加工起始点
N50	G71 U1.0 R1.0;	外圆粗车固定循环加工，每刀切削深度 1.0mm，退刀距离 1.0mm，循环段 N70 ~ N180，径向余量 0.2mm
N60	G71 P70 Q180 U0.2;	

（续）

程序段号	程序内容	说　明
N70	G00　X-1.0；	X轴快速接近至加工起始点
N80	G01　Z0；	Z轴慢速切削至加工起始点
N90	X26.8；	X轴慢速切削至倒角起始点
N100	X29.8　Z-1.5；	倒角 C1.5
N110	Z-18.0；	加工 φ29.8mm 螺纹外圆
N120	X36.0；	加工 φ36mm 左端面
N130	Z-26.0；	加工 φ36mm 外圆
N140	X42.0；	加工 φ44mm 左端面
N150	X44.0　Z-27.0；	倒角 C1
N160	Z-38.0；	加工 φ44mm 外圆
N170	X57.255　Z-54.0；	加工 45°圆锥面
N180	X78.0；	加工 φ76mm 左端面
N190	G00　X100.0　Z100.0；	快速退刀
N200	T0202；	调用 93°外圆精车刀
N210	G97　G99　F0.05；	设置进给为恒转速控制，进给量 0.05mm/r
N220	M03　S1500；	主轴正转，转速 1500r/min
N230	G00　X82.0　Z2.0；	快速进给至加工起始点
N240	G70　P70　Q180；	精加工外圆轮廓
N250	G00　X100.0　Z100.0；	快速退刀
N260	M30；	程序结束
	%	程序结束符

表 13-9　工件螺纹加工程序

程序段号	程序内容	说　明
	%	程序开始符
	O0004；	程序号
N10	T0404；	调用 60°螺纹车刀
N20	G97　G99　F2.0；	设置进给为恒转速控制，进给量 2.0mm/r
N30	M03　S520；	主轴正转，转速 520r/min
N40	G00　X32.0　Z2.0；	快速进给至加工起始点
N50	G92　X29.1　Z-20.0　F2.0；	螺纹切削固定循环加工，第一刀切削深度 0.9mm，Z轴终点坐标 -20.0mm，螺距 2.0mm
N60	X28.5；	第二刀切削深度 0.6mm
N70	X27.9；	第三刀切削深度 0.6mm
N80	X27.5；	第四刀切削深度 0.4mm
N90	X27.4；	第五刀切削深度 0.1mm
N100	G00　X100.0　Z100.0；	快速退刀
N110	M30；	程序结束
	%	程序结束符

二、工件加工实施过程

加工工件的步骤如下：

1）开启机床，各轴回机床参考点。

2）按照表 13-4 依次安装刀具。

3）使用自定心卡盘装夹毛坯，夹持毛坯留出加工长度约 68.0mm。

4）对刀，并设置刀具补偿。

5）手动加工工件右端端面，至端面平整、光滑为止。

6）输入表 13-6 工件右端外圆轮廓粗、精加工程序。

7）单击【程序启动】按钮，自动加工工件。加工完毕后，测量工件尺寸与实际尺寸的差值，如果不合格，则通过修改【刀具磨损】中差值，然后运行加工程序直至工件尺寸合格为止。

8）输入表 13-7 工件槽加工程序。

9）单击【程序启动】按钮，进行加工工件。加工完毕后，测量工件尺寸与实际尺寸的差值，如果不合格，则通过修改【刀具磨损】中差值，然后运行加工程序直至工件尺寸合格为止。

10）将工件调头并校正，然后对刀。

11）输入表 13-8 工件外圆轮廓粗、精加工程序。

12）单击【程序启动】按钮，自动加工工件。加工完毕后，测量工件尺寸与实际尺寸的差值，如果不合格，则通过修改【刀具磨损】中差值，然后运行加工程序直至工件尺寸合格为止。

13）启动主轴，换取 T03 切槽刀，手动加工螺纹退刀槽。

14）输入表 13-9 工件螺纹加工程序。

15）单击【程序启动】按钮，进行加工工件。

16）加工完毕后，测量工件尺寸与实际尺寸的差值，如果不合格，则通过修改【刀具磨损】中差值，然后运行加工程序直至工件尺寸合格为止。

17）去飞边。

18）加工完毕，卸下工件，清理机床。

三、总结与评价

根据表 13-10 要求对已加工的工件进行正确的自我评价，并找出在学习过程中遇到的问题，然后认真总结。

表 13-10　自我鉴定

鉴定项目及标准	配　分	检测方式	自　检	得　分	备　注
用试切法对刀	5	不合格不得分			
$\phi 36_{-0.025}^{0}$ mm	8	每超差 0.01mm 扣 2 分			
$\phi 44_{-0.025}^{0}$ mm	8	每超差 0.01mm 扣 2 分			
$\phi 52_{-0.025}^{0}$ mm	8	每超差 0.01mm 扣 2 分			
$\phi 60_{-0.025}^{0}$ mm	8	每超差 0.01mm 扣 2 分			
$\phi 76_{-0.025}^{0}$ mm	8	每超差 0.01mm 扣 2 分			
$(\phi 60 \pm 0.02)$ mm	8	每超差 0.01mm 扣 2 分			
(13 ± 0.02) mm	4	每超差 0.01mm 扣 2 分			
(117 ± 0.03) mm	4	每超差 0.01mm 扣 2 分			
$45° \pm 2'$	5	每超差 2′ 扣 2 分			
$R30$ mm	3	不合格不得分			
$R3$ mm	3	不合格不得分			

(续)

鉴定项目及标准	配 分	检测方式	自 检	得 分	备 注
M30×2-6g	10	不合格不得分			
退刀槽4mm×2mm	4	不合格不得分			
C1.5、C1（4处）	4	不合格不得分			
安全操作、清理机床	10	违规一次扣2分			
总					
结					

四、尺寸检测

1）用游标万能角度尺检测工件的锥度是否达到要求。

2）用千分尺检测工件的外圆尺寸是否达到要求。

3）用游标卡尺检测工件的长度尺寸是否达到要求。

4）用游标卡尺检测工件的外槽尺寸是否达到要求。

5）用螺纹环规检测工件的外螺纹尺寸是否达到要求。

6）用半径样板检测工件的圆弧尺寸是否达到要求。

五、注意事项

1）机床工作前要有预热，认真检查润滑系统工作是否正常。

2）禁止用手接触刀尖和切屑，必须要用铁钩子或毛刷来清理切屑，禁止戴手套操作机床。

3）在加工过程中，不允许打开机床防护门。

4）装夹刀具时，车刀刀尖必须与主轴轴线等高。

5）若出现尺寸误差可以通过调整刀具的补偿来解决。

6）调头时，所有刀具必须重新对刀。

7）加工过程中，尽量采用试切、测量、补偿、试测方法控制尺寸精度。

8）加工槽时，注意工件是否发生滑动。

9）粗、精车螺纹必须是同样的主轴转速，如果改变螺纹转速会导致工件乱牙；螺纹加工的循环点不能随便改动，如果改变循环点会导致工件乱牙。

10）螺纹精度控制：加工螺纹时，螺纹循环运行后，停车测量；然后根据测量结果调整刀具磨损量，重新运行螺纹循环指令，直至符合尺寸要求。

11）程序中设置的换刀点，不一定是最佳位置，应根据所用刀具及机床情况，重新设置。

12）精加工时采用高转速小进给小切削深度的方法来选择切削用量，采用小的刀尖圆弧半径可加工出较高的工件表面质量；采用恒线速切削来保证球体和锥体外表面质量要求。

13）所使用的精车刀有刀尖圆弧半径，精加工时，必须进行刀具半径补偿，否则加工的圆弧存在加工误差。

14）粗加工时在机床允许范围内应尽量选择大的切削深度和进给量，切削速度则相应选小些。

15）工件加工完毕，清除切屑，擦拭机床，使机床与环境保持清洁状态。

项目十四

轴类零件三的加工

【项目综述】

本项目结合轴类零件加工案例，综合训练学生实施加工工艺设计、程序编制、机床加工、零件精度检测、产品提交等零件加工完整工作过程的工作方法。实施本项目训练学生的专业技能和应掌握的关联知识见表14-1。

表14-1　专业技能和关联知识

专 业 技 能	关 联 知 识
1. 零件工艺结构分析	1. 零件的数控车削加工工艺设计
2. 零件加工工艺方案设计	2. 循环加工指令的应用
3. 机床、毛坯、夹具、刀具、切削用量的合理选用	3. 相关量具的使用
4. 工序卡的填写与加工程序的编写	
5. 熟练操作机床对零件进行加工	
6. 零件精度检测及加工结果判断	

仔细分析图 14-1 所示图样，根据给定的工具和毛坯，编写出合理的加工程序，并加工出符合要求的零件。

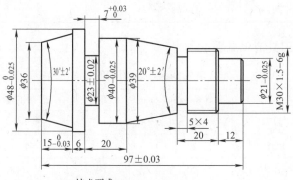

技术要求

1. 毛坯及材料：$\phi50\times102$棒料，45钢。
2. 未注倒角$C1$，锐角倒钝。
3. 未注公差按GB/T 1804—m确定。
4. 不得使用锉刀、砂布等修饰工件表面。

图 14-1　零件的实训图例 SC014

一、零件的加工工艺设计与程序编制

1. 分析零件结构

零件外轮廓主要由圆柱面、锥面、螺纹、槽和倒角等表面组成。整张零件图尺寸标注完整，符合数控加工尺寸标注要求，零件轮廓描述清楚完整。

2. 选择毛坯和机床

根据图样要求，工件毛坯尺寸为 $\phi 50 \times 102$mm 棒料，材质为 45 钢，选择卧式数控车床。

3. 选择工具、量具和刀具

（1）选择工具　装夹工件所需要的工具清单见表 14-2。

表 14-2　工具清单

序号	名称	规格	单位	数量
1	自定心卡盘	$\phi 250$mm	个	1
2	卡盘扳手	—	副	1
3	刀架扳手	—	副	1
4	垫刀片	—	块	若干
5	百分表，表座	—	套	1

（2）选择量具　检测所需要的量具清单见表 14-3。

表 14-3　量具清单

序号	名称	规格	分度值	单位	数量
1	游标卡尺	$0 \sim 150$mm	0.01mm	把	1
2	钢直尺	$0 \sim 150$mm	0.02mm	把	1
3	外径千分尺	$0 \sim 50$mm	0.01mm	把	1
4	螺纹环规	$M30 \times 1.5$	6g	套	1

（3）选择刀具　刀具清单见表 14-4。

表 14-4　刀具清单

序号	刀具号	刀具名称	刀具规格/mm × mm	数量	加工表面	刀尖圆弧半径/mm
1	T01	93°外圆粗车刀	20 × 20	1 把	粗车外轮廓	0.4
2	T02	93°外圆精车刀	20 × 20	1 把	精车外轮廓	0.2
3	T03	3mm 切槽刀	20 × 20	1 把	切槽	—
4	T04	60°螺纹车刀	20 × 20	1 把	螺纹	—

4. 确定零件装夹方式

加工工件时采用自定心卡盘装夹。卡盘夹持毛坯留出加工长度约 90.0mm。

5. 确定加工工艺路线

分析零件图可知，零件需通过两次装夹完成所有工序。因此，零件加工步骤如下：手动加工工件右端端面→粗加工右端外圆轮廓，留 0.2mm 精加工余量→精加工右端外圆轮廓至图样尺寸要求→加工两个槽至图样尺寸要求→加工螺纹至图样尺寸要求→工件调头、装夹并校正→粗加工左端外圆轮廓，留 0.2mm 精加工余量→精加工外圆轮廓至图样尺寸要求。加工工艺路线如图 14-2 所示。

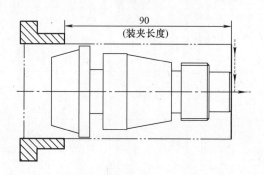

a) 加工工件右端端面

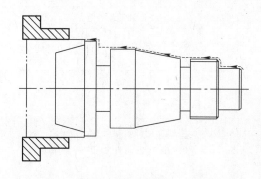

b) 粗、精加工工件右端外圆轮廓

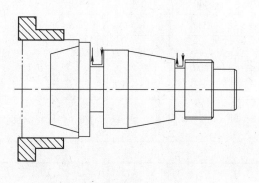

c) 切槽加工

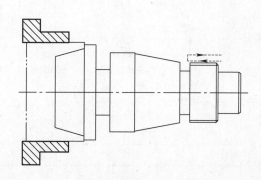

d) 螺纹加工

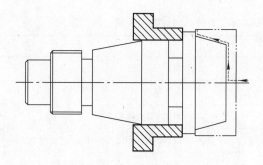

e) 调头，粗、精加工工件左端外圆轮廓

图 14-2　加工工艺路线

6. 填写加工工序卡（表14-5）

表14-5 加工工序卡

零件图号	SC014	操作人员			实习日期	
使用设备	卧式数控车床	型号	CAK6140		实习地点	数控车车间
数控系统	GSK 980TA	刀架	4刀位、自动换刀		夹具名称	自定心卡盘

工步号	工步内容	刀具号	程序号	主轴转速 $n/(\mathrm{r/min})$	进给量 $f/(\mathrm{mm/r})$	切削深度 a_p/mm	备注
1	加工工件右端端面（至端面平整、光滑）	T01	—	1500	0.05	0.3	手动
2	粗加工工件右端外圆轮廓，留0.2mm精加工余量	T01	O0001	800	0.2	1	自动
3	精加工工件右端外圆轮廓至图样尺寸	T02	O0001	1500	0.05	0.1	自动
4	加工槽	T03	O0002	400	0.1	0.1	自动
5	加工螺纹	T04	O0003	520	1.5	按表	自动
6	调头，加工锥度，粗加工工件左端外圆轮廓，留0.2mm精加工余量	T01	O0004	800	0.2	1	自动
7	精加工工件左端外锥轮廓至图样尺寸	T02	O0004	1500	0.05	0.1	自动
审核人		批准人			日 期	

7. 建立工件坐标系

加工工件以零件端面中心为工件坐标系原点。

8. 编制加工程序（表14-6～表14-9）

表14-6 工件右端外圆轮廓粗、精加工程序

程序段号	程序内容	说 明
	%	程序开始符
	O0001;	程序号
N10	T0101;	调用93°外圆粗车刀
N20	G97 G99 F0.2;	设置进给为恒转速控制，进给量0.2mm/r
N30	M03 S800;	主轴正转，转速800r/min
N40	G00 X52.0 Z2.0;	快速进给至加工起始点
N50	G71 U1.0 R1.0;	外圆粗车固定循环加工，每刀切削深度1.0mm，退刀距离
N60	G71 P70 Q190 U0.2;	1.0mm，循环段N70～N190，径向余量0.2mm

（续）

程序段号	程序内容	说　明
N70	G00　X19.0;	
N80	G01　Z0;	
N90	X21.0　Z－1.0;	
N100	Z－12.0;	
N110	X27.8	
N120	X29.8　Z－1.0;	
N130	Z－32.0;	粗加工外圆轮廓
N140	X30.536;	
N150	X39.0　Z－56.0;	
N160	X40.0;	
N170	Z－76.0;	
N180	X48.0;	
N190	Z－83.0;	
N200	G00　X100.0　Z100.0;	快速退刀
N210	T0202;	调用93°外圆精车刀
N220	G97　G99　F0.05;	设置进给为恒转速控制，进给量0.05mm/r
N230	M03　S1500;	主轴正转，转速1500r/min
N240	G00　X52.0　Z2.0;	快速进给至加工起始点
N250	G70　P70　Q190;	精加工外圆轮廓
N260	G00　X100.0　Z100.0;	快速退刀
N270	M30;	程序结束
	%	程序结束符

表14-7　槽加工程序

程序段号	程序内容	说　明
	%	程序开始符
	O0002;	程序号
N10	T0303;	调用3mm切槽刀
N20	G97　G99　F0.1;	设置进给为恒转速控制，进给量0.1mm/r
N30	M03　S400;	主轴正转，转速400r/min
N40	G00　X32.0　Z－30.1;	快速进给至加工起始点
N50	G75　R0.5;	径向切槽固定循环加工，退刀量0.5mm，X轴终点坐标21.9mm，Z轴终点坐标－31.9mm，X轴每次切削深度1.0mm，Z轴每次切削深度2.5mm
N60	G75　X21.9　Z－31.9　P10000　Q25000;	
N70	G00　Z－29.0;	快速进给至Z轴精加工起始点
N80	G01　X29.8	慢速进给至倒角起始点

（续）

程序段号	程序内容	说　明
N90	X27.8　Z−30.0；	精加工第一条槽
N100	X22.0；	
N110	Z−32.0；	
N120	X32.0；	
N130	G00　X50.0；	X轴快速退刀
N140	Z−72.1；	Z轴快速进给至加工起始点
N150	G75　R0.5；	径向切槽固定循环加工，退刀量0.5mm，X轴终点坐标22.9mm，
N160	G75　X22.9　Z−75.9 P10000　Q25000；	Z轴终点坐标−75.9mm，X轴每次切削深度1.0mm，Z轴每次切削深度2.5mm
N170	G00　Z−71.5；	快速进给至Z轴精加工起始点
N180	G01　X40.0；	慢速进给至倒角起始点
N190	X39.0　Z−72.0；	精加工第二条槽
N200	X23.0；	
N210	Z−76.0；	
N220	X47.0；	
N230	X48.0　Z−76.5；	
N240	G00　X100.0；	X轴快速退刀
N250	Z100.0；	Z轴快速退刀
N260	M30；	程序结束
	%	程序结束符

表14-8　螺纹加工程序

程序段号	程序内容	说　明
	%	程序开始符
	O0003；	程序号
N10	T0404；	调用60°外螺纹车刀
N20	G97　G99；	设置进给为恒转速控制
N30	M03　S520；	主轴正转，转速520r/min
N40	G00　X32.0　Z−10.0；	快速进给至加工起始点
N50	G92　X29.2　Z−29.0　F1.5；	螺纹切削循环加工，X轴第一刀切削深度0.8mm，Z轴终点坐标为−29.0mm，螺距为1.5mm
N60	X28.7；	第二刀切削深度0.5mm
N70	X28.2；	第三刀切削深度0.5mm
N80	X28.05；	第四刀切削深度0.15mm
N90	G00　X100.0　Z100.0；	快速退刀
N100	M30；	程序结束
	%	程序结束符

表 14-9 工件左端外圆轮廓粗、精加工程序

程序段号	程序内容	说　　明
	%	程序开始符
	O0004；	程序号
N10	T0101；	调用93°外圆粗车刀
N20	G97　G99　F0.2；	设置进给为恒转速控制，进给量 0.2mm/r
N30	M03　S800；	主轴正转，转速800r/min
N40	G00　X52.0　Z2.0；	快速进给至加工起始点
N50	G71　U1.0　R1.0；	外圆粗车固定循环加工，每刀切削深度 1.0mm，退刀距离
N60	G71　P70　Q110　U0.2；	1.0mm，循环段 N70～N110，径向余量 0.2mm
N70	G00　X－1.0；	
N80	G01　Z0；	
N90	X36.0；	粗加工外圆轮廓
N100	X44.038　Z－15.0；	
N110	X50.0；	
N120	G00　X100.0　Z100.0；	快速退刀
N130	T0202；	调用93°外圆精车刀
N140	G97　G99　F0.05；	设置进给为恒转速控制，进给量 0.05mm/r
N150	M03　S1500；	主轴正转，转速1500r/min
N160	G00　X52.0　Z2.0；	快速进给至加工起始点
N170	G70　P70　Q110；	精加工外圆轮廓
N180	G00　X100.0　Z100.0；	快速退刀
N190	M30；	程序结束
	%	程序结束符

二、工件加工实施过程

加工工件的步骤如下：

1）开启机床，各轴回机床参考点。

2）按照表 14-4 依次安装刀具。

3）使用自定心卡盘装夹毛坯，夹持毛坯留出加工长度约 90.0mm。

4）对刀，并设置刀具补偿。

5）手动加工工件右端端面，至端面平整、光滑为止。

6）输入表 14-6 工件右端外圆轮廓粗、精加工程序。

7）单击【程序启动】按钮，自动加工工件。加工完毕后，测量工件尺寸与实际尺寸的差值，若不合格可通过修改【刀具磨损】中差值，直至工件尺寸合格为止。

8）输入表 14-7 槽加工程序。

9）单击【程序启动】按钮，自动加工工件。加工完毕后，测量工件尺寸与实际尺寸的差值，若不合格可通过修改【刀具磨损】中差值，直至工件尺寸合格为止。

10）输入表 14-8 螺纹加工程序。

11）单击【程序启动】按钮，自动加工工件。加工完毕后，使用螺纹环规检测，若不合格可通过修改【刀具磨损】中差值，直至合格为止。

12）调头，校正工件。

13）输入表 14-9 工件左端外圆轮廓粗、精加工程序。

14）单击【程序启动】按钮，自动加工工件。加工完毕后，测量工件尺寸与实际尺寸的差值，若不合格可通过修改【刀具磨损】中差值，直至工件尺寸合格为止。

15）去飞边。

16）加工完毕，卸下工件，清理机床。

三、总结与评价

根据表 14-10 要求对已加工的工件进行正确的自我评价，并找出在学习过程中遇到的问题，然后认真总结。

表 14-10　自我鉴定

鉴定项目及标准	配分	检测方式	自检	得分	备注
用试切法对刀	5	不合格不得分			
$\phi21_{-0.025}^{0}$ mm	10	每超差 0.01mm 扣 2 分			
$\phi40_{-0.025}^{0}$ mm	10	每超差 0.01mm 扣 2 分			
$\phi48_{-0.025}^{0}$ mm	10	每超差 0.01mm 扣 2 分			
$(\phi23\pm0.02)$ mm	6	每超差 0.01mm 扣 2 分			
$7_{0}^{+0.03}$ mm	6	每超差 0.01mm 扣 2 分			
$15_{-0.03}^{0}$ mm	6	每超差 0.01mm 扣 2 分			
(97 ± 0.03) mm	6	每超差 0.01mm 扣 2 分			
$30°\pm2'$	8	每超差 2′ 扣 2 分			
$20°\pm2'$	8	每超差 2′ 扣 2 分			
M30×1.5-6g	10	不合格不得分			
退刀槽 5mm×4mm	3	不合格不得分			
C2（2 处）	2	不合格不得分			
安全操作、清理机床	10	违规一次扣 2 分			
总　　结					

四、尺寸检测

1）用游标万能角度尺检测工件的锥度是否达到要求。

2）用千分尺检测工件的外圆尺寸是否达到要求。

3）用游标卡尺检测工件的长度尺寸是否达到要求。

4）用游标卡尺检测工件的外槽尺寸是否达到要求。

5）用螺纹环规检测工件的外螺纹尺寸是否达到要求。

6）用半径样板检测工件的圆弧尺寸是否达到要求。

五、注意事项

1）机床工作前要有预热，认真检查润滑系统工作是否正常。

2）禁止用手接触刀尖和切屑，必须要用铁钩子或毛刷来清理切屑，禁止戴手套操作机床。

3）在加工过程中，不允许打开机床防护门。

4）装夹刀具时，车刀刀尖必须与主轴轴线等高。

5）若出现尺寸误差可以通过调整刀具的补偿来解决。

6）调头时，所有刀具必须重新对刀。

7）加工过程中，尽量采用试切、测量、补偿、试测方法控制尺寸精度。

8）加工槽时，注意工件是否发生滑动。

9）粗、精车螺纹必须是同样的主轴转速，如果改变螺纹转速会导致工件乱牙；螺纹加工的循环点不能随便改动，如果改变循环点会导致工件乱牙。

10）螺纹精度控制：加工螺纹时，螺纹循环运行后，停车测量；然后根据测量结果调整刀具磨损量，重新运行螺纹循环指令，直至符合尺寸要求。

11）程序中设置的换刀点，不一定是最佳位置，应根据所用刀具及机床情况，重新设置。

12）精加工时采用高转速小进给小切削深度的方法来选择切削用量，采用小的刀尖圆弧半径可加工出较高的工件表面质量；采用恒线速切削来保证球体和锥体外表面质量要求。

13）所使用的精车刀有刀尖圆弧半径，精加工时，必须进行刀具半径补偿，否则加工的圆弧存在加工误差。

14）粗加工时在机床允许范围内应尽量选择大的切削深度和进给量，切削速度则相应选小些。

15）工件加工完毕，清除切屑、擦拭机床，使机床与环境保持清洁状态。

第三篇

特形件的加工

项目十五

工艺品（子弹）的加工

【项目综述】

本项目结合工艺品类零件加工案例，综合训练学生实施加工工艺设计、程序编制、机床加工、零件精度检测、产品提交等零件加工完整工作过程的工作方法。实施本项目训练学生的专业技能和应掌握的关联知识见表15-1。

表15-1 专业技能和关联知识

专 业 技 能	关 联 知 识
1. 零件工艺结构分析	1. 零件的数控车削加工工艺设计
2. 零件加工工艺方案设计	2. 相关参数的计算
3. 机床、毛坯、夹具、刀具、切削用量的合理选用	3. 固定循环加工指令（G71）的应用
4. 工序卡的填写与加工程序的编写	
5. 熟练操作机床对零件进行加工	
6. 零件精度检测及加工结果判断	

仔细分析图 15-1 所示图样，根据给定的工具和毛坯，编写出合理的加工程序，并加工出符合要求的零件。

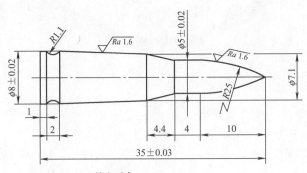

技术要求

1. 毛坯及材料：$\phi 10$ 棒料，硬铝。
2. 未注倒角C0.5，锐角倒钝。
3. 未注公差按GB/T 1804—m确定。
4. 不得使用锉刀、砂布等修饰工件表面。

图 15-1 零件的实训图例 SC015

一、零件的加工工艺设计与程序编制

1. 分析零件结构

零件外轮廓主要由（$\phi8 \pm 0.02$）mm、（$\phi5 \pm 0.02$）mm 的圆柱面，$R25$mm 圆弧，锥度及倒角等表面组成。整张零件图尺寸标注完整，符合数控加工尺寸标注要求，零件轮廓描述清楚完整，表面粗糙度值要求为 $Ra1.6\mu$m 和 $Ra3.2\mu$m，无热处理和硬度要求。

2. 选择毛坯和机床

根据图样要求，工件毛坯尺寸为 $\phi10$mm 棒料，材质为硬铝，选择卧式数控车床。

3. 选择工具、量具和刀具

（1）选择工具　装夹工件所需要的工具清单见表 15-2。

表 15-2　工具清单

序号	名称	规格	单位	数量
1	自定心卡盘	$\phi250$mm	个	1
2	卡盘扳手	—	副	1
3	刀架扳手	—	副	1
4	垫刀片	—	块	若干

（2）选择量具　检测所需要的量具清单见表 15-3。

表 15-3　量具清单

序号	名称	规格	分度值	单位	数量
1	游标卡尺	0～150mm	0.01mm	把	1
2	千分尺	0～25mm 25～50mm	0.01mm	把	各1
3	游标万能角度尺	0～320°	2′	把	1
4	表面粗糙度比较样块	—	—	套	1

（3）选择刀具　刀具清单见表 15-4。

表 15-4　刀具清单

序号	刀具号	刀具名称	刀具规格/mm×mm	数量	加工表面	刀尖圆弧半径/mm
1	T01	93°外圆粗车刀	20×20	1把	粗车外轮廓	0.4
2	T02	93°外圆精车刀	20×20	1把	精车外轮廓	0.2
3	T03	3mm 切断刀	20×20	1把	切断	—

4. 确定零件装夹方式

加工工件时采用自定心卡盘装夹。卡盘夹持毛坯留出加工长度约 40.0mm。

5. 确定加工工艺路线

分析零件图可知，可通过一次装夹完成所有工序。因此，零件加工步骤如下：手动加工工件左端端面→粗加工工件外圆轮廓，留 0.2mm 精加工余量→精加工工件外圆轮廓至图样尺寸要求→倒角→切断。加工工艺路线如图 15-2 所示。

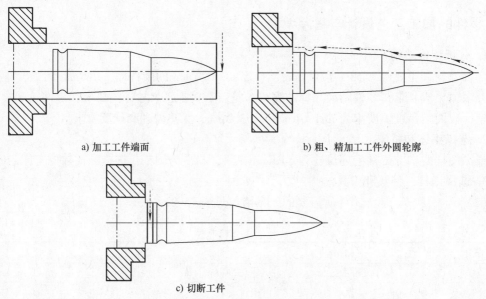

a) 加工工件端面　　　　b) 粗、精加工工件外圆轮廓

c) 切断工件

图15-2　加工工艺路线

6. 填写加工工序卡（表15-5）

表15-5　加工工序卡

零件图号	SC015	操作人员			实习日期	
使用设备	卧式数控车床	型号	CAK6140		实习地点	数控车车间
数控系统	GSK 980TA	刀架	4刀位、自动换刀		夹具名称	自定心卡盘
工步号	工步内容	刀具号	程序号	主轴转速 $n/(\text{r/min})$	进给量 $f/(\text{mm/r})$	切削深度 a_p/mm	备注
1	加工工件端面（至端面平整、光滑）	T01	—	1200	0.05	0.3	手动
2	粗加工工件外圆轮廓，留0.2mm精加工余量	T01	O0001	1000	0.2	1	自动
3	精加工工件外圆轮廓至图样尺寸	T02	O0001	1500	0.08	0.1	自动
4	切断工件	T03		800	0.08	—	手动
审核人		批准人			日　期		

7. 建立工件坐标系

加工工件以零件端面中心为工件坐标系原点。

8. 编制加工程序（表15-6）

表15-6　工件外圆轮廓粗、精加工程序

程序段号	程序内容	说　明
	%	程序开始符
	O0001;	程序号
N10	T0101;	调用93°外圆粗车刀

（续）

程序段号	程序内容	说　明
N20	G97　G99　F0.2；	设置进给为恒转速控制，进给量 0.2mm/r
N30	M03　S1000；	主轴正转，转速 1000r/min
N40	G00　X12.0　Z2.0　M8；	快速进给至加工起始点，切削液开
N50	G71　U0.5　R0.5；	外圆粗车固定循环加工，每刀切削深度 0.5mm，退刀距离
N60	G71　P70　Q140　U0.2　W0.1　F0.2；	0.5mm，循环段 N70～N140，径向余量 0.2mm，轴向余量 0.1mm，进给量 0.2mm/r
N70	G00　X0；	快速进给至 X 轴起始点
N80	G01　Z0；	直线切削至 Z 轴起始点
N90	G03　X5.0　Z-10.0　R25.0；	加工 R25mm 圆弧
N100	G01　Z-14.0；	加工 φ5mm 外圆轮廓
N110	X7.1　Z-18.4；	加工锥度
N120	X8.0　Z-32.0；	加工锥度
N130	G02　X8.0　Z-34.0　R1.1；	加工 R1.1mm 圆弧
N140	G01　Z-38.0；	加工 φ8mm 外圆轮廓
N150	G00　X100.0　Z100.0　M09；	快速退刀，切削液关
N160	M05；	主轴停止
N170	M00；	程序暂停（此时检查工件尺寸精度）
N180	S1500　M03；	主轴正转，转速 1500r/min
N190	T0202；	调用 93°外圆精车刀
N200	G00　X10.0　Z0　M8；	快速进给至加工起始点，切削液开
N210	G70　P70　Q140　F0.08；	固定循环加工，循环段 N70～N140，进给量 0.08mm/r
N220	G00　X100.0　Z100.0；	快速退刀
N230	T0303　M3　S800；	调用切断刀，主轴正转，转速 800r/min
N240	G0　X12.0　Z-38.0　M8；	快速进给至加工起始点，切削液开
N250	G1　X1.5　F0.08；	切断工件，切削速度为 0.08mm/r
N260	G0　X100.0；	X 轴快速退刀
N270	Z100.0；	Z 轴快速退刀，返回安全点
N280	M30；	程序结束，光标返回程序首部
	%	程序结束符

二、工件加工实施过程

加工工件的步骤如下：

1）开启机床，各轴回机床参考点。

2）按照表 15-4 依次安装刀具。

3）使用自定心卡盘装夹毛坯，夹持毛坯留出加工长度约 60.0mm。

4）对刀，并设置刀具补偿。

5）手动车端面，至端面平整、光滑为止。

6）输入表 15-6 工件外圆轮廓粗、精加工程序。

7）单击【程序启动】按钮，自动加工工件。

8）加工完毕后，测量工件尺寸与实际尺寸的差值，然后在【刀具磨损】中修改差值，直至工件尺寸合格为止。

9）去飞边。

10）加工完毕，卸下工件，清理机床。

三、总结与评价

根据表 15-7 要求对已加工的工件进行正确的自我评价，并找出在学习过程中遇到的问题，然后认真总结。

表 15-7　自我鉴定

鉴定项目及标准	配　分	检测方式	自　检	得　分	备　注
用试切法对刀	5	不合格不得分			
($\phi8\pm0.02$)mm	20	每超差 0.01mm 扣 2 分			
($\phi5\pm0.02$)mm	20	每超差 0.01mm 扣 2 分			
$R1.1$mm	10	每超差 0.01mm 扣 2 分			
$R25$mm	10	不合格不得分			
$C0.5$	5	不合格不得分			
(35 ± 0.03)mm	10	每超差 0.01mm 扣 2 分			
$Ra1.6\mu m$（2 处）	10	每降一级扣 2 分			
安全操作、清理机床	10	违规一次扣 2 分			
总 结					

四、尺寸检测

1）用千分尺检测工件的外圆尺寸是否达到要求。
2）用游标卡尺检测工件的长度尺寸是否达到要求。
3）用半径样板检测工件的圆弧尺寸是否达到要求。

五、注意事项

1）机床工作前要有预热，认真检查润滑系统工作是否正常。
2）禁止用手接触刀尖和切屑，必须要用铁钩子或毛刷来清理切屑，禁止戴手套操作机床。
3）在加工过程中，不允许打开机床防护门。
4）装夹刀具时，车刀刀尖必须与主轴轴线等高。
5）若出现尺寸误差可以通过调整刀具的补偿来解决。
6）加工过程中，尽量采用试切、测量、补偿、试测方法控制尺寸精度。
7）程序中设置的换刀点，不一定是最佳位置，应根据所用刀具及机床情况，重新设置。
8）精加工时采用高主轴转速、小进给量、小的切削深度的方法来选择切削用量，采用小的刀尖圆弧半径可加工出较高的工件表面质量；采用恒线速切削来保证球体和锥体外表面质量要求。
9）所使用的精车刀有刀尖圆弧半径，精加工时，必须进行刀具半径补偿，否则加工的圆弧存在加工误差。
10）粗加工时在机床允许范围内应尽量选择大的切削深度和进给量，切削速度则相应选小些。
11）工件加工完毕，清除切屑，擦拭机床，使机床与环境保持清洁状态。

项目十六

工艺品（葫芦）的加工

【项目综述】

本项目结合工艺品类零件加工案例，综合训练学生实施加工工艺设计、程序编制、机床加工、零件精度检测、产品提交等零件加工完整工作过程的工作方法。实施本项目训练学生的专业技能和应掌握的关联知识见表 16-1。

表 16-1　专业技能和关联知识

专 业 技 能	关 联 知 识
1. 零件工艺结构分析 2. 零件加工工艺方案设计 3. 机床、毛坯、夹具、刀具、切削用量的合理选用 4. 工序卡的填写与加工程序的编写 5. 熟练操作机床对零件进行加工 6. 零件精度检测及加工结果判断	1. 零件的数控车削加工工艺设计 2. 固定循环加工指令（G73）的应用

仔细分析图 16-1 所示图样，根据给定的工具和毛坯，编写出合理的加工程序，并加工出符合要求的零件。

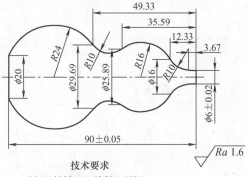

技术要求

1. 毛坯及材料：ϕ50棒料，硬铝。
2. 未注倒角C1，锐角倒钝。
3. 未注公差按GB/T 1804—m确定。
4. 不得使用锉刀、砂布等修饰工件表面。

图 16-1　零件的实训图例 SC016

一、零件的加工工艺设计与程序编制

1. 分析零件结构

零件外轮廓主要由（$\phi 6 \pm 0.02$）mm 的圆柱面，$R10$mm、$R16$mm、$R24$mm 圆弧面和 $\phi 20$mm 的端面及倒角等表面组成。整张零件图尺寸标注完整，符合数控加工尺寸标注要求，零件轮廓描述清楚完整，表面粗糙度要求为 $Ra1.6\mu$m，无热处理和硬度要求。

2. 选择毛坯和机床

根据图样要求，工件毛坯尺寸为 $\phi 50$mm 棒料，材质为硬铝，选择卧式数控车床。

3. 选择工具、量具和刀具

（1）选择工具　装夹工件所需要的工具清单见表16-2。

表 16-2　工具清单

序号	名称	规格	单位	数量
1	自定心卡盘	$\phi 250$mm	个	1
2	卡盘扳手	—	副	1
3	刀架扳手	—	副	1
4	垫刀片	—	块	若干

（2）选择量具　检测所需要的量具清单见表16-3。

表 16-3　量具清单

序号	名称	规格	分度值	单位	数量
1	游标卡尺	0~150mm	0.01mm	把	1
2	千分尺	0~25mm 25~50mm	0.01mm	把	各1
3	钢直尺	0~150mm	0.02mm	把	1
4	半径样板	$R7 \sim R14.5$mm $R15 \sim R25$mm	—	套	各1
5	表面粗糙度比较样块	—	—	套	1

（3）选择刀具　刀具清单见表16-4。

表 16-4　刀具清单

序号	刀具号	刀具名称	刀具规格/mm×mm	数量	加工表面	刀尖圆弧半径/mm
1	T01	20°外圆粗车刀	20×20	1 把	粗车外轮廓	0.4
2	T02	20°外圆精车刀	20×20	1 把	精车外轮廓	0.2
3	T03	3mm 切断刀	20×20	1 把	切断	—

4. 确定零件装夹方式

加工工件时采用自定心卡盘装夹。卡盘夹持毛坯留出加工长度约95.0mm。

5. 确定加工工艺路线

分析零件图可知，可通过一次装夹完成所有工序。因此，零件加工步骤如下：手动加工工件右端端面→粗加工外圆轮廓，留0.15mm精加工余量→精加工外圆轮廓至图样尺寸要求→倒角切断。加工工艺路线如图16-2所示。

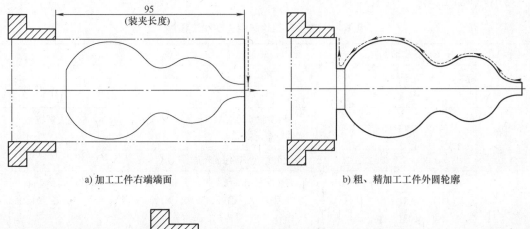

a) 加工工件右端端面　　　　　　　b) 粗、精加工工件外圆轮廓

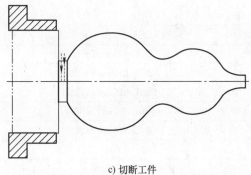

c) 切断工件

图16-2　加工工艺路线

6. 填写加工工序卡（表16-5）

表16-5　加工工序卡

零件图号	SC016	操作人员		实习日期	
使用设备	卧式数控车床	型号	CAK6140	实习地点	数控车车间
数控系统	GSK 980TA	刀架	4刀位、自动换刀	夹具名称	自定心卡盘
工步号	工步内容	刀具号	程序号	主轴转速 $n/(\text{r/min})$	进给量 $f/(\text{mm/r})$	切削深度 a_p/mm	备注
1	加工工件右端端面（至端面平整、光滑）	T01	—	1200	0.05	0.3	手动
2	粗加工外圆轮廓，留0.2mm精加工余量	T01	O0001	800	0.2	0.5	自动
3	精加工外圆轮廓至图样尺寸	T02	O0001	1200	0.08	0.075	自动
4	切断工件	T03	O0001	800	0.08		自动
审核人		批准人		日　期	

7. 建立工件坐标系

加工工件以零件端面中心为工件坐标系原点。

8. 编制加工程序（表16-6）

表16-6　工件外圆轮廓粗、精加工程序

程序段号	程序内容	说　明
	%	程序开始符
	O00001	程序号
N10	T0101　M03　S800　G99	调用20°外圆粗车刀，主轴正转，转速800r/min，设置进给为每转进给量（mm/r）
N20	G00　X52.0　Z2.0	快速进给至程序循环点
N30	G73　U23.0　W1.0　R46.0	封闭切削粗加工循环，X轴切削量46mm，Z轴退刀量1mm。循环加工46次，循环段N50～N120，径向余量0.15mm，轴向余量0.1mm，进给量为0.2mm/r
N40	G73　P50　Q120　U0.15　W0.1　F0.2	
N50	G0　X6.0	快速进给至X轴起始点
N60	G1　Z－3.67	加工 φ6mm 外圆轮廓
N70	G02　X16.0　Z－12.33　R10.0	加工 R10mm 凹圆弧
N80	G03　X25.89　Z－35.59　R16.0	加工 R16mm 凸圆弧
N90	G02　X29.69　Z－49.33　R10.0	加工 R10mm 凹圆弧
N100	G03　X20.0　Z－90.0　R24.0	加工 R24mm 凸圆弧
N110	G01　Z－94.0	加工 φ20mm 外圆轮廓
N120	X50.0	加工左端端面
N130	G00　X100.0　Z100.0	快速退刀
N140	M05	主轴停止
N150	M00	程序暂停
N160	T0202　M03　S1200	调用20°外圆精车刀，主轴正转，转速1200r/min
N170	G00　X52.0　Z2.0	快速进给至程序循环点
N180	G70　P50　Q120　F0.08;	外圆精车固定循环加工，循环段N50～N120，进给量0.08mm/r
N190	G00　X100.0　Z100.0;	快速退刀
N200	M05	主轴停止
N210	M00	程序暂停
N220	T0303　M03　S800	调用3mm外圆切槽刀，主轴正转，转速800r/min
N230	G0　X52.0　Z－93.0	快速进给至加工起始点
N240	X21.0	快速进给至程序循环点
N250	G75　R0.5	径向切槽固定循环，退刀量0.5mm，X轴终点坐标1.0mm，X轴每次切削深度0.5mm，进给量0.08mm/r
N260	G75　X1.0　P5000　F0.08	
N270	G00　X100.0	快速退刀
N280	Z100.0	
N290	M30	程序结束
	%	程序结束符

二、工件加工实施过程

加工工件的步骤如下：

1）开启机床，各轴回机床参考点。

2）按照表16-4依次安装刀具。

3）使用自定心卡盘装夹毛坯，夹持毛坯留出加工长度约95.0mm。

4）对刀，并设置刀具补偿。

5）起动主轴，换取T01外圆粗车刀具，加工工件右端端面，至端面平整、光滑为止。

6）输入表16-6工件外圆轮廓粗、精加工程序。

7）单击【程序启动】按钮，自动加工工件。加工完毕后，测量工件尺寸与实际尺寸的差值，若不合格可通过修改【刀具磨损】中差值，直至工件尺寸合格为止。

8）加工完毕，卸下工件，清理机床。

三、总结与评价

根据表16-7要求对已加工的工件进行正确的评价，并找出在学习过程中遇到的问题，然后认真总结。

表16-7 自我鉴定

鉴定项目及标准	配 分	检测方式	自 检	得 分	备 注
用试切法对刀	5	不合格不得分			
($\phi6 \pm 0.02$)mm	15	每超差0.01mm扣2分			
$R10$mm（2处）	15	每超差0.01mm扣2分			
$R16$mm	15	每超差0.01mm扣2分			
$R24$mm	15	每超差0.01mm扣2分			
(90 ± 0.05)mm	10	每超差0.01mm扣2分			
$Ra1.6\mu$m（10处）	15	每降一级扣2分			
安全操作、清理机床	10	违规一次扣2分			
总　　结					

四、尺寸检测

1）用千分尺检测工件的外圆尺寸是否达到要求。

2）用游标卡尺检测工件的长度尺寸是否达到要求。

3）用半径样板检测工件的圆弧尺寸是否达到要求。

五、注意事项

1）机床工作前要有预热，认真检查润滑系统工作是否正常。

2）禁止用手接触刀尖和切屑，必须要用铁钩子或毛刷来清理切屑，禁止戴手套操作机床。

3）在加工过程中，不允许打开机床防护门。

4）装夹刀具时，车刀刀尖必须与主轴轴线等高。

5）若出现尺寸误差可以通过调整刀具的补偿来解决。

6）加工过程中，尽量采用试切、测量、补偿、试测方法控制尺寸精度。

7）程序中设置的换刀点，不一定是最佳位置，应根据所用刀具及机床情况，重新设置。

8）精加工时采用高主轴转速、小进给量、小的切削深度的方法来选择切削用量，采用小的刀尖圆弧半径可加工出较高的工件表面质量；采用恒线速切削来保证球体和锥体外表面质量要求。

9）所使用的精车刀有刀尖圆弧半径，精加工时，必须进行刀具半径补偿，否则加工的圆弧存在加工误差。

10）粗加工时在机床允许范围内应尽量选择大的切削深度和进给量，切削速度则相应选小些。

11）工件加工完毕，清除切屑，擦拭机床，使机床与环境保持清洁状态。

项目十七

工艺品（灯泡）的加工

【项目综述】

本项目结合工艺品类零件加工案例，综合训练学生实施加工工艺设计、程序编制、机床加工、零件精度检测、产品提交等零件加工完整工作过程的工作方法。实施本项目训练学生的专业技能和应掌握的关联知识见表17-1。

表 17-1　专业技能和关联知识

专 业 技 能	关 联 知 识
1. 零件工艺结构分析 2. 零件加工工艺方案设计 3. 机床、毛坯、夹具、刀具、切削用量的合理选用 4. 工序卡的填写与加工程序的编写 5. 熟练操作机床对零件进行加工 6. 零件精度检测及加工结果判断	1. 零件的数控车削加工工艺设计 2. 固定循环加工指令（G73）的应用

仔细分析图 17-1 所示图样，根据给定的工具和毛坯，编写出合理的加工程序，并加工出符合要求的零件。

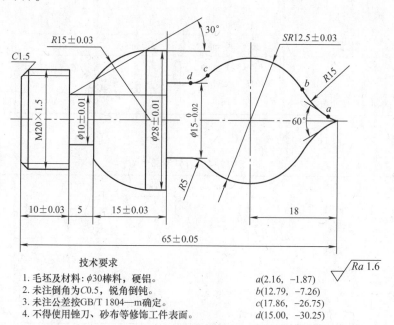

技术要求

1. 毛坯及材料：ϕ30棒料，硬铝。
2. 未注倒角为C0.5，锐角倒钝。
3. 未注公差按GB/T 1804—m确定。
4. 不得使用锉刀、砂布等修饰工件表面。

a(2.16, −1.87)
b(12.79, −7.26)
c(17.86, −26.75)
d(15.00, −30.25)

图 17-1　零件的实训图例 SC017

一、零件的加工工艺设计与程序编制

1. 分析零件结构

零件外轮廓主要由（$\phi28 \pm 0.01$）mm、（$\phi10 \pm 0.01$）mm、$\phi15_{-0.02}^{0}$mm 的圆柱面，$R5$mm、$R15$mm、（$SR12.5 \pm 0.03$）mm 外圆弧面和 M20×1.5 的外螺纹及倒角等表面组成。整张零件图尺寸标注完整，符合数控加工尺寸标注要求，零件轮廓描述清楚完整，表面粗糙度要求为 $Ra1.6\mu$m，无热处理和硬度要求。

2. 选择毛坯和机床

根据图样要求，工件毛坯尺寸为 $\phi30$mm 棒料，材质为硬铝，选择卧式数控车床。

3. 选择工具、量具和刀具

（1）选择工具　装夹工件所需要的工具清单见表 17-2。

表 17-2　工具清单

序号	名称	规格	单位	数量
1	自定心卡盘	$\phi250$mm	个	1
2	卡盘扳手	—	副	1
3	刀架扳手	—	副	1
4	垫刀片	—	块	若干

（2）选择量具　检测所需要的量具清单见表 17-3。

表 17-3　量具清单

序号	名称	规格	分度值	单位	数量
1	游标卡尺	0～150mm	0.01mm	把	1
2	千分尺	0～25mm 25～50mm	0.01mm	把	各1
3	钢直尺	0～150mm	0.02mm	把	1
4	半径样板	$R7$～$R14.5$mm $R15$～$R25$mm	—	套	各1
5	表面粗糙度比较样块	—	—	套	1

（3）选择刀具　刀具清单见表 17-4。

表 17-4　刀具清单

序号	刀具号	刀具名称	刀具规格/mm×mm	数量	加工表面	刀尖圆弧半径/mm
1	T01	外圆粗车刀 （35°菱形刀粒）	20×20	1把	粗车外轮廓	0.4
2	T02	外圆精车刀 （35°菱形刀粒）	20×20	1把	精车外轮廓	0.2
3	T03	3mm 切槽刀	20×20	1把	切槽	0.2
4	T04	外螺纹车刀	20×20	1把	车螺纹	0.2

4. 确定零件装夹方式

加工工件时采用自定心卡盘装夹。卡盘夹持毛坯留出加工长度约75.0mm。

5. 确定加工工艺路线

分析零件图可知，可通过一次装夹完成所有工序。因此，零件加工步骤如下：手动加工工件右端端面→粗加工外圆轮廓，留0.15mm精加工余量→精加工外圆轮廓至图样尺寸要求→切槽→粗、精加工螺纹→倒角、切断。加工工艺路线如图17-2所示。

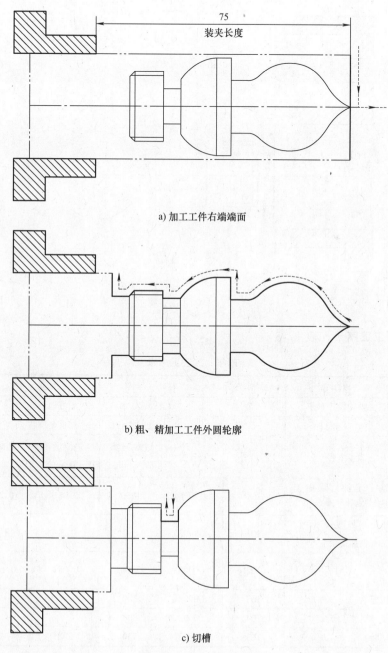

a) 加工工件右端端面

b) 粗、精加工工件外圆轮廓

c) 切槽

图17-2　加工工艺路线

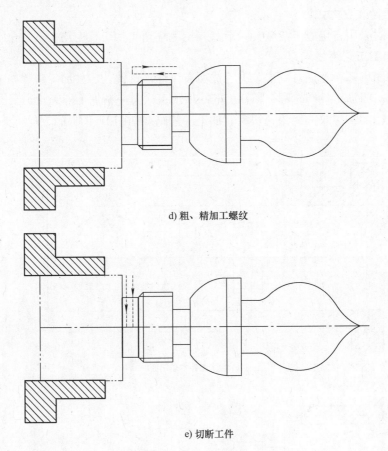

d) 粗、精加工螺纹

e) 切断工件

图 17-2　加工工艺路线（续）

6. 填写加工工序卡（表 17-5）

表 17-5　加工工序卡

零件图号	SC017	操作人员		实习日期	
使用设备	卧式数控车床	型号	CAK6140	实习地点	数控车车间
数控系统	GSK 980TA	刀架	4 刀位、自动换刀	夹具名称	自定心卡盘

工步号	工步内容	刀具号	程序号	主轴转速 $n/(\text{r/min})$	进给量 $f/(\text{mm/r})$	切削深度 a_p/mm	备注
1	加工工件右端端面（至端面平整、光滑）	T01	—	1200	0.05	0.3	手动
2	粗加工外圆轮廓，留 0.2mm 精加工余量	T01	00002	800	0.2	1	自动
3	精加工外圆廓至图样尺寸	T02	00002	1200	0.08	0.15	自动
4	切槽	T03	00002	800	0.08	—	手动
5	粗、精加工螺纹	T04	00002	800		0.5~0.05	手动
6	切断工件	T03	00002	800	0.08	—	手动
审核人		批准人		日　期	

7. 建立工件坐标系

加工工件以零件端面中心为工件坐标系原点。

8. 编制加工程序（表17-6～表17-8）

表17-6　工件外圆轮廓粗、精加工程序

程序段号	程序内容	说　明
	%	程序开始符
	O0001；	程序号
N10	T0101；	调用外圆粗车刀
N20	G97　G99　F0.2；	设置进给为恒转速控制，进给量0.2mm/r
N30	M03　S1000；	主轴正转，转速1000r/min
N40	G00　X32.0　Z2.0；	快速进给至加工起始点
N50	G73　U15.0　R30.0；	封闭切削粗加工循环，X轴切削量30mm，循环加工30次，循环
N60	G73　P70　Q210　U0.15　W0.1；	段N70～N210，径向余量0.15mm，轴向余量0.1mm
N70	G00　X0；	快速进给至锥度X轴起始点
N80	G01　Z0；	直线切削至锥度Z轴起始点
N90	X2.16　Z-1.87；	加工外锥度
N100	G02　X12.79　Z-7.26　R15.0；	加工R15mm外圆弧
N110	G03　X17.86　Z-26.75　R12.5；	加工R12.5mm外圆弧
N120	G02　X15.0　Z-30.25　R5.0；	加工R5mm外圆弧
N130	G01　Z-35.0；	加工φ15mm外圆
N140	X28.0；	加工φ28mm右端面
N150	Z-39.41；	加工φ28mm外圆
N160	G03　X15.77　Z-50.0　R15.0；	加工R15mm外圆弧
N170	G01　Z-55.0；	加工过渡外圆
N180	X19.8；	加工φ19.8mm的右端面
N190	Z-63.5；	加工φ19.8mm外圆
N200	X17.0　Z-65.0；	加工C1.5倒角
N210	Z-70.0；	加工φ17mm外圆
N220	G00　X100.0　Z100.0；	快速退刀
N230	M05；	主轴停止
N240	M00；	程序暂停
N250	S1200　M03；	主轴正转，转速1200r/min
N260	T0202；	调用外圆精车刀
N270	G00　X32.0　Z2；	快速进给至加工起始点
N280	G70　P70　Q210　F0.08；	外圆精车固定循环加工，循环段N70～N210，进给量0.08mm/r
N290	G00　X100.0　Z100.0；	快速退刀
N300	M30；	程序结束
	%	程序结束符

表 17-7　工件外槽加工程序

程序段号	程序内容	说　明
	%	程序开始符
	O0002;	程序号
N10	T0303;	调用3mm外圆切槽刀
N20	G97　G99　F0.08;	设置进给为恒转速控制，进给量0.08mm/r
N30	M03　S800;	主轴正转，转速800r/min
N40	G00　X32.0　Z-53.0;	快速进给至加工起始点
N50	X16.0;	快速接近至X轴加工起始点
N60	G75　R0.5;	径向切槽固定循环加工，退刀量0.5mm，X轴终点坐标10.0，Z
N70	G75　X10.0　Z-55.0　P5000　Q20000　F0.08;	轴终点坐标-55.0，X轴每次切削深度0.5mm，Z方向每次移动量2mm，进给量0.08mm/r
N80	G00　X100.0;	X轴快速退刀
N90	Z100.0;	Z轴快速退刀至安全点
N100	M30;	程序结束
	%	程序结束符

表 17-8　工件外螺纹加工程序

程序段号	程序内容	说　明
	%	程序开始符
	O0003;	程序号
N10	T0404;	调用外三角螺纹车刀
N20	G97　G99　F0.1;	设置进给为恒转速控制，进给量0.1mm/r
N30	M03　S800;	主轴正转，转速800r/min
N40	G00　X32.0　Z-53.0;	快速进给至加工起始点
N50	X22.0;	快速接近至X轴加工起始点
N60	G92　X19.3　Z-66.0　F1.5;	螺纹切削循环加工，X轴第一刀车至19.3mm，Z轴终点坐标
N70		-66.0mm，螺距1.5mm
N80	X18.9;	X轴第二刀车至18.9mm
	X18.6;	X轴第三刀车至18.6mm
N90	X18.4;	X轴第四刀车至18.4mm
N100	X18.2;	X轴第五刀车至18.2mm
N110	X18.1;	X轴第六刀车至18.1mm
N120	X18.05;	X轴第七刀车至18.05mm
N130	X18.05;	消除空走刀，保证螺纹表面质量
N140	G0　X100.0;	X轴快速退刀
N150	Z100.0;	Z轴快速退刀至安全点
N160	T0303　M03　S800;	调用3mm切槽刀，主轴正转，转速800r/min
N170	G0　X32.0　Z-68.0;	快速进给至加工起始点
N180	X20.0;	快速接近至X轴加工起始点
N190	G75　R0.5;	径向切槽固定循环加工，退刀量0.5mm，X轴终点坐标1mm，X
N200	G75　X1.0　P5000　F0.08;	轴每次切削深度0.5mm，进给量0.08mm/r
N210	G0　X100.0;	X轴快速退刀
N220	Z100.0	Z轴快速退刀至安全点
N230	M30;	程序结束
	%	程序结束符

二、工件加工实施过程

加工工件的步骤如下：

1）开启机床，各轴回机床参考点。

2）按照表17-4依次安装刀具。

3）使用自定心卡盘装夹毛坯，夹持毛坯留出加工长度约75.0mm。

4）对刀，并设置刀具补偿。

5）起动主轴，换取T01外圆精车刀具，加工工件右端端面，至端面平整、光滑为止。

6）输入表17-6工件外圆轮廓粗、精加工程序。

7）单击【程序启动】按钮，自动加工工件。加工完毕后，测量工件尺寸与实际尺寸的差值，若不合格可通过修改【刀具磨损】中差值，直至工件尺寸合格为止。

8）输入表17-7工件外槽加工程序。

9）单击【程序启动】按钮，自动加工工件。加工完毕后，测量工件尺寸与实际尺寸的差值，若不合格可通过修改【刀具磨损】中差值，直至工件尺寸合格为止。

10）输入表17-8工件外螺纹加工程序。

11）单击【程序启动】按钮，自动加工工件。加工完毕后，测量工件尺寸与实际尺寸的差值，若不合格可通过修改【刀具磨损】中差值，直至工件尺寸合格为止。

12）加工完毕，卸下工件，清理机床。

三、总结与评价

请根据表17-9要求对已加工的工件进行正确的自我评价，并找出在学习过程中遇到的问题，然后认真总结。

表17-9 自我鉴定

鉴定项目及标准	配 分	检测方式	自 检	得 分	备 注
用试切法对刀	5	不合格不得分			
$\phi 15 _{-0.02}^{0}$ mm	10	每超差0.01mm扣2分			
($\phi 10 \pm 0.01$) mm	10	每超差0.01mm扣2分			
($\phi 28 \pm 0.01$) mm	10	每超差0.01mm扣2分			
($SR12.5 \pm 0.03$) mm	10	每超差0.01mm扣2分			
($R15 \pm 0.03$) mm	10	每超差0.01mm扣2分			
(10 ± 0.03) mm	5	每超差0.01mm扣2分			
(15 ± 0.03) mm	5	每超差0.01mm扣2分			
(65 ± 0.05) mm	10	每超差0.01mm扣2分			
$Ra1.6\mu m$（10处）	15	每降一级扣2分			
安全操作、清理机床	10	违规一次扣2分			
总 结					

四、尺寸检测

1）用千分尺检测工件的外圆尺寸是否达到要求。

2）用游标卡尺检测工件的长度尺寸是否达到要求。

3）用游标卡尺检测工件的外槽尺寸是否达到要求。

4）用螺纹环规检测工件的外螺纹尺寸是否达到要求。

5）用半径样板检测工件的圆弧尺寸是否达到要求。

五、注意事项

1）机床工作前要有预热，认真检查润滑系统工作是否正常。

2）禁止用手接触刀尖和切屑，必须要用铁钩子或毛刷来清理切屑，禁止戴手套操作机床。

3）在加工过程中，不允许打开机床防护门。

4）装夹刀具时，车刀刀尖必须与主轴轴线等高。

5）若出现尺寸误差可以通过调整刀具的补偿来解决。

6）调头时，所有刀具必须重新对刀。

7）加工过程中，尽量采用试切、测量、补偿、试测方法控制尺寸精度。

8）加工槽时，注意工件是否发生滑动。

9）粗、精车螺纹必须是同样的主轴转速，如果改变螺纹转速会导致工件乱牙；螺纹加工的循环点不能随便改动，如果改变循环点会导致工件乱牙。

10）螺纹精度控制：加工螺纹时，螺纹循环运行后，停车测量；然后根据测量结果调整刀具磨损量，重新运行螺纹循环指令，直至符合尺寸要求。

11）程序中设置的换刀点，不一定是最佳位置，应根据所用刀具及机床情况，重新设置。

12）精加工时采用高主轴转速、小进给量、小的切削深度的方法来选择切削用量，采用小的刀尖圆弧半径可加工出较高的工件表面质量；采用恒线速切削来保证球体和锥体外表面质量要求。

13）所使用的精车刀有刀尖圆弧半径，精加工时，必须进行刀具半径补偿，否则加工的圆弧存在加工误差。

14）粗加工时在机床允许范围内应尽量选择大的切削深度和进给量，切削速度则相应选小些。

15）工件加工完毕，清除切屑，擦拭机床，使机床与环境保持清洁状态。

项目十八

工艺品（国际象棋——大兵）的加工

【项目综述】

本项目结合工艺品类零件加工案例，综合训练学生实施加工工艺设计、程序编制、机床加工、零件精度检测、产品提交等零件加工完整工作过程的工作方法。实施本项目训练学生的专业技能和应掌握的关联知识见表 18-1。

表 18-1　专业技能和关联知识

专 业 技 能	关 联 知 识
1. 零件工艺结构分析	1. 零件的数控车削加工工艺设计
2. 零件加工工艺方案设计	2. 固定循环加工指令（G73）的应用
3. 机床、毛坯、夹具、刀具、切削用量的合理选用	
4. 工序卡的填写与加工程序的编写	
5. 熟练操作机床对零件进行加工	
6. 零件精度检测及加工结果判断	

仔细分析图 18-1 所示图样，根据给定的工具和毛坯，编写出合理的加工程序，并加工出符合要求的零件。

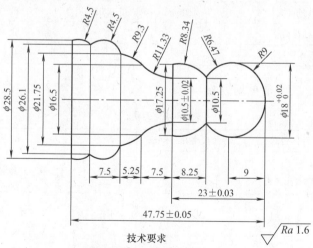

技术要求
1. 毛坯及材料：φ30棒料，硬铝。
2. 未注倒角C0.5，锐角倒钝。
3. 未注公差按GB/T 1804—m确定。
4. 不得使用锉刀、砂布等修饰工件表面。

图 18-1　零件的实训图例 SC018

一、零件的加工工艺设计与程序编制

1. 分析零件结构

零件外轮廓主要由 $R4.5$mm、$R9.3$mm、$R11.33$mm、$R8.34$mm、$R6.47$mm、$R9$mm 外圆弧面和倒角等表面组成。整张零件图尺寸标注完整，符合数控加工尺寸标注要求，零件轮廓描述清楚完整，表面粗糙度要求为 $Ra1.6\mu$m，无热处理和硬度要求。

2. 选择毛坯和机床

根据图样要求，工件毛坯尺寸为 $\phi30$mm 棒料，材质为硬铝，选择卧式数控车床。

3. 选择工具、量具和刀具

（1）选择工具　装夹工件所需要的工具清单见表 18-2。

表 18-2　工具清单

序号	名称	规格	单位	数量
1	自定心卡盘	$\phi250$mm	个	1
2	卡盘扳手	—	副	1
3	刀架扳手	—	副	1
4	垫刀片	—	块	若干

（2）选择量具　检测所需要的量具清单见表 18-3。

表 18-3　量具清单

序号	名称	规格	分度值	单位	数量
1	游标卡尺	0～150mm	0.01mm	把	1
2	千分尺	0～25mm 25～50mm	0.01mm	把	各1
3	钢直尺	0～150mm	0.02mm	把	1
4	半径样板	—	—	套	1
5	表面粗糙度比较样块	—	—	套	1

（3）选择刀具　刀具清单见表 18-4。

表 18-4　刀具清单

序号	刀具号	刀具名称	刀具规格/mm×mm	数量	加工表面	刀尖圆弧半径/mm
1	T01	外圆精车（右偏）刀 （35°菱形刀粒）	20×20	1把	精车外轮廓	0.2
2	T02	外圆精车（中偏）刀 （35°菱形刀粒）	20×20	1把	精车外轮廓	0.2
3	T03	外圆精车（左偏）刀 （35°菱形刀粒）	20×20	1把	精车外轮廓	0.2
4	T04	3mm 切槽刀	20×20	1把	切断	0.2

4. 确定零件装夹方式

工件加工时采用自定心卡盘装夹。卡盘夹持毛坯留出加工长度约53.0mm。

5. 确定加工工艺路线

分析零件图可知，零件可通过一次装夹完成所有工序。因此，零件加工步骤如下：手动加工工件右端端面→采用右偏刀粗、精加工工件外轮廓至图样尺寸要求→采用中偏刀粗、精加工外轮廓至图样尺寸要求→采用左偏刀粗、精加工外轮廓至图样尺寸要求→倒角、切断。加工工艺路线如图18-2所示。

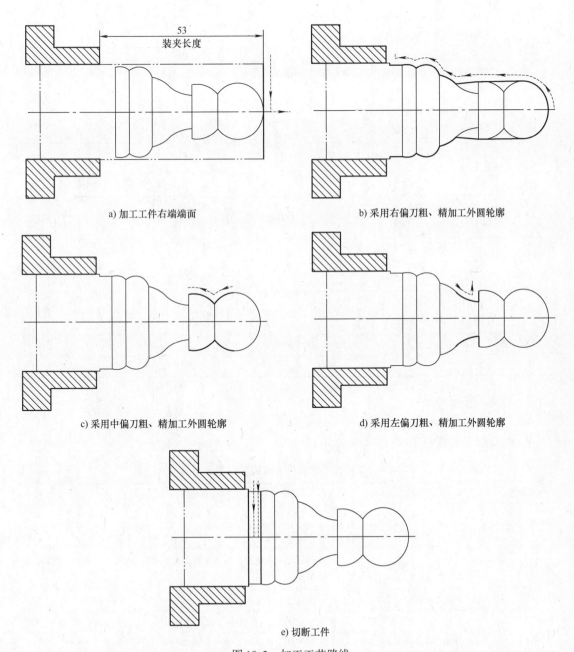

a) 加工工件右端端面　　　　　b) 采用右偏刀粗、精加工外圆轮廓

c) 采用中偏刀粗、精加工外圆轮廓　　　　　d) 采用左偏刀粗、精加工外圆轮廓

e) 切断工件

图18-2　加工工艺路线

6. 填写加工工序卡（表18-5）

表18-5　加工工序卡

零件图号	SC018	操作人员		实习日期	
使用设备	卧式数控车床	型号	CAK6140	实习地点	数控车车间
数控系统	GSK 980TA	刀架	4刀位、自动换刀	夹具名称	自定心卡盘

工步号	工步内容	刀具号	程序号	主轴转速 $n/(r/min)$	进给量 $f/(mm/r)$	切削深度 a_p/mm	备注
1	加工工件右端端面（至端面平整、光滑）	T01		1200	0.05	0.3	手动
2	采用右偏刀粗加工外圆轮廓，留0.2mm精加工余量	T01	O0001	800	0.2	0.5	自动
3	采用右偏刀精加工外圆轮廓至图样尺寸要求	T01	O0001	1200	0.08	0.1	自动
4	采用中偏刀粗加工外圆轮廓，留0.2mm精加工余量	T02	O0002	800	0.2	0.5	自动
5	采用中偏刀精加工外圆轮廓至图样尺寸要求	T02	O0002	1200	0.08	0.1	自动
6	采用左偏刀粗加工外圆轮廓，留0.2mm精加工余量	T03	O0003	800	0.2	0.5	自动
7	采用左偏刀精加工外圆轮廓至图样尺寸要求	T03	O0003	1200	0.08	0.1	自动
8	切断工件	T04	O0003	800	0.08	—	自动
审核人		批准人		日　期	

7. 建立工件坐标系

加工工件以零件端面中心为工件坐标系原点。

8. 编制加工程序（表18-6~表18-8）

表18-6　工件外圆轮廓粗、精加工程序（右偏刀）

程序段号	程序内容	说　明
	%	程序开始符
	O0001	程序号
N10	T0101　M03　S800　G99	调用外圆右偏刀，主轴正转，转速800r/min，设置进给为每转进给模式
N20	G0　X31.0　Z2.0	快速进给至程序循环点
N30	G73　U15.5　R31.0	封闭切削粗加工循环，X轴切削量为31mm，循环加工31次，循环段为N50~N130，径向余量0.2mm，进给量为0.2mm/r
N40	G73　P50　Q130　U0.2　F0.2	

（续）

程序段号	程序内容	说　　明
N50	G0　X0	快速进给至 X 轴起始点
N60	G1　Z0	直线切削至 Z 轴起始点
N70	G03　X18.0　Z-9.0　R9.0	加工 R9mm 外圆弧
N80	G01　Z-23.0	加工外轮廓毛坯
N90	X16.5　Z-30.5	
N100	G03　X21.75　Z-35.75　R9.3	加工 R9.3mm 外圆弧
N110	X26.1　Z-43.25　R4.5	加工 R4.5mm 外圆弧
N120	X28.5　Z-47.75　R4.5	加工 R4.5mm 外圆弧
N130	G01　Z-52.0	加工 φ28.5mm 外圆
N140	G0　X100　Z100	快速退刀
N150	M5	主轴停止
N160	M0	程序暂停
N170	T0101　M03　S1200	调用外圆右偏刀，主轴正转，转速1200r/min
N180	G0　X31.0　Z2.0	快速进给至程序循环点
N190	G70　P50　Q130　F0.08	外圆精车固定循环，循环程序段 N50～N130，进给量为 0.08mm/r
N200	G0　X100.0　Z100.0	快速退刀
N210	M30	程序结束
	%	程序结束符

表18-7　工件外圆轮廓粗、精加工程序（中偏刀）

程序段号	程序内容	说　　明
	%	程序开始符
	O0002	程序号
N10	T0202　M03　S800　G99	调用外圆中偏车刀，主轴正转，转速800r/min，设置进给为每转进给模式
N20	G00　X18.5　Z-9.0	快速进给至程序循环点
N30	G73　U4.0　R8.0	封闭切削粗加工循环，X 轴切削量为4mm，循环加工8次，循环
N40	G73　P50　Q70　U0.2　F0.2	段为 N50～N70，径向余量 0.2mm，进给量为 0.2mm/r
N50	G01　X18.0	直线切削至 X 轴起始点
N60	G03　X10.5　Z-14.75　R6.47	加工 R6.47mm 外圆弧
N70	G03　X17.25　Z-23.0　R8.34	加工 R8.34mm 外圆弧
N80	G00　X100.0　Z100.0	快速退刀
N90	M05	主轴停止
N100	M00	程序暂停
N110	T0202　M03　S1200	调用外圆中偏刀，主轴正转，转速1200r/min
N120	G0　X18.5　Z-9.0	快速进给至程序循环点
N130	G70　P50　Q70　F0.08	外圆精车固定循环，循环程序段 N50～N70，进给量为 0.08mm/r
N140	G0　X100.0　Z100.0	快速退刀
N150	M30	程序结束
	%	程序结束符

表18-8 工件外圆轮廓粗、精加工程序（左偏刀）

程序段号	程序内容	说　　明
	%	程序开始符
	O0003	程序号
N10	T0303　M03　S800　G99	调用外圆左偏刀，主轴正转，转速800r/min，设置进给为每转进给模式
N20	G0　X19　Z－30.5	快速进给至程序循环点
N30	X17.0	
N40	G73　U3.25　R6.0	封闭切削粗加工循环，X轴余量为6.5mm，循环加工6次，循环段为N60～N80，径向余量0.2mm，进给量为0.2mm/r
N50	G73　P60　Q80　U0.2　F0.2	
N60	G01　X16.5	直线切削至X轴起始点
N70	G03　X10.5　Z－23.0　R11.33	加工R11.33mm外圆弧
N80	G01　X17.5	加工φ17.25mm端面
N90	G0　X100	快速退刀
N100	Z100	
N110	M5	主轴停止
N120	M0	程序暂停
N130	T0303　M3　S1200	调用外圆左偏刀，主轴正转，转速1200r/min
N140	G0　X19.0　Z－30.5	快速进给至程序循环点
N150	X17.0	
N160	G70　P60　Q80　F0.08	外圆精车固定循环，循环程序段N60～N80，进给量为0.08mm/r
N170	G0　X100	快速退刀
N180	Z100	
N190	M5	主轴停止
N200	M0	程序暂停
N210	T0404　M03　S800	调用3mm外圆切槽刀，主轴正转，转速800r/min
N220	G0　X32.0　Z－50.75	快速进给至程序循环点
N230	G75　R0.5	径向切槽固定循环，退刀量0.5mm，X轴终点坐标1mm，X轴每次切削深度0.5mm，进给量为0.08mm/r
N240	G75　X1.0　P5000　F0.08	
N250	G00　X100	快速退刀
N260	Z100	
N270	M30	程序结束
	%	程序结束符

二、工件加工实施过程

加工工件的步骤如下：

1）开启机床，各轴回机床参考点。

2）按照表18-4依次安装刀具。

3）使用自定心卡盘装夹毛坯，夹持毛坯留出加工长度约 53.0mm。

4）对刀，并设置刀具补偿。

5）起动主轴，换取 T01 外圆精车刀具，加工工件右端端面，至端面平整、光滑为止。

6）输入表 18-6 工件外圆轮廓粗、精加工程序（右偏刀）。

7）单击【程序启动】按钮，自动加工工件。加工完毕后，测量工件尺寸与实际尺寸的差值，若不合格可通过修改【刀具磨损】中差值，直至工件尺寸合格为止。

8）输入表 18-7 工件外圆轮廓粗、精加工程序（中偏刀）。

9）单击【程序启动】按钮，自动加工工件。加工完毕后，测量工件尺寸与实际尺寸的差值，若不合格可通过修改【刀具磨损】中差值，直至工件尺寸合格为止。

10）输入表 18-8 工件外圆轮廓粗、精加工程序（左偏刀）。

11）单击【程序启动】按钮，自动加工工件。加工完毕后，测量工件尺寸与实际尺寸的差值，若不合格可通过修改【刀具磨损】中差值，直至工件尺寸合格为止。

12）加工完毕，卸下工件，清理机床。

三、总结与评价

根据表 18-9 要求对已加工的工件进行正确的自我评价，并找出在学习过程中遇到的问题，然后认真总结。

表 18-9 自我鉴定

鉴定项目及标准	配 分	检测方式	自 检	得 分	备 注
用试切法对刀	5	不合格不得分			
$\phi 18^{+0.02}_{0}$ mm	20	每超差 0.01mm 扣 2 分			
$(\phi 10.5 \pm 0.02)$ mm	20	每超差 0.01mm 扣 2 分			
(23 ± 0.03) mm	15	每超差 0.01mm 扣 2 分			
(47.75 ± 0.05) mm	15	每超差 0.01mm 扣 2 分			
$Ra1.6\mu m$（10 处）	15	每降一级扣 2 分			
安全操作、清理机床	10	违规一次扣 2 分			
总 结					

四、尺寸检测

1）用千分尺检测工件的外圆尺寸是否达到要求。

2）用游标卡尺检测工件的长度尺寸是否达到要求。

3）用半径样板检测工件的圆弧尺寸是否达到要求。

五、注意事项

1）机床工作前要有预热，认真检查润滑系统工作是否正常。

2）禁止用手接触刀尖和切屑，必须要用铁钩子或毛刷来清理切屑，禁止戴手套操作机床。

3）在加工过程中，不允许打开机床防护门。

4）装夹刀具时，车刀刀尖必须与主轴轴线等高。

5）若出现尺寸误差可以通过调整刀具的补偿来解决。

6）调头时，所有刀具必须重新对刀。

7）加工过程中，尽量采用试切、测量、补偿、试测方法控制尺寸精度。

8）程序中设置的换刀点，不一定是最佳位置，应根据所用刀具及机床情况，重新设置。

9）精加工时采用高主轴转速、小进给量、小的切削深度的方法来选择切削用量，采用小的刀尖圆弧半径可加工出较高的工件表面质量；采用恒线速切削来保证球体和锥体外表面质量要求。

10）所使用的精车刀有刀尖圆弧半径，精加工时，必须进行刀具半径补偿，否则加工的圆弧存在加工误差。

11）粗加工时在机床允许范围内应尽量选择大的切削深度和进给量，切削速度则相应选小些。

12）工件加工完毕，清除切屑，擦拭机床，使机床与环境保持清洁状态。

项目十九

工艺品（手柄）的加工

【项目综述】

本项目结合工艺品类零件加工案例，综合训练学生实施加工工艺设计、程序编制、机床加工、零件精度检测、产品提交等零件加工完整工作过程的工作方法。实施本项目训练学生的专业技能和应掌握的关联知识见表19-1。

表 19-1　专业技能和关联知识

专 业 技 能	关 联 知 识
1. 零件工艺结构分析 2. 零件加工工艺方案设计 3. 机床、毛坯、夹具、刀具、切削用量的合理选用 4. 工序卡的填写与加工程序的编写 5. 熟练操作机床对零件进行加工 6. 零件精度检测及加工结果判断	1. 零件的数控车削加工工艺设计 2. 固定循环加工指令（G73）的应用 3. 固定循环加工指令（G92）的应用

仔细分析图 19-1 所示图样，根据给定的工具和毛坯，编写出合理的加工程序，并加工出符合要求的零件。

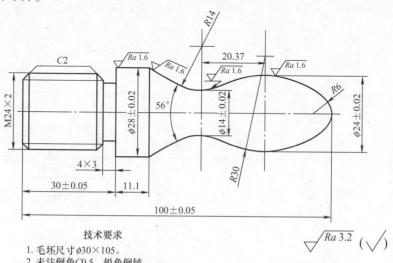

技术要求

1. 毛坯尺寸φ30×105。
2. 未注倒角C0.5，锐角倒钝。
3. 未注公差尺寸按GB/T 1804—m确定。
4. 以小批量生产条件编程。
5. 不得使用砂布及锉刀等修饰表面。

图 19-1　零件的实训图例 SC019

一、零件的加工工艺设计与程序编制

1. 分析零件结构

零件外轮廓主要由（φ28±0.02）mm、（φ24±0.02）mm、（φ14±0.02）mm的圆柱面、56°锥面，R6mm、R14mm、R30mm外圆弧面，M24×2外螺纹，4mm×3mm螺纹退刀槽和倒角等表面组成。整张零件图尺寸标注完整，符合数控加工尺寸标注要求，零件轮廓描述清楚完整，表面粗糙度要求为Ra1.6μm，无热处理和硬度要求。

2. 选择毛坯和机床

根据图样要求，工件毛坯尺寸为φ30mm棒料，材质为硬铝，选择卧式数控车床。

3. 选择工具、量具和刀具

（1）选择工具　装夹工件所需要的工具清单见表19-2。

表19-2　工具清单

序号	名称	规格	单位	数量
1	自定心卡盘	φ250mm	个	1
2	卡盘扳手	—	副	1
3	刀架扳手	—	副	1
4	垫刀片	—	块	若干

（2）选择量具　检测所需要的量具清单见表19-3。

表19-3　量具清单

序号	名称	规格	分度值	单位	数量
1	游标卡尺	0~150mm	0.01mm	把	1
2	千分尺	0~25mm 25~50mm	0.01mm	把	各1
3	钢直尺	0~150mm	0.02mm	把	1
4	半径样板	—	—	套	1
5	表面粗糙度比较样块	—	—	套	1

（3）选择刀具　刀具清单见表19-4。

表19-4　刀具清单

序号	刀具号	刀具名称	刀具规格/mm×mm	数量	加工表面	刀尖圆弧半径/mm
1	T01	外圆粗车（右偏）刀（35°菱形刀粒）	20×20	1把	精车外轮廓	0.2
2	T02	外圆精车（右偏）刀（35°菱形刀粒）	20×20	1把	精车外轮廓	0.2
3	T03	3mm切槽刀	20×20	1把	切槽	0.2
4	T04	外螺纹车刀	20×20	1把	粗精车螺纹	0.2

4. 确定零件装夹方式

1）加工工件时采用自定心卡盘装夹。卡盘夹持毛坯留出加工长度约 75.0mm。

2）工件调头时使用软爪或护套夹持工件 ϕ28mm 部分，留出加工长度约 33.0mm。

5. 确定加工工艺路线

分析零件图可知，需通过两次装夹完成所有工序。因此，零件加工步骤如下：手动加工工件右端端面→粗加工右端外圆轮廓，留 0.2mm 精加工余量→精加工外圆轮廓至图样尺寸要求→工件调头、装夹并校正→手动加工左端端面，保证工件总长至图样尺寸要求→粗加工左端外圆轮廓，留 0.2mm 精加工余量→精加工外圆轮廓至图样尺寸要求→加工螺纹退刀槽→加工螺纹至图样尺寸要求。加工工艺路线如图 19-2 所示。

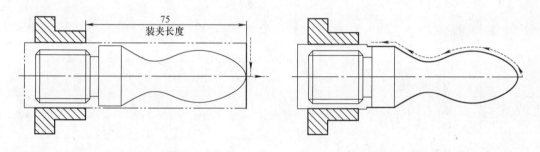

a) 加工工件右端端面   b) 粗、精加工工件右端外圆轮廓

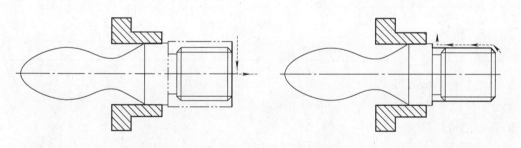

c) 调头、切断左端端面   d) 粗、精加工工件左端外圆轮廓

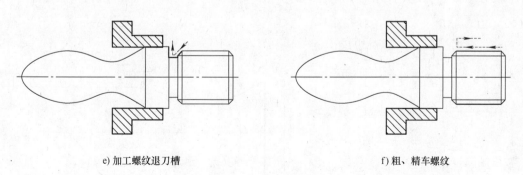

e) 加工螺纹退刀槽   f) 粗、精车螺纹

图 19-2 加工工艺路线

6. 填写加工工序卡（表19-5）

表 19-5 加工工序卡

零件图号	SC019	操作人员		实习日期	
使用设备	卧式数控车床	型号	CAK6140	实习地点	数控车车间
数控系统	GSK 980TA	刀架	4 刀位、自动换刀	夹具名称	自定心卡盘

工步号	工步内容	刀具号	程序号	主轴转速 n/(r/min)	进给量 f/(mm/r)	切削深度 a_p/mm	备注
1	加工工件右端端面（至端面平整、光滑）	T01		1200	0.05	0.3	手动
2	粗加工工件右端外圆轮廓，留0.2mm精加工余量	T01	00001	800	0.2	0.5	自动
3	精加工外圆轮廓至图样尺寸要求	T02	00001	1200	0.08	0.1	自动
4	调头，车工件左端端面（至端面平整、光滑）	T01		1200	0.05	0.3	手动
5	粗加工左端外圆轮廓，留0.2mm精加工余量	T01	00002	800	0.2	1	自动
6	精加工左端外圆轮廓至图样尺寸要求	T02	00002	1200	0.08	0.1	自动
7	加工螺纹退刀槽	T03	00003	800	0.08	3	自动
8	加工螺纹（至图样尺寸要求）	T04	00004	600	2.0	按表	自动
审核人		批准人		日　　期	

7. 建立工件坐标系

加工工件以零件端面中心为工件坐标系原点。

8. 基点坐标计算

（1）计算椭圆顶部 D 点坐标　已知椭圆短边为 $\phi24$mm，由 $R30$mm、$R6$mm 两个圆弧组成，根据已知条件则有：$AB = (AP - PQ) + BQ = (30 - 24)\text{mm} + 24/2\text{mm} = 18\text{mm}$，又因为 $R6$mm 圆弧是 $R30$mm 圆弧的内切圆，故 $AC = AD - CD = 30\text{mm} - 6\text{mm} = 24\text{mm}$。根据勾股定理则有：

$BC = \sqrt{AC^2 - AB^2} = \sqrt{24^2 - 18^2}\text{ mm} \approx$
15.87mm，根据相似三角形对边成比例

原则，则有：$\dfrac{AB}{DE} = \dfrac{AC}{CD}$，则 $2DE =$

$\dfrac{2AB \cdot CD}{AC} = \dfrac{2 \times 18 \times 6}{24}\text{mm} = 9\text{mm}$。根据勾

股定理则有：$EF = CF - CE = 6 -$

$\sqrt{CD^2 - DE^2} = 6\text{mm} - \sqrt{6^2 - 4.5^2}\text{ mm} \approx$

2.03mm，根据以上计算得出 D 点 X 轴

坐标为9mm，Z 轴坐标为2.03mm。

（2）计算椭圆柄部 J 点坐标

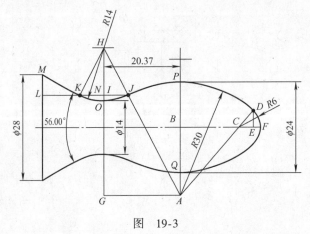

图 19-3

（注意：图 19-3 中 *HKN* 与 *HIJ* 不是相似三角形。）根据相似三角形对边成比例原则，则有：

$\dfrac{IJ}{GA}=\dfrac{HJ}{HA}$，则 $IJ=\dfrac{HJ\cdot GA}{HA}=\dfrac{14\times20.37}{44}\text{mm}\approx6.48\text{mm}$。

根据勾股定理则有：$NO=HO-HN==14\text{mm}-\sqrt{14^2-6.48^2}\text{mm}\approx1.59\text{mm}$，则 *J* 点的 X 轴坐标 $=2\times1.59\text{mm}+14\text{mm}=17.18\text{mm}$。

Z 轴坐标 $=BC+CF+(20.37-IJ)=15.87\text{mm}+6\text{mm}+(20.37-6.48)\text{mm}=35.76\text{mm}$。

（3）计算椭圆柄部 *K* 点坐标　因为斜线 *MK* 与 *R*14mm 圆弧相切，所以 $\angle MKH=90°$，$\angle MKL=\angle KHN=56°/2=28°$。

根据勾股定理则有：$\sin\angle KHN=\dfrac{KN}{KH}$，所以 $KN=14\text{mm}\times\sin28°\approx6.58\text{mm}$。

$$LK=LN-KN=16.66\text{mm}-6.58\text{mm}=10.08\text{mm}。$$

$$LM=\tan28°\times LK=0.53\times10.08\text{mm}=5.34\text{mm}。$$

则 *K* 点的 X 轴坐标 $=(14-5.34)\text{mm}\times2=17.32\text{mm}$，Z 轴坐标 $=58.9-LK=58.9\text{mm}-10.08\text{mm}=48.82\text{mm}$。

9. 编制加工程序（表 19-6 ~ 表 19-9）

表 19-6　工件右端外圆轮廓粗、精加工程序

程序段号	程序内容	说　　明
	%	程序开始符
	O0001	程序号
N10	T0101　M03　S800　G99	调用外圆右偏粗车刀，主轴正转，转速 800r/min，设置进给为每转进给模式
N20	G0　X32.0　Z2.0	快速进给至程序循环点
N30	G73　U16.0　R30.0	封闭切削粗加工循环，X 轴切削量为 32mm，循环加工 30 次，循环段为 N50 ~ N110，径向余量 0.2mm，进给量为 0.2mm/r
N40	G73　P50　Q110　U0.2　F0.2	
N50	G0　X0	快速进给至 X 轴起始点
N60	G01　Z0	直线切削至 Z 轴起始点
N70	G03　X9.0　Z−2.03　R6.0	加工 *R*6mm 外圆弧
N80	X17.18　Z−35.76　R30.0	加工 *R*30mm 外圆弧
N90	G02　X17.32　Z−48.82　R14.0	加工 *R*14mm 凹圆弧
N100	G01　X28.0　Z−58.9	加工 56° 外圆锥面
N110	Z−73.0	加工 φ28mm 外圆
N120	G0　X100.0　Z100.0	快速退刀
N130	M5	主轴停止
N140	M0	程序暂停
N150	T0202　M03　S1200	调用外圆右偏精车刀，主轴正转，转速 1200r/min
N160	G0　X32.0　Z2.0	快速进给至程序循环点
N170	G70　P50　Q110　F0.08	外圆精车固定循环，循环程序段 N50 ~ N110，进给量为 0.08mm/r
N180	G0　X100.0　Z100.0	快速退刀
N190	M30	程序结束
	%	程序结束符

表19-7 工件左端外圆轮廓粗、精加工程序

程序段号	程序内容	说 明
	%	程序开始符
	O0002	程序号
N10	T0101 M03 S800 G99	调用外圆右偏粗车刀,主轴正转,转速800r/min,设置进给为每转进给模式
N20	G0 X32.0 Z2.0	快速进给至程序循环点
N30	G71 U1.0 R0.5	外圆粗车固定循环加工,每刀切削深度1.0mm,退刀距离
N40	G71 P50 Q80 U0.2 F0.2	0.5mm,循环段N50~N80,径向余量0.2mm,进给量0.2mm/r
N50	G0 X20.0	快速进给至X轴起始点
N60	G01 Z0	直线切削至Z轴起始点
N70	X23.8 Z-2.0	加工外螺纹倒角
N80	Z-30.0	加工M24外圆
N90	G0 X100.0 Z100.0	快速退刀
N100	M5	主轴停止
N110	M0	程序暂停
N120	T0202 M03 S1200	调用外圆右偏精车刀,主轴正转,转速1200r/min
N130	G0 X32.0 Z2.0	快速进给至程序循环点
N140	G70 P50 Q80 F0.08	外圆精车固定循环,循环程序段N50~N80,进给量为0.08mm/r
N150	G0 X100.0 Z100.0	快速退刀
N160	M30	程序结束
	%	程序结束符

表19-8 工件左端螺纹退刀槽粗、精加工程序

程序段号	程序内容	说 明
	%	程序开始符
	O0003	程序号
N10	T0303 M03 S800 G99	调用3mm切槽刀,主轴正转,转速800r/min。设置进给为每转进给模式
N20	G0 X26.0. Z-29.1	快速进给至程序循环点
N30	G75 R0.5	径向切槽固定循环,退刀量0.5mm,X轴终点坐标18.1mm,X轴每次切削深度0.5mm,Z轴每次切削深度2mm,进给量0.08mm/r
N40	G75 X18.1 Z-29.9 P5000 Q20000 F0.08	
N50	G0 Z-28.0	倒角C1, 进给量0.15mm/r
N60	G01 X24.0 F0.15	
N70	X22.0 Z-29.0	
N80	G0 X26.0	倒角C2,进给量0.08mm/r
N90	Z-27.0	
N100	G01 X24.0 F0.08	
N110	X20.0 Z-29.0	

（续）

程序段号	程序内容	说　明
N120	X18.0	
N130	Z – 30.0	精加工螺纹退刀槽
N140	X28.5	
N150	G0　X100.0　Z100.0	快速退刀
N160	M30	程序结束
	%	程序结束符

表 19-9　工件左端螺纹粗、精加工程序

程序段号	程序内容	说　明
	%	程序开始符
	O0004	
N10	T0404　M03　S600	调用外三角螺纹车刀，主轴正转，转速 600r/min
N20	G0　X26.0.　Z – 29.1	快速进给至程序循环点
N30	G92　X23.3　Z – 27.0　F2.0	螺纹切削循环加工，X 轴第一刀切削深度 0.5mm，Z 轴终点坐标为 – 27.0mm，螺纹导程为 2.0mm
N40	X22.8	第二刀切削深度 0.5mm
N50	X22.4	第三刀切削深度 0.4mm
N60	X22.0	第四刀切削深度 0.4mm
N70	X21.7	第五刀切削深度 0.3mm
N80	X21.5	第六刀切削深度 0.2mm
N90	X21.4	第七刀切削深度 0.1mm
N100	G0　X100.0　Z100.0	快速退刀
N110	M30	程序结束
	%	程序结束符

二、工件加工实施过程

加工工件的步骤如下：

1）开启机床，各轴回机床参考点。

2）按照表 19-4 依次安装刀具。

3）使用自定心卡盘装夹毛坯，夹持毛坯留出加工长度约 75.0mm。

4）对刀，并设置刀具补偿。

5）起动主轴，换取 T01 外圆精车刀具，加工工件右端端面，至端面平整、光滑为止。

6）输入表 19-6 工件右端外圆轮廓粗、精加工程序。

7）单击【程序启动】按钮，自动加工工件。加工完毕后，测量工件尺寸与实际尺寸的差值，若不合格可通过修改【刀具磨损】中差值，直至工件尺寸合格为止。

8）调头装夹工件，使用自定心卡盘夹持 ϕ28mm 外径，工件伸出卡盘 33.0mm 长度，校正工件（为避免夹伤已加工表面，可用0.5mm厚的铜皮包裹住夹持部分）。

9）输入表19-7工件左端外圆轮廓粗、精加工程序。

10）单击【程序启动】按钮，自动加工工件。加工完毕后，测量工件尺寸与实际尺寸的差值，若不合格可通过修改【刀具磨损】中差值，直至工件尺寸合格为止。

11）输入表19-8工件左端螺纹退刀槽粗、精加工程序。

12）单击【程序启动】按钮，自动加工工件。加工完毕后，测量工件尺寸与实际尺寸的差值，若不合格可通过修改【刀具磨损】中差值，直至工件尺寸合格为止。

13）输入表19-9工件左端螺纹粗、精加工程序。

14）单击【程序启动】按钮，自动加工工件。加工完毕后，测量工件尺寸与实际尺寸的差值，若不合格可通过修改【刀具磨损】中差值，直至工件尺寸合格为止。

15）加工完毕，卸下工件，清理机床。

三、总结与评价

根据表19-10要求对已加工的工件进行正确的评价，并找出在学习过程中遇到的问题，然后认真总结。

表19-10　自我鉴定

鉴定项目及标准	配　分	检测方式	自　检	得　分	备　注
用试切法对刀	5	不合格不得分			
(ϕ28 ± 0.02)mm	15	每超差0.01mm扣2分			
(ϕ24 ± 0.02)mm	15	每超差0.01mm扣2分			
(ϕ14 ± 0.02)mm	15	每超差0.01mm扣2分			
(30 ± 0.05)mm	15	每超差0.01mm扣2分			
(100 ± 0.05)mm	10	每超差0.01mm扣2分			
Ra1.6μm（4处）	15	每降一级扣2分			
安全操作、清理机床	10	违规一次扣2分			
总 结					

四、尺寸检测

1）用千分尺检测工件的外圆尺寸是否达到要求。

2）用游标卡尺检测工件的长度尺寸是否达到要求。

3）用游标卡尺检测工件的外槽尺寸是否达到要求。

4）用螺纹环规检测工件的外螺纹尺寸是否达到要求。

5）用半径样板检测工件的圆弧尺寸是否达到要求。

五、注意事项

1）机床工作前要有预热，认真检查润滑系统工作是否正常。

2）禁止用手接触刀尖和切屑，必须要用铁钩子或毛刷来清理切屑，禁止戴手套操作机床。

3）在加工过程中，不允许打开机床防护门。

4）装夹刀具时，车刀刀尖必须与主轴轴线等高。

5）若出现尺寸误差可以通过调整刀具的补偿来解决。

6）调头时，所有刀具必须重新对刀。

7）加工过程中，尽量采用试切、测量、补偿、试测方法控制尺寸精度。

8）加工槽时，注意工件是否发生滑动。

9）粗、精车螺纹必须是同样的主轴转速，如果改变螺纹转速会导致工件乱牙；螺纹加工的循环点不能随便改动，如果改变循环点会导致工件乱牙。

10）螺纹精度控制：加工螺纹时，螺纹循环运行后，停车测量；然后根据测量结果调整刀具磨损量，重新运行螺纹循环指令，直至符合尺寸要求。

11）程序中设置的换刀点，不一定是最佳位置，应根据所用刀具及机床情况，重新设置。

12）精加工时采用高主轴转速、小进给量、小的切削深度的方法来选择切削用量，采用小的刀尖圆弧半径可加工出较高的工件表面质量；采用恒线速切削来保证球体和锥体外表面质量要求。

13）所使用的精车刀有刀尖圆弧半径，精加工时，必须进行刀具半径补偿，否则加工的圆弧存在加工误差。

14）粗加工时在机床允许范围内应尽量选择大的切削深度和进给量，切削速度则相应选小些。

15）工件加工完毕，清除切屑，擦拭机床，使机床与环境保持清洁状态。

项目二十

工艺品（酒杯）的加工

【项目综述】

本项目结合工艺品类零件加工案例，综合训练学生实施加工工艺设计、程序编制、机床加工、零件精度检测、产品提交等零件加工完整工作过程的工作方法。实施本项目训练学生的专业技能和应掌握的关联知识见表20-1。

表20-1　专业技能和关联知识

专 业 技 能	关 联 知 识
1. 零件工艺结构分析 2. 零件加工工艺方案设计 3. 机床、毛坯、夹具、刀具、切削用量的合理选用 4. 工序卡的填写与加工程序的编写 5. 熟练操作机床对零件进行加工 6. 零件精度检测及加工结果判断	1. 零件的数控车削加工工艺设计 2. 固定循环加工指令（G73）的应用

仔细分析图20-1所示图样，根据给定的工具和毛坯，编写出合理的加工程序，并加工出符合要求的零件。

一、零件的加工工艺设计与程序编制

1. 分析零件结构

零件外轮廓主要由 $\phi24mm$、$\phi12mm$ 的圆柱面，$R12mm$、$R18mm$、$R3mm$、$R19mm$ 的圆弧面和 $\phi18mm$ 的内孔及倒角等表面组成。整张零件图尺寸标注完整，符合数控加工尺寸标注要求，零件轮廓描述清楚完整，表面粗糙度值要求为 $Ra1.6\mu m$，无热处理和硬度要求。

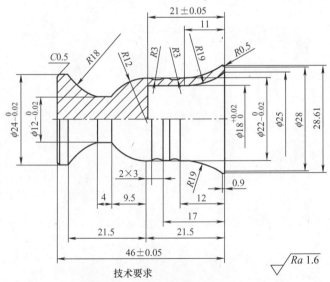

技术要求

1. 毛坯及材料：$\phi30$棒料，硬铝。
2. 未注倒角$C0.5$，锐角倒钝。
3. 未注公差按GB/T 1804—m确定。
4. 不得使用锉刀、砂布等修饰工件表面。

图 20-1　零件的实训图例 SC020

2. 选择毛坯和机床

根据图样要求，工件毛坯尺寸为 $\phi30mm$ 棒料，材质为硬铝，选择卧式数控车床。

3. 选择工具、量具和刀具

（1）选择工具　装夹工件所需要的工具清单见表 20-2。

表 20-2　工具清单

序号	名称	规格	单位	数量
1	自定心卡盘	$\phi250mm$	个	1
2	卡盘扳手	—	副	1
3	刀架扳手	—	副	1
4	垫刀片	—	块	若干

（2）选择量具　检测所需要的量具清单见表 20-3。

表 20-3　量具清单

序号	名称	规格	分度值	单位	数量
1	游标卡尺	$0\sim150mm$	0.01mm	把	1
2	千分尺	$0\sim25mm$ $25\sim50mm$	0.01mm	把	各1
3	钢直尺	$0\sim150mm$	0.02mm	把	1
4	半径样板	$R7\sim R14.5mm$ $R15\sim R25mm$	—	套	各1
5	表面粗糙度比较样块	—	—	套	1

（3）选择刀具　刀具清单见表 20-4。

表 20-4　刀具清单

序号	刀具号	刀具名称	刀具规格/mm×mm	数量	加工表面	刀尖圆弧半径/mm
1	T01	93°内孔粗车刀	$\phi16\times35$	1把	粗车外轮廓	0.4
2	T02	93°内孔精车刀	$\phi16\times35$	1把	精车外轮廓	0.2
3	T03	外圆粗车刀 （35°菱形刀粒）	20×20	1把	粗车外轮廓	0.4
4	T04	外圆精车刀 （35°菱形刀粒）	20×20	1把	精车外轮廓	0.2
5	T05	3mm切断刀	20×20	1把	切断	—
6	T06	中心钻	A3	1个	中心孔	—
7	T07	钻头	$\phi16$	1个	钻孔	—

4. 确定零件装夹方式

加工工件时采用自定心卡盘装夹。卡盘夹持毛坯留出加工长度约 55.0mm。

5. 确定加工工艺路线

分析零件图可知，可通过一次装夹完成所有工序。因此，零件加工步骤如下：手动加工件右端端面→钻中心孔→钻孔→粗加工内孔轮廓，留 0.15mm 精加工余量→精加工内孔轮廓至图样尺寸要求→粗加工外圆轮廓，留 0.15mm 精加工余量→精加工外圆轮廓至图样尺寸要求→倒角、切断。加工工艺路线如图 20-2 所示。

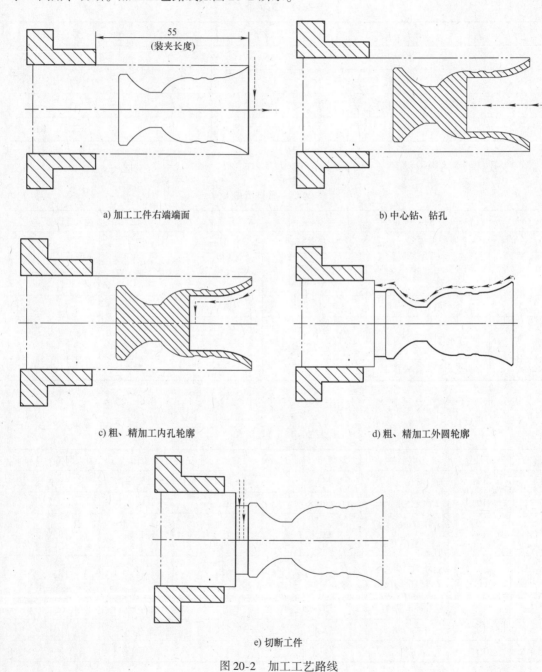

a) 加工工件右端端面   b) 中心钻、钻孔

c) 粗、精加工内孔轮廓   d) 粗、精加工外圆轮廓

e) 切断工件

图 20-2　加工工艺路线

6. 填写加工工序卡（表20-5）

表20-5　加工工序卡

零件图号	SC020	操作人员		实习日期	
使用设备	卧式数控车床	型号	CAK6140	实习地点	数控车车间
数控系统	GSK 980TA	刀架	4刀位、自动换刀	夹具名称	自定心卡盘

工步号	工步内容	刀具号	程序号	主轴转速 n/(r/min)	进给量 f/(mm/r)	切削深度 a_p/mm	备注
1	加工工件右端端面（至端面平整、光滑）	T03	—	1200	0.05	0.3	手动
2	钻中心孔	T06	—	1000	—	5	手动
3	钻通孔	T07	—	300	—	8	手动
4	粗加工内孔轮廓，留0.2mm精加工余量	T01	O0001	1000	0.2	1	自动
5	精加工内孔轮廓至图样尺寸	T02	O0001	1500	0.08	0.075	自动
6	粗加工外圆轮廓，留0.2mm精加工余量	T03	O0002	1000	0.2	0.75	自动
7	精加工外圆轮廓至图样尺寸	T04	O0002	1500	0.08	0.075	自动
8	切断工件	T05	O0002	800	0.08		自动
审核人		批准人		日　期	

7. 建立工件坐标系

加工工件以零件端面中心为工件坐标系原点。

8. 编制加工程序（表20-6和表20-7）

表20-6　工件内孔轮廓粗、精加工程序

程序段号	程序内容	说　明
	%	程序开始符
	O0001;	程序号
N10	T0101;	调用93°外圆粗车刀
N20	G97　G99　F0.2;	设置进给为恒转速控制，进给量0.2mm/r
N30	M03　S1000;	主轴正转，转速1000r/min
N40	G00　X15.0　Z2.0;	快速进给至加工起始点
N50	G71　U1.0　R0.5;	外圆粗车固定循环加工，每刀切削深度1.0mm，退刀距离
N60	G71　P70　Q110　U-0.15　W0.1;	0.5mm，循环段N70~N110，径向余量0.15mm，轴向余量0.1mm
N70	G00　X25.0;	快速进给至锥度X轴起始点
N80	G01　Z0;	直线切削至锥度Z轴起始点
N90	G02　X18.0　Z-11.0　R19.0;	加工 R19mm内孔轮廓

（续）

程序段号	程序内容	说　　明
N100	G01　Z－21.0；	加工ϕ18mm内孔轮廓
N110	X0；	加工ϕ18mm内孔孔底
N120	G00　X100.0　Z100.0；	快速退刀
N130	M05；	主轴停止
N140	M00；	程序暂停
N150	S1500　M03；	主轴正转，转速1500r/min
N160	T0202；	调用93°外圆精车刀
N170	G00　X15.0　Z0；	快速进给至加工起始点
N180	G70　P70　Q110　F0.08；	外圆精车固定循环加工，循环段N70～N110，进给量0.08mm/r
N190	G00　X100.0　Z100.0；	快速退刀
N200	M30；	程序结束
	％	程序结束符

表20-7　工件外圆轮廓粗、精加工程序

程序段号	程序内容	说　　明
	％	程序开始符
	O0002；	程序号
N10	T0303；	调用93°外圆粗车刀
N20	G97　G99　F0.2；	设置进给为恒转速控制，进给量0.2mm/r
N30	M03　S1000；	主轴正转，转速1000r/min
N40	G00　X32.0　Z2.0；	快速进给至加工起始点
N50	G73　U9.0　W1.0　R12；	封闭粗加工循环切削，X轴切削量18mm，Z轴退刀量1mm。循
N60	G73　P70　Q180　U0.15　W0.1；	环加工12次，循环段N70～N180，径向余量0.15mm，轴向余量0.1mm
N70	G00　X28.0；	快速进给至R0.5mm X轴起始点
N80	G01　Z0；	直线切削至R0.5mm Z轴起始点
N90	G03　X29.0　Z－0.65　R0.5；	加工R0.5mm凸圆弧
N100	G02　X22.0　Z－12.0　R19.0；	加工R19mm凹圆弧
N110	G02　Z－15.0　R3.0；	加工R3.0mm凹圆弧
N120	G01　Z－17.0；	加工ϕ22mm外轮廓
N130	G02　Z－20.0　R3.0；	加工R3.0mm凹圆弧
N140	G01　Z－21.5；	加工ϕ22mm外轮廓
N150	G03　X12.0　Z－31.0　R12.0；	加工R12mm凸圆弧
N160	G01　Z－35.0；	加工ϕ12mm外轮廓
N170	G02　X24.0　Z－43.0　R18.0；	加工R18mm凸圆弧
N180	G01　Z－50.0；	加工ϕ24mm外轮廓
N190	G00　X100.0　Z100.0；	快速退刀
N200	M05；	主轴停止
N210	M00；	程序暂停
N220	S1500　M03；	主轴正转，转速1500r/min
N230	T0404；	调用93°外圆精车刀
N240	G00　X32.0　Z0；	快速进给至加工起始点

（续）

程序段号	程序内容	说　明
N250	G70　P70　Q180　F0.08；	外圆精车固定循环加工，循环段 N70～N180，进给量 0.08mm/r
N260	G00　X100.0　Z100.0；	快速退刀
N270	T0505　M03　S800；	调用外圆切断刀，主轴转速 800r/min
N280	G0　Z-49.0；	快速进给至 Z 轴切断点
N290	X26.0；	快速进给至 X 轴切断起始点
N300	G01　X23.0　F0.08；	直线切削至倒角点
N310	G0　X25.0；	X 轴快速退刀
N320	Z-48.5；	Z 轴快速退至倒角起始点
N330	G01　X24.0　F0.08；	X 轴直线切削至倒角起始点
N340	X23.0　Z-49.0；	倒角
N350	X0；	切断工件
N360	G0　X100.0；	X 轴快速退刀
N370	Z100.0；	Z 轴快速退刀
N380	M30；	程序结束
	%	程序结束符

二、工件加工实施过程

加工工件的步骤如下：

1）开启机床，各轴回机床参考点。

2）按照表 20-4 依次安装刀具。

3）使用自定心卡盘装夹毛坯，夹持毛坯留出加工长度约 50.0mm。

4）对刀，并设置刀具补偿。

5）起动主轴，换取 T03 外圆粗车刀具，加工工件右端端面，至端面平整、光滑为止。

6）起动主轴，换取 T06 中心钻，钻中心孔，钻深 5mm。

7）起动主轴，换取 T07 钻头，钻孔，钻深 20.9mm。

8）输入表 20-6 工件内孔轮廓粗、精加工程序。

9）单击【程序启动】按钮，自动加工工件。加工完毕后，测量工件尺寸与实际尺寸的差值，若不合格可通过修改【刀具磨损】中差值，直至工件尺寸合格为止。

10）输入表 20-7 工件外圆轮廓粗、精加工程序。

11）单击【程序启动】按钮，自动加工工件。加工完毕后，测量工件尺寸与实际尺寸的差值，若不合格可通过修改【刀具磨损】中差值，直至工件尺寸合格为止。

12）加工完毕，卸下工件，清理机床。

三、总结与评价

根据表 20-8 要求对已加工的工件进行正确的自我评价，并找出在学习过程中遇到的问题，然后认真总结。

表 20-8　自我鉴定

鉴定项目及标准	配　分	检测方式	自　检	得　分	备　注
用试切法对刀	5	不合格不得分			
$\phi 24 _{-0.02}^{\ 0}$ mm	10	每超差 0.01mm 扣 2 分			
$\phi 12 _{-0.02}^{\ 0}$ mm	10	每超差 0.01mm 扣 2 分			
$\phi 18 _{0}^{+0.02}$ mm	10	每超差 0.01mm 扣 2 分			
$\phi 22 _{-0.02}^{\ 0}$ mm	10	每超差 0.01mm 扣 2 分			
2mm × 3mm	10	不合格不得分			
4mm	5	不合格不得分			
(21 ± 0.05)mm	10	每超差 0.01mm 扣 2 分			
(46 ± 0.05)mm	10	每超差 0.01mm 扣 2 分			
$Ra1.6\mu m$ （10 处）	10	每降一级扣 2 分			
安全操作、清理机床	10	违规一次扣 2 分			
总　　结					

四、尺寸检测

1) 用千分尺检测工件的外圆尺寸是否达到要求。

2) 用游标卡尺检测工件的长度尺寸是否达到要求。

3) 用半径样板检测工件的圆弧尺寸是否达到要求。

五、注意事项

1) 机床工作前要有预热，认真检查润滑系统工作是否正常。

2) 禁止用手接触刀尖和切屑，必须要用铁钩子或毛刷来清理切屑，禁止戴手套操作机床。

3) 在加工过程中，不允许打开机床防护门。

4) 装夹刀具时，车刀刀尖必须与主轴轴线等高。

5) 若出现尺寸误差可以通过调整刀具的补偿来解决。

6) 加工过程中，尽量采用试切、测量、补偿、试测方法控制尺寸精度。

7) 加工内孔时，注意刀具的吃刀量与刀具长度，避免出现撞刀现象。

8) 程序中设置的换刀点，不一定是最佳位置，应根据所用刀具及机床情况，重新设置。

9) 精加工时采用高主轴转速、小进给量、小的切削深度的方法来选择切削用量，采用小的刀尖圆弧半径可加工出较高的工件表面质量；采用恒线速切削来保证球体和锥体外表面质量要求。

10) 所使用的精车刀有刀尖圆弧半径，精加工时，必须进行刀具半径补偿，否则加工的圆弧存在加工误差。

11) 粗加工时在机床允许范围内应尽量选择大的切削深度和进给量，切削速度则相应选小些。

12) 工件加工完毕，清除切屑，擦拭机床，使机床与环境保持清洁状态。

项目二十一

工艺品（高脚杯）的加工

【项目综述】

本项目结合工艺品类零件加工案例，综合训练学生实施加工工艺设计、程序编制、机床加工、零件精度检测、产品提交等零件加工完整工作过程的工作方法。实施本项目训练学生的专业技能和应掌握的关联知识见表21-1。

表 21-1 专业技能和关联知识

专 业 技 能	关 联 知 识
1. 零件工艺结构分析 2. 零件加工工艺方案设计 3. 机床、毛坯、夹具、刀具、切削用量的合理选用 4. 工序卡的填写与加工程序的编写 5. 熟练操作机床对零件进行加工 6. 零件精度检测及加工结果判断	1. 零件的数控车削加工工艺设计 2. 固定循环加工指令（G73）的应用

仔细分析图 21-1 所示图样，根据给定的工具和毛坯，编写出合理的加工程序，并加工出符合要求的零件。

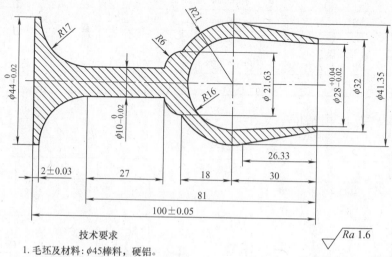

技术要求

1. 毛坯及材料：ϕ45棒料，硬铝。
2. 未注倒角C0.5，锐角倒钝。
3. 未注公差按GB/T 1804—m确定。
4. 不得使用锉刀、砂布等修饰工件表面。

图 21-1 零件的实训图例 SC021

数控车削加工案例详解

一、零件的加工工艺设计与程序编制

1. 分析零件结构

零件外轮廓主要由 $\phi 44_{-0.02}^{0}$mm、$\phi 10_{-0.02}^{0}$mm 的圆柱面，$R6$mm、$R17$mm、$R21$mm 外圆弧面和 $R16$mm 的内圆弧面及倒角等表面组成。整张零件图尺寸标注完整，符合数控加工尺寸标注要求，零件轮廓描述清楚完整，表面粗糙度值要求为 $Ra1.6\mu m$，无热处理和硬度要求。

2. 选择毛坯和机床

根据图样要求，工件毛坯尺寸为 $\phi 45$mm 棒料，材质为硬铝，选择卧式数控车床。

3. 选择工具、量具和刀具

（1）选择工具　装夹工件所需要的工具清单见表21-2。

表 21-2　工具清单

序号	名称	规格	单位	数量
1	自定心卡盘	$\phi 250$mm	个	1
2	卡盘扳手	—	副	1
3	刀架扳手	—	副	1
4	垫刀片	—	块	若干

（2）选择量具　检测所需要的量具清单见表21-3。

表 21-3　量具清单

序号	名称	规格	分度值	单位	数量
1	游标卡尺	0~150mm	0.01mm	把	1
2	千分尺	0~25mm 25~50mm	0.01mm	把	各1
3	钢直尺	0~150mm	0.02mm	把	1
4	半径样板	$R7~R14.5$mm $R15~R25$mm	—	套	各1
5	表面粗糙度比较样块			套	1

（3）选择刀具　刀具清单见表21-4。

表 21-4　刀具清单

序号	刀具号	刀具名称	刀具规格/mm×mm	数量	加工表面	刀尖圆弧半径/mm
1	T01	自制（主偏角120°、副偏角10°）内孔精车刀	$\phi 8 \times 50$	1把	精车外轮廓	0.2
2	T02	外圆精车刀（35°菱形刀粒）	20×20	1把	精车外轮廓	0.2
3	T03	3mm 切槽刀	20×20	1把	切断	0.2
4	T04	中心钻	A3	1个	中心孔	—
5	T05	钻头	$\phi 22$	1个	钻孔	—

154

4. 确定零件装夹方式

加工工件时采用自定心卡盘装夹。卡盘夹持毛坯留出加工长度约110.0mm。

5. 确定加工工艺路线

分析零件图可知，可通过一次装夹完成所有工序。因此，零件加工步骤如下：手动加工工件右端端面→钻中心孔→钻孔→粗加工内孔轮廓，留0.15mm精加工余量→精加工内孔轮廓至图样尺寸要求→粗加工外圆轮廓，留0.15mm精加工余量→精加工外圆轮廓至图样尺寸要求→倒角、切断。加工工艺路线如图21-2所示。

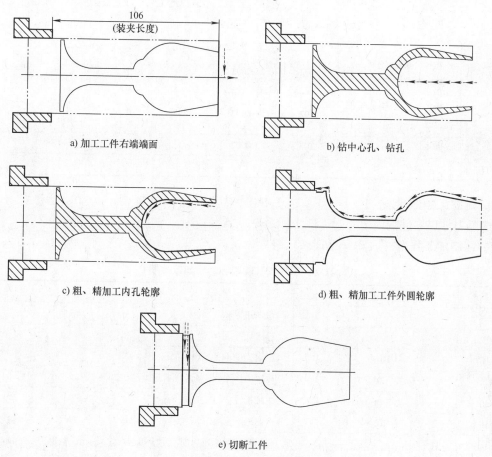

a) 加工工件右端端面　　　　　b) 钻中心孔、钻孔

c) 粗、精加工内孔轮廓　　　　d) 粗、精加工工件外圆轮廓

e) 切断工件

图21-2　加工工艺路线

6. 填写加工工序卡（表21-5）

表21-5　加工工序卡

零件图号	SC021	操作人员		实习日期	
使用设备	卧式数控车床	型号	CAK6140	实习地点	数控车车间
数控系统	GSK 980TA	刀架	4刀位、自动换刀	夹具名称	自定心卡盘
工步号	工步内容	刀具号	程序号	主轴转速 $n/(\text{r/min})$	进给量 $f/(\text{mm/r})$	切削深度 a_p/mm	备注
1	加工工件右端端面（至端面平整、光滑）	T02	—	1200	0.05	0.3	手动

(续)

工步号	工步内容	刀具号	程序号	主轴转速 $n/(r/min)$	进给量 $f/(mm/r)$	切削深度 a_p/mm	备注
2	钻中心孔	T04	—	1200		5	手动
3	钻孔	T05	—	300	—	11	手动
4	粗加工内孔轮廓，留0.2mm精加工余量	T01	O0001	1000	0.2	0.5	自动
5	精加工内孔轮廓至图样尺寸	T01	O0001	1200	0.08	0.075	自动
6	粗加工外圆轮廓，留0.2mm精加工余量	T02	O0002	800	0.1	1	自动
7	精加工外圆轮廓至图样尺寸	T02	O0002	1200	0.05	0.075	自动
8	切断工件	T03	O0002	800	0.08	—	手动
审核人			批准人			日期	

7. 建立工件坐标系

加工工件以零件端面中心为工件坐标系原点。

8. 编制加工程序 （表21-6和表21-7）

表21-6 工件内孔轮廓粗、精加工程序

程序段号	程序内容	说明
	%	程序开始符
	O0001;	程序号
N10	T0101;	调用120°内孔精车刀
N20	G97 G99 F0.2;	设置进给为恒转速控制，进给量0.2mm/r
N30	M03 S1000;	主轴正转，转速1000r/min
N40	G00 X0 Z2.0;	快速进给至加工起始点
N50	G73 U16 W1 R32;	封闭粗加工循环切削，X轴切削量32mm，Z轴退刀量1mm。循环加工32次，循环段N70～N100，径向余量0.15mm，轴向余量0.1mm
N60	G73 P70 Q100 U-0.15 W0.1;	
N70	G00 X28.0;	快速进给至锥度X轴起始点
N80	G01 Z0;	直线切削至锥度Z轴起始点
N90	X32.0 Z-30.0;	加工内孔轮廓
N100	G03 X0 Z-46.0 R16.0;	加工R16mm内孔孔底
N110	G00 X100.0 Z100.0;	快速退刀
N120	M05;	主轴停止
N130	M00;	程序暂停
N140	S1200 M03;	主轴正转，转速1200r/min

（续）

程序段号	程序内容	说　明
N150	T0101;	调用120°内孔精车刀
N160	G00　X0.0　Z2;	快速进给至加工起始点
N170	G70　P70　Q100　F0.08;	外圆精车固定循环加工，循环段N70～N100，进给量0.08mm/r
N180	G00　X100.0　Z100.0;	快速退刀
N190	M30;	程序结束
	%	程序结束符

表 21-7　工件外圆轮廓粗、精加工程序

程序段号	程序内容	说　明
	%	程序开始符
	O0002;	程序号
N10	T0303;	调用3mm外圆切槽刀
N20	G97　G99　F0.1;	设置进给为恒转速控制，进给量0.1mm/r
N30	M03　S800;	主轴正转，转速800r/min
N40	G00　X47.0　Z2.0;	快速进给至加工起始点
N50	G72　W2　R0.5;	端面粗车固定循环加工，Z向每次移动量2mm，退刀量0.5mm，
N60	G72　P70　Q140　U0.15　W0.1;	循环段N70～N140，径向余量0.15mm，轴向余量0.1mm
N70	G0　Z-104;	快速进给至Z轴起刀点
N80	G01　X44.0;	直线切削至X轴起刀点
N90	Z-98.0;	加工ϕ44mm外轮廓
N100	G03　X10.0　Z-81.0　R17.0;	加工R17.0mm凹圆弧
N110	G01　Z-57.0;	加工ϕ10mm外轮廓
N120	G02　X21.63　Z-51.0　R6.0;	加工R6.0mm凸圆弧
N130	G02　X41.35　Z-26.33　R21.0;	加工R21.0mm凸圆弧
N140	G01　X32.0　Z0;	加工锥度
N150	G00　X100.0　Z100.0;	快速退刀
N160	M05;	主轴停止
N170	M00;	程序暂停
N180	S1200　M03;	主轴正转，转速1200r/min
N190	T0303;	调用3mm外圆切槽刀
N200	G00　X47.0　Z2.0;	快速进给至加工起始点
N210	G70　P70　Q140　F0.05;	外圆精车固定循环加工，循环段N70～N140，进给量0.05mm/r
N220	S800　M03;	主轴正转，转速800r/min
N230	G00　X47.0　Z-103.0;	快速进给至加工起始点
N240	G75　R0.5;	径向切槽固定循环加工，退刀量0.5mm，X轴终点坐标1.5mm，
N250	G75　X1.5　P5000　F0.08;	X轴每次切深0.5mm，进给量0.08mm/r
N260	G0　X100.0　Z100.0;	快速退刀至安全点
N270	M30;	程序结束
	%	程序结束符

二、工件加工实施过程

加工工件的步骤如下：

1）开启机床，各轴回机床参考点。

2）按照表21-4依次安装刀具。

3）使用自定心卡盘装夹毛坯，夹持毛坯留出加工长度约110.0mm。

4）对刀，并设置刀具补偿。

5）起动主轴，换取T02外圆精车刀具，加工工件右端端面，至端面平整、光滑为止。

6）起动主轴，换取T04中心钻，钻中心孔，钻深5mm。

7）起动主轴，换取T05钻头，钻深51mm。

8）输入表21-6工件内孔轮廓粗、精加工程序。

9）单击【程序启动】按钮，自动加工工件。

10）输入表21-7工件外圆轮廓粗、精加工程序。

11）单击【程序启动】按钮，自动加工工件。加工完毕后，测量工件尺寸与实际尺寸的差值，若不合格可通过修改【刀具磨损】中差值，直至工件尺寸合格为止。

12）加工完毕，卸下工件，清理机床。

三、总结与评价

根据表21-8要求对已加工的工件进行正确的自我评价，并找出在学习过程中遇到的问题，然后认真总结。

表21-8 自我鉴定

鉴定项目及标准	配 分	检测方式	自 检	得 分	备 注
用试切法对刀	5	不合格不得分			
$\phi 44_{-0.02}^{0}$ mm	15	每超差0.01mm扣2分			
$\phi 10_{-0.02}^{0}$ mm	15	每超差0.01mm扣2分			
$\phi 28_{-0.02}^{+0.04}$ mm	15	每超差0.01mm扣2分			
$\phi 21.63$ mm	10	每超差0.01mm扣2分			
(2 ± 0.03) mm	10	每超差0.01mm扣2分			
(100 ± 0.05) mm	10	每超差0.01mm扣2分			
$Ra1.6\mu m$（10处）	10	每降一级扣2分			
安全操作、清理机床	10	违规一次扣2分			
总 结					

四、尺寸检测

1）用千分尺检测工件的外圆尺寸是否达到要求。

2）用游标卡尺检测工件的长度尺寸是否达到要求。

3）用半径样板检测工件的圆弧尺寸是否达到要求。

五、注意事项

1）机床工作前要有预热，认真检查润滑系统工作是否正常。

2）禁止用手接触刀尖和切屑，必须要用铁钩子或毛刷来清理切屑，禁止戴手套操作机床。

3）在加工过程中，不允许打开机床防护门。

4）装夹刀具时，车刀刀尖必须与主轴轴线等高。

5）若出现尺寸误差可以通过调整刀具的补偿来解决。

6）加工过程中，尽量采用试切、测量、补偿、试测方法控制尺寸精度。

7）加工内孔时，注意刀具的吃刀量与刀具长度，避免出现撞刀现象。

8）程序中设置的换刀点，不一定是最佳位置，应根据所用刀具及机床情况，重新设置。

9）精加工时采用高主轴转速、小进给量、小的切削深度的方法来选择切削用量，采用小的刀尖圆弧半径可加工出较高的工件表面质量；采用恒线速切削来保证球体和锥体外表面质量要求。

10）所使用的精车刀有刀尖圆弧半径，精加工时，必须进行刀具半径补偿，否则加工的圆弧存在加工误差。

11）粗加工时在机床允许范围内应尽量选择大的切削深度和进给量，切削速度则相应选小些。

12）工件加工完毕，清除切屑，擦拭机床，使机床与环境保持清洁状态。

第四篇

综合件的加工

项目二十二

综合零件一的加工

本项目结合综合类零件的加工案例，综合训练学生实施加工工艺设计、程序编程、机床加工、零件精度检测、螺纹相关知识、产品提交等零件加工完整工作过程的工作方法。实施本项目训练学生的专业技能和应掌握的关联知识见表22-1。

表 22-1　专业技能和关联知识

专 业 技 能	关 联 知 识
1. 零件工艺结构分析 2. 零件加工工艺方案设计 3. 机床、毛坯、夹具、刀具、切削用量的合理选用 4. 工序卡的填写与加工程序的编写 5. 熟练操作机床对零件进行加工 6. 零件精度检测及加工结果判断	1. 零件的数控车削加工工艺设计 2. 循环加工指令的应用

仔细分析图22-1所示图样，根据给定的工具和毛坯，编写出合理的加工程序，并加工出符合要求的零件。

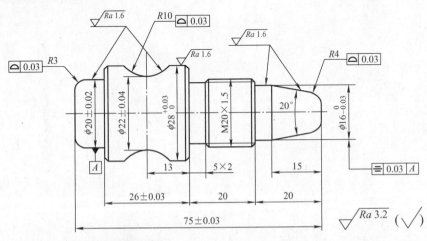

技术要求
1. 毛坯及材料：φ30棒料，硬铝。
2. 未注倒角C1，锐角倒钝。
3. 未注公差按GB/T 1804—m确定。
4. 不得使用锉刀、砂布等修饰工件表面。

图 22-1　零件的实训图例 SC022

一、零件的加工工艺设计与程序编制

1. 分析零件结构

零件外轮廓主要由 $\phi 28^{+0.03}_{0}$ mm、$(\phi 20 \pm 0.02)$ mm、$\phi 16^{0}_{-0.03}$ mm 的圆柱面，$R10.0$ mm 的圆弧面，5mm × 2mm 的螺纹退刀槽，M20 × 1.5 的外螺纹和倒角等表面组成。整张零件图尺寸标注完整，符合数控加工尺寸标注要求，零件轮廓描述清楚完整，表面粗糙度值要求为 $Ra1.6\mu$m 和 $Ra3.2\mu$m，无热处理和硬度要求。

2. 选择毛坯和机床

根据图样要求，工件毛坯尺寸为 $\phi 30$ mm × 80mm 棒料，材质为硬铝，选择卧式数控车床。

3. 选择工具、量具和刀具

（1）选择工具　装夹工件所需要的工具清单见表22-2。

表22-2　工具清单

序号	名称	规格	单位	数量
1	自定心卡盘	$\phi 250$ mm	个	1
2	卡盘扳手	—	副	1
3	刀架扳手	—	副	1
4	垫刀片	—	块	若干

（2）选择量具　检测所需要的量具清单见表22-3。

表22-3　量具清单

序号	名称	规格	分度值	单位	数量
1	游标卡尺	0 ~ 150mm	0.01mm	把	1
2	外径千分尺	0 ~ 50mm	0.01mm	把	1
3	钢直尺	0 ~ 150mm	0.02mm	把	1
4	半径样板	$R1$ ~ $R15$ mm	—	套	1
5	螺纹环规	M20 × 1.5	—	套	1
6	表面粗糙度比较样块			套	1

（3）选择刀具　刀具清单见表22-4。

表22-4　刀具清单

序号	刀具号	刀具名称	刀具规格/mm × mm	数量	加工表面	刀尖圆弧半径/mm
1	T01	93°外圆粗车刀	20 × 20	1 把	粗车外轮廓	0.4
2	T02	93°外圆精车刀	20 × 20	1 把	精车外轮廓	0.2
3	T03	3mm 切槽刀	20 × 20	1 把	切槽	—
4	T04	60°外螺纹车刀	20 × 20	1 把	加工螺纹	—

4. 确定零件装夹方式

加工工件时采用自定心卡盘装夹。卡盘夹持毛坯留出加工长度约83.0mm。

5. 确定加工工艺路线

分析零件图可知，需通过两次装夹完成所有工序。因此，零件加工步骤如下：手动加工工件右端面→粗加工右端外圆轮廓，留0.2mm精加工余量→精加工右端外圆轮廓至图样尺寸要求→加工螺纹退刀槽→加工螺纹至图样尺寸要求→粗、精加工凹圆弧至图样尺寸要求→粗、精加工左端外圆轮廓→切断，并保证总长。加工工艺路线如图22-2所示。

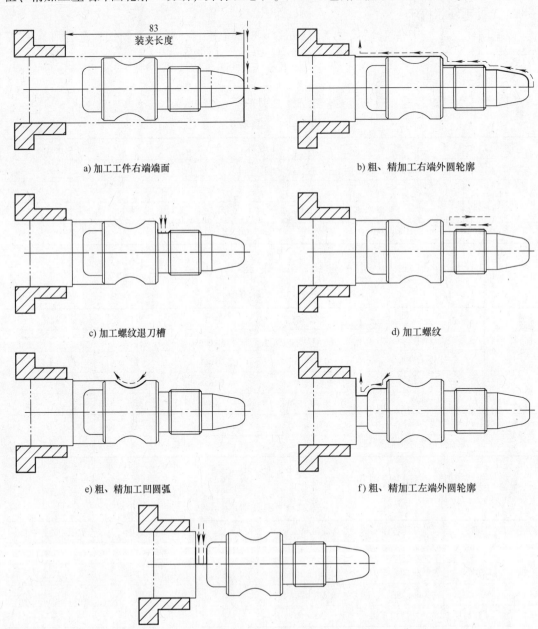

a) 加工工件右端端面

b) 粗、精加工右端外圆轮廓

c) 加工螺纹退刀槽

d) 加工螺纹

e) 粗、精加工凹圆弧

f) 粗、精加工左端外圆轮廓

g) 切断

图22-2　加工工艺路线

6. 填写加工工序卡（表22-5）

表22-5　加工工序卡

零件图号	SC022	操作人员			实习日期	
使用设备	卧式数控车床	型号		CAK6140	实习地点	数控车车间
数控系统	GSK 980TA	刀架		4刀位、自动换刀	夹具名称	自定心卡盘

工步号	工步内容	刀具号	程序号	主轴转速 $n/(\text{r/min})$	进给量 $f/(\text{mm/r})$	切削深度 a_p/mm	备注
1	加工工件右端端面（至端面平整、光滑）	T01	—	1000	0.05	0.3	手动
2	粗加工右端外圆轮廓，留0.2mm精加工余量	T01	O0001	800	0.2	1.5	自动
3	精加工右端外圆轮廓至图样尺寸	T02	O0001	1500	0.05	0.1	自动
4	加工螺纹退刀槽	T03	O0002	800	0.1	1	自动
5	加工螺纹（至图样尺寸要求）	T04	O0002	600	1.5	按表	自动
6	粗加工凹圆弧，留0.2mm精加工余量	T01	O0003	800	0.2	0.9	自动
7	精加工凹圆弧至图样尺寸要求	T02	O0003	1500	0.05	0.1	自动
8	粗加工左端外圆轮廓，留0.2mm精加工余量	T03	O0004	800	0.1	2	自动
9	精加工左端外圆轮廓至图样尺寸要求	T03	O0004	S1200	0.05	0.05	自动
10	切断，保证工件总长	T03	O0004	800	0.08	1	自动
审核人		批准人			日　期	

7. 建立工件坐标系

加工工件以零件端面中心为工件坐标系原点。

8. 编制加工程序（表22-6～表22-9）

表22-6　工件右端外圆轮廓粗、精加工程序

程序段号	程序内容	说　明
	%	程序开始符
	O0001；	程序号
N10	T0303；	调用93°外圆粗车刀
N20	G97　G99　F0.2；	设置进给为恒转速控制，进给量0.2mm/r
N30	M03　S800；	主轴正转，转速800r/min

(续)

程序段号	程序内容	说　明
N40	G00　X32.0　Z2.0;	快速进给至加工起始点
N50	G71　U1.5　R1.0;	外圆粗车固定循环加工，每刀切削深度1.5mm，退刀距离
N60	G71　P70　Q170　U0.2;	1.0mm，循环段N70～N170，径向余量0.2mm
N70	G00　X4.0;	
N80	G01　Z0.0;	
N90	G03　X11.88　Z-3.31　R4.0;	
N100	G01　X16.0　Z-15.0;	
N110	G01　Z-20.0;	
N120	X17.0;	粗加工外圆轮廓
N130	X19.8　Z-16.5;	
N140	Z-40.0;	
N150	X26.0;	
N160	X28.0　Z-41.0;	
N170	Z-78.0;	
N180	G00　X100.0　Z100.0;	快速退刀
N190	T0202;	调用93°外圆精车刀
N200	G97　G99　F0.05;	设置进给为恒转速控制，进给量0.05mm/r
N210	M03　S1500;	主轴正转，转速1500r/min
N220	G00　X32.0　Z2.0;	快速进给至加工起始点
N230	G70　P70　Q170;	精车固定循环加工，循环段N70～N170
N240	G00　X100.0　Z100.0;	快速退刀
N250	M30;	程序结束
	%	程序结束符

表22-7　工件右端螺纹加工程序

程序段号	程序内容	说　明
	%	程序开始符
	O0002;	程序号
N10	T0101;	调用93°外圆粗车刀
N20	G97　G99　F0.1;	设置进给为恒转速控制，进给量0.1mm/r
N30	M03　S800;	主轴正转，转速800r/min
N40	G00　X52.0　Z-38.1;	快速进给至加工起始点
N50	G75　R1.0;	径向切槽固定循环加工，退刀量1.0mm，X轴终点坐标15.9mm，
N60	G75　X15.9　Z-39.9　P10000　Q20000;	Z轴终点坐标-39.9mm，X轴每次切削深度1.0mm，Z轴每次切削深度2.0mm

（续）

程序段号	程序内容	说　明
N70	G00　Z－36.5；	精加工螺纹退刀槽
N80	G01　X19.8；	
N90	X17.0　Z－38.0　F0.05；	
N100	X16.0　F0.1；	
N110	Z－40.0；	
N120	X29.0；	
N130	G00　X100.0　Z100.0；	快速退刀
N140	M5；	主轴停止
N150	M0；	程序暂停
N160	T0404　M03　S600；	调用93°外圆精车刀，主轴正转，转速600r/min
N170	G0　X22.0　Z－18.0；	快速进给至加工起始点
N180	G92　X19.1　Z－35.0　F1.5；	螺纹切削循环加工，X轴第一刀切削深度0.7mm，Z轴终点坐标为－35.0mm，螺纹导程为1.5mm
N190	X18.5；	第二刀切削深度0.6mm
N200	X18.0；	第三刀切削深度0.5mm
N210	X18.1；	第四刀切削深度0.4mm
N220	X18.0；	第五刀切削深度0.1mm
N230	G00　X100.0　Z100.0；	快速退刀
N240	M30；	程序结束
	%	程序结束符

表22-8　工件右端凹圆弧粗、精加工程序

程序段号	程序内容	说　明
	%	程序开始符
	O0003；	程序号
N10	T0101；	调用93°外圆粗车刀
N20	G97　G99　F0.2；	设置进给为恒转速控制，进给量0.2mm/r
N30	M03　S800；	主轴正转，转速800r/min
N40	G00　X29.0　Z－45.86；	快速进给至加工起始点
N50	G73　U3.5　R4.0；	封闭粗加工循环切削，X轴切削量7mm，循环加工4次，循环段N70～N80，径向余量0.2mm
N60	G73　P70　Q80　U0.2；	
N70	G01　X28.0；	粗加工外圆轮廓
N80	G02　Z－60.14　R10.0	
N90	G00　X100.0　Z100.0；	快速退刀
N100	T0202；	调用93°外圆精车刀
N110	G97　G99　F0.05；	设置进给为恒转速控制，进给量0.05mm/r
N120	M03　S1500；	主轴正转，转速1500r/min
N130	G00　X29.0　Z－45.86；	快速进给至加工起始点
N140	G70　P70　Q80；	精车固定循环加工，循环段N70～N80
N150	G00　X100.0　Z100.0；	快速退刀
N160	M30；	程序结束
	%	程序结束符

表 22-9　工件左端外圆轮廓粗、精加工程序

程序段号	程序内容	说　明
	%	程序开始符
	O0004；	程序号
N10	T0303　M03　S800	调用 3mm 外圆切槽刀，主轴正转，转速 800r/min
N20	G0　X30.0　Z－79.0；	快速进给至加工起始点
N30	G75　R1.0；	径向切槽固定循环加工，退刀量 1.0mm，X 轴终点坐标 14.0mm，
N40	G75　X14.0　P10000　F0.08；	X 轴每次切削深度 1.0mm，进给量 0.08mm/r
N50	G72　W2.0；	端面粗车固定循环加工，Z 向切削深度 2.0mm，循环段 N90～
N60	G72　P90　Q160　U0.1　F0.1；	N160，径向余量 0.1mm，进给量 0.1mm/r
N70	G0　Z－68.0；	
N80	G01　X28.0；	
N90	X26.0　Z－69.0；	
N100	X20.0；	粗、精加工外圆轮廓
N110	Z－75.0；	
N120	G03　X14.0　Z－78.0　R3.0；	
N130	G01　Z－79.0；	
N140	X30.0；	
N150	S1200　G70　P90　Q160　F0.05；	转速 1200r/min，精车固定循环加工，循环段 N90～N160
N160	G0　X30.0　Z－78.0	快速进给至加工起始点
N170	S800　X15.0；	
N180	G75　R1.0；	径向切槽固定循环加工，退刀量 1.0mm，X 轴终点坐标 0，X 轴
N190	G75　X0　P10000　F0.08；	每次切削深度 1.0mm，进给量 0.08mm/r
N200	G0　X100.0；	快速退刀
N210	Z100.0；	
N220	M30；	程序结束
	%	程序结束符

二、工件加工实施过程

加工工件的步骤如下：

1）开启机床，各轴回机床参考点。

2）按照表 22-4 依次安装刀具。

3）使用自定心卡盘装夹毛坯，夹持毛坯留出加工长度约 83.0mm。

4）对刀，并设置刀具补偿。

5）起动主轴，换取 T01 外圆粗车刀具，加工工件右端端面，至端面平整、光滑为止。

6）输入表 22-6 工件右端外圆轮廓粗、精加工程序。

7）单击【程序启动】按钮，自动加工工件。加工完毕后，测量工件尺寸与实际尺寸的差值，若不合格可通过修改【刀具磨损】中差值，直至工件尺寸合格为止。

8）输入表22-7工件右端螺纹加工程序。

9）单击【程序启动】按钮，自动加工工件。加工完毕后，测量工件尺寸与实际尺寸的差值，若不合格可通过修改【刀具磨损】中差值，直至工件尺寸合格为止。

10）输入表22-8工件右端凹圆弧轮廓粗、精加工程序。

11）单击【程序启动】按钮，自动加工工件。加工完毕后，测量工件尺寸与实际尺寸的差值，若不合格可通过修改【刀具磨损】中差值，直至工件尺寸合格为止。

12）输入表22-9工件左端外圆轮廓粗、精加工程序。

13）单击【程序启动】按钮，自动加工工件。加工完毕后，测量工件尺寸与实际尺寸的差值，若不合格可通过修改【刀具磨损】中差值，直至工件尺寸合格为止。

14）去飞边。

15）加工完毕，卸下工件，打扫机床卫生。

三、总结与评价

根据表22-10要求对已加工的工件进行正确的自我评价，并找出在学习过程中遇到的问题，然后认真总结。

表22-10　自我鉴定

鉴定项目及标准	配　分	检测方式	自　检	得　分	备　注
用试切法对刀	5	不合格不得分			
$\phi 28 {}^{+0.03}_{0}$ mm	9	每超差0.01mm扣2分			
（$\phi 22 \pm 0.04$）mm	9	每超差0.01mm扣2分			
（$\phi 20 \pm 0.02$）mm	9	每超差0.01mm扣2分			
$\phi 16 {}^{0}_{-0.03}$ mm	9	每超差0.01mm扣2分			
M20×1.5	8	不合格不得分			
外锥度20°	4	不合格不得分			
（75±0.03）mm	6	每超差0.01mm扣2分			
（26±0.03）mm	5	每超差0.01mm扣2分			
螺纹退刀槽5mm×2mm	3	不合格不得分			
C1.5	2	不合格不得分			
C1（2处）	6	不合格不得分			
R3mm	2	不合格不得分			
R4mm	8	不合格不得分			
Ra1.6μm（3处）	5	每降一级扣1分			
安全操作、清理机床	10	违规一次扣2分			
总 结					

四、尺寸检测

1）用游标万能角度尺检测工件的锥度是否达到要求。

2）用千分尺检测工件的外圆尺寸是否达到要求。

3）用游标卡尺检测工件的长度尺寸是否达到要求。

4）用游标卡尺检测工件的外槽尺寸是否达到要求。

5）用螺纹环规来检测工件的外螺纹尺寸是否达到要求。

6）用半径样板检测工件的圆弧尺寸是否达到要求。

五、注意事项

1）机床工作前要有预热，认真检查润滑系统工作是否正常。

2）禁止用手接触刀尖和切屑，必须要用铁钩子或毛刷来清理切屑，禁止戴手套操作机床。

3）在加工过程中，不允许打开机床防护门。

4）装夹刀具时，车刀刀尖必须与主轴轴线等高。

5）若出现尺寸误差可以通过调整刀具的补偿来解决。

6）调头时，所有刀具必须重新对刀。

7）加工过程中，尽量采用试切、测量、补偿、试测方法控制尺寸精度。

8）加工槽时，注意工件是否发生滑动。

9）粗、精车螺纹必须是同样的主轴转速，如果改变螺纹转速会导致工件乱牙；螺纹加工的循环点不能随便改动，如果改变循环点会导致工件乱牙。

10）螺纹精度控制：加工螺纹时，螺纹循环运行后，停车测量；然后根据测量结果调整刀具磨损量，重新运行螺纹循环指令，直至符合尺寸要求。

11）程序中设置的换刀点，不一定是最佳位置，应根据所用刀具及机床情况，重新设置。

12）精加工时采用高主轴转速、小进给量、小的切削深度的方法来选择切削用量，采用小的刀尖圆弧半径可加工出较高的工件表面质量；采用恒线速切削来保证球体和锥体外表面质量要求。

13）所使用的精车刀有刀尖圆弧半径，精加工时，必须进行刀具半径补偿，否则加工的圆弧存在加工误差。

14）粗加工时在机床允许范围内应尽量选择大的切削深度和进给量，切削速度则相应选小些。

15）工件加工完毕，清除切屑、擦拭机床，使机床与环境保持清洁状态。

项目二十三

综合零件二的加工

【项目综述】

本项目结合综合类零件的加工案例，综合训练学生实施加工工艺设计、程序编制、机床加工、零件精度检测、螺纹相关知识、产品提交等零件加工完整工作过程的工作方法。实施本项目训练学生的专业技能和应掌握的关联知识见表23-1。

表 23-1　专业技能和关联知识

专 业 技 能	关 联 知 识
1. 零件工艺结构分析 2. 零件加工工艺方案设计 3. 机床、毛坯、夹具、刀具、切削用量的合理选用 4. 工序卡的填写与加工程序的编写 5. 熟练操作机床对零件进行加工 6. 零件精度检测及加工结果判断	1. 零件的数控车削加工工艺设计 2. 循环加工指令（G92）的应用

仔细分析图23-1所示图样，根据给定的工具和毛坯，编写出合理的加工程序，并加工出符合要求的零件。

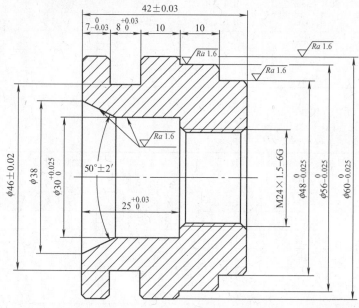

技术要求
1. 毛坯及材料：$\phi65\times47$棒料，45钢。
2. 未注倒角C1，锐角倒钝，螺纹倒角C1.5。
3. 未注公差按GB/T 1804—m确定。
4. 不得使用锉刀、砂布等修饰工件表面。

图 23-1　零件的实训图例 SC023

一、零件的加工工艺设计与程序编制

1. 分析零件结构

零件外轮廓主要由 $\phi 60_{-0.025}^{0}$ mm、$\phi 56_{-0.025}^{0}$ mm、$\phi 48_{-0.025}^{0}$ mm 的圆柱面，$\phi 30_{0}^{+0.025}$ mm 内孔，内锥度 $50°\pm2'$ 表面，$M24\times1.5-6G$ 的内螺纹，外圆槽和倒角等表面组成。整张零件图尺寸标注完整，符合数控加工尺寸标注要求，零件轮廓描述清楚完整，表面粗糙度值要求为 $Ra1.6\mu m$ 和 $Ra3.2\mu m$，无热处理和硬度要求。

2. 选择毛坯和机床

根据图样要求，工件毛坯尺寸为 $\phi 65mm\times47mm$ 棒料，材质为 45 钢，选择卧式数控车床。

3. 选择工具、量具和刀具

（1）选择工具 装夹工件所需要的工具清单见表 23-2。

表 23-2 工具清单

序号	名称	规格	单位	数量
1	自定心卡盘	$\phi 250mm$	个	1
2	卡盘扳手	—	副	1
3	刀架扳手	—	副	1
4	垫刀片	—	块	若干
5	百分表、表座	—	套	1

（2）选择量具 检测所需要的量具清单见表 23-3。

表 23-3 量具清单

序号	名称	规格	分度值	单位	数量
1	游标卡尺	$0\sim150mm$	0.01mm	把	1
2	外径千分尺	$0\sim75mm$	0.01mm	把	1
3	内径千分尺	$5\sim30mm$	0.01mm	把	1
4	钢直尺	$0\sim150mm$	0.02mm	把	1
5	螺纹塞规	$M24\times1.5$	6G	套	1
6	表面粗糙度比较样块	—	—	套	1

（3）选择刀具 刀具清单见表 23-4。

表 23-4 刀具清单

序号	刀具号	刀具名称	刀具规格/mm×mm	数量	加工表面	刀尖圆弧半径/mm
1	T01	93°外圆粗车刀	20×20	1 把	粗车外轮廓	0.4
2	T02	93°外圆精车刀	20×20	1 把	精车外轮廓	0.2
3	T03	93°内孔粗车刀	$\phi16\times50$	1 把	粗车内孔	0.4
4	T04	93°内孔精车刀	$\phi16\times50$	1 把	精车内孔	0.2
5	T05	3mm 切槽刀	20×20	1 把	切槽、切断	—
6	T06	60°内螺纹车刀	$\phi16\times50$	1 把	加工螺纹	—
7	T07	中心钻	A3	1 个	中心孔	—
8	T08	钻头	D20	1 个	钻孔	—

4. 确定零件装夹方式

1）工件加工时采用自定心卡盘装夹。卡盘夹持毛坯留出加工长度约30mm。

2）工件调头时使用软爪或护套夹持工件 ϕ60mm 部分，预防已加工部分被夹伤。

5. 确定加工工艺路线

分析零件图可知，零件可通过两次装夹完成所有工序。因此，零件加工步骤如下：手动加工工件左端端面→手动钻中心孔、通孔→粗加工左端内孔轮廓，留0.2mm精加工余量→精加工左端内孔轮廓至图样尺寸要求→加工螺纹至图样尺寸要求→粗加工左端外圆轮廓，留0.2mm精加工余量→精加工左端外圆轮廓至图样尺寸要求→加工外圆槽→工件调头、装夹并校正→加工工件右端端面，保证工件总长至图样尺寸要求→粗加工右端外圆轮廓，留0.2mm精加工余量→精加工右端外圆轮廓至图样尺寸要求。加工工艺路线如图23-2所示。

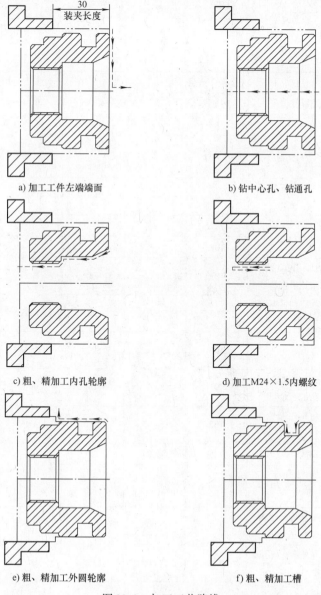

a) 加工工件左端端面　　　　　　b) 钻中心孔、钻通孔

c) 粗、精加工内孔轮廓　　　　　　d) 加工M24×1.5内螺纹

e) 粗、精加工外圆轮廓　　　　　　f) 粗、精加工槽

图23-2　加工工艺路线

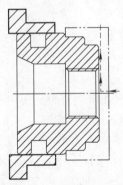

g) 调头，加工工件右端端面(保证工件总长)

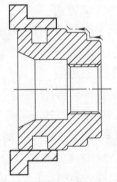

h) 粗、精加工右端外圆轮廓

图 23-2　加工工艺路线（续）

6. 填写加工工序卡（表 23-5）

表 23-5　加工工序卡

零件图号	SC023	操作人员		实习日期	
使用设备	卧式数控车床	型号	CAK6140	实习地点	数控车车间
数控系统	GSK 980TA	刀架	4 刀位、自动换刀	夹具名称	自定心卡盘
工步号	工步内容	刀具号	程序号	主轴转速 $n/(\text{r/min})$	进给量 $f/(\text{mm/r})$	切削深度 a_{p}/mm	备注
---	---	---	---	---	---	---	---
1	加工工件左端端面（至端面平整、光滑）	T01	—	1500	0.05	0.3	手动
2	钻中心孔	T07	—	1500	—	5	手动
3	钻通孔	T08	—	300	—	—	手动
4	粗加工左端内孔轮廓，留 0.2mm 精加工余量	T03	00001	800	0.2	1.5	自动
5	精加工左端内孔轮廓至图样尺寸	T04	00001	1500	0.05	0.1	自动
6	加工螺纹（至图样尺寸要求）	T06	00002	520	1.5	按表	自动
7	粗加工左端外圆轮廓，留 0.2mm 精加工余量	T01	00003	800	0.2	1.5	自动
8	精加工左端外圆轮廓至图样尺寸	T02	00003	1500	0.05	0.1	自动
9	加工外圆槽	T05	00004	400	0.1	1	自动
10	调头，装夹并校正工件	—	—	—	—	—	手动
11	粗加工右端外圆轮廓，留 0.2mm 精加工余量	T01	00005	800	0.2	1.5	自动
12	精加工右端外圆轮廓至图样尺寸	T02	00005	1500	0.05	0.1	自动
审核人		批准人		日　　期	

7. 建立工件坐标系

加工工件以零件端面中心为工件坐标系原点。

8. 编制加工程序（表23-6～表23-10）

表23-6　工件左端内孔轮廓粗、精加工程序

程序段号	程序内容	说　明
	%	程序开始符
	O0001；	程序号
N10	T0303；	调用93°内孔粗车刀
N20	G97　G99　F0.2；	设置进给为恒转速控制，进给量0.2mm/r
N30	M03　S800；	主轴正转，转速800r/min
N40	G00　X20.0　Z2.0；	快速进给至加工起始点
N50	G71　U1.5　R1.0；	外圆粗车固定循环加工，每刀切削深度1.5mm，退刀距离
N60	G71　P70　Q130　U-0.2；	1.0mm，循环段N70～N130，径向余量0.2mm
N70	G00　X38.0；	
N80	G01　Z0；	
N90	X30.0　Z-8.578；	
N100	Z-25.0；	粗加工外形轮廓
N110	X25.5；	
N120	X22.5　Z-26.5；	
N130	Z-45.0；	
N140	G00　X100.0　Z100.0；	快速退刀
N150	T0404；	调用93°内孔精车刀
N160	G97　G99　F0.05；	设置进给为恒转速控制，进给量0.05mm/r
N170	M03　S1500；	主轴正转，转速1500r/min
N180	G00　X20.0　Z2.0；	快速进给至加工起始点
N190	G70　P70　Q130；	精车固定循环加工，循环段N70～N130
N200	G00　X100.0　Z100.0；	快速退刀
N210	M30；	程序结束
	%	程序结束符

表23-7　工件内螺纹加工程序

程序段号	程序内容	说　明
	%	程序开始符
	O0002；	程序号
N10	T0808；	调用60°内螺纹车刀
N20	G97　G99　F2.0；	设置进给为恒转速控制，进给量2.0mm/r
N30	M03　S520；	主轴正转，转速520r/min
N40	G00　X20.0　Z2.0；	快速进给至加工起始点

数控车削加工案例详解

（续）

程序段号	程序内容	说　明
N50	G92 X23.1 Z-15.0 F1.5;	螺纹切削固定循环加工，X轴第一刀切削深度0.6mm，Z轴终点坐标-15.0mm，螺距1.5mm
N60	X23.6;	X轴第二刀切削深度0.5mm
N70	X23.8;	X轴第三刀切削深度0.2mm
N80	X23.95;	X轴第四刀切削深度0.15mm
N90	G00 X100.0 Z100.0;	快速退刀
N100	M30;	程序结束
	%	程序结束符

表23-8　工件左端外圆轮廓粗、精加工程序

程序段号	程序内容	说　明
	%	程序开始符
	O0003;	程序号
N10	T0101;	调用93°外圆粗车刀
N20	G97 G99 F0.2;	设置进给为恒转速控制，进给量0.2mm/r
N30	M03 S800;	主轴正转，转速800r/min
N40	G00 X67.0 Z2.0;	快速进给至加工起始点
N50	G71 U1.5 R1.0;	外圆粗车固定循环加工，每刀切削深度1.5mm，退刀距离1.0mm，循环段N70~N100，径向余量0.2mm
N60	G71 P70 Q100 U0.2;	
N70	G00 X58.0;	粗加工外形轮廓
N80	G01 Z0;	
N90	X60.0 Z-1.0;	
N100	Z-27.0;	
N110	G00 X100.0 Z100.0;	快速退刀
N120	T0202;	调用93°外圆精车刀
N130	G97 G99 F0.05;	设置进给为恒转速控制，进给量0.05mm/r
N140	M03 S1500;	主轴正转，转速1500r/min
N150	G00 X67.0 Z2.0;	快速进给至加工起始点
N160	G70 P70 Q100;	精车固定循环加工，循环段N70~N100
N170	G00 X100.0 Z100.0;	快速退刀
N180	M30;	程序结束
	%	程序结束符

表 23-9　工件外圆槽粗、精加工程序

程序段号	程序内容	说　明
	%	程序开始符
	O0004；	程序号
N10	T0505；	调用 3mm 切槽刀
N20	G97　G99　F0.1；	设置进给为恒转速控制，进给量 0.1mm/r
N30	M03　S400；	主轴正转，转速 400r/min
N40	G00　X62.0　Z−10.1；	快速进给至加工起始点
N50	G75　R1.0；	径向切槽固定循环加工，退刀量 1.0mm，X 轴终点坐标 46.1mm，
N60	G75　X46.1　Z−14.9 P10000　Q25000；	Z 轴终点坐标−15.0mm，X 轴每次切削深度 1.0mm，Z 轴每次切削深度 2.5mm
N70	G00　X100.0　Z100.0；	快速退刀
N80	G97　G99　F0.04；	设置进给为恒转速控制，进给量 0.04mm/r
N90	M03　S1000；	主轴正转，转速 1000r/min
N100	G00　X62　Z−9.0；	
N110	G01　X60.0；	
N120	X58.0　Z−10.0；	
N130	X46.0；	
N140	Z−15.0；	精加工外圆槽
N150	X58.0；	
N160	X60.0　Z−16.0；	
N170	G00　X100.0；	X 轴快速退刀
N180	Z100.0；	Z 轴快速退刀
N190	M30；	程序结束
	%	程序结束符

表 23-10　工件右端外圆轮廓粗、精加工程序

程序段号	程序内容	说　明
	%	程序开始符
	O0005；	程序号
N10	T0101；	调用 93°外圆粗车刀
N20	G97　G99　F0.2；	设置进给为恒转速控制，进给量 0.2mm/r
N30	M03　S800；	主轴正转，转速 800r/min
N40	G00　X62.0　Z2.0；	快速进给至加工起始点
N50	G71　U1.5　R1.0；	外圆粗车固定循环加工，每刀切削深度 1.5mm，退刀距离
N60	G71　P70　Q180　U0.2；	1.0mm，循环段 N70～N180，径向余量 0.2mm
N70	G00　X46.0；	
N80	G01　Z0；	
N90	X48.0　Z−1.0；	
N100	Z−7.0；	
N130	X54.0；	
N140	X56.0　Z−8.0；	粗加工外圆轮廓
N150	Z−17.0；	
N160	X58.0；	
N170	X60.0　Z−18.0；	
N180	X62.0；	

（续）

程序段号	程序内容	说　明
N190	G00　X100.0　Z100.0;	快速退刀
N200	T0202;	调用93°外圆精车刀
N210	G97　G99　F0.05;	设置进给为恒转速控制，进给量0.05mm/r
N220	M03　S1500;	主轴正转，转速1500r/min
N230	G00　X62.0　Z2.0;	快速进给至加工起始点
N240	G70　P70　Q180;	精车固定循环加工，循环段N70～N180
N250	G00　X100.0　Z100.0;	快速退刀
N260	M30;	程序结束
	%	程序结束符

二、工件加工实施过程

加工工件的步骤如下：

1）开启机床，各轴回机床参考点。

2）按照表23-4依次安装刀具。

3）使用自定心卡盘装夹毛坯，夹持毛坯留出加工长度约30.0mm。

4）对刀，并设置刀具补偿。

5）起动主轴，换取T01外圆粗车刀具，加工工件左端端面，至端面平整、光滑为止。

6）起动主轴，换取T07中心钻，钻中心孔，钻深5mm。

7）起动主轴，换取T08钻头，钻通孔。

8）输入表23-6工件左端内孔轮廓粗、精加工程序。

9）单击【程序启动】按钮，自动加工工件。加工完毕后，测量工件尺寸与实际尺寸的差值，若不合格可通过修改【刀具磨损】中差值，直至工件尺寸合格为止。

10）输入表23-7工件内螺纹加工程序。

11）单击【程序启动】按钮，自动加工工件。加工完毕后，使用螺纹环规检测，若不合格可通过修改【刀具磨损】中差值，直至工件尺寸合格为止。

12）输入表23-8工件左端外圆轮廓粗、精加工程序。

13）单击【程序启动】按钮，自动加工工件。加工完毕后，测量工件尺寸与实际尺寸的差值，若不合格可通过修改【刀具磨损】中差值，直至工件尺寸合格为止。

14）输入表23-9工件外圆槽粗、精加工程序。

15）单击【程序启动】按钮，自动加工工件。加工完毕后，测量工件尺寸与实际尺寸的差值，若不合格可通过修改【刀具磨损】中差值，直至工件尺寸合格为止。

16）调头，装夹并校正工件。

17）换取T01号刀具，起动主轴，手动去除多余毛坯余量，需保证工件总长，且端面平整、光滑为止。

18）输入表23-10工件右端外圆轮廓粗、精加工程序。

19）单击【程序启动】按钮，自动加工工件。加工完毕后，测量工件尺寸与实际尺寸

的差值，若不合格可通过修改【刀具磨损】中差值，直至工件尺寸合格为止。

20）去飞边。

21）加工完毕，卸下工件，清理机床。

三、总结与评价

根据表 23-11 要求对已加工的工件进行正确的自我评价，并找出在学习过程中遇到的问题，然后认真总结。

表 23-11 自我鉴定

鉴定项目及标准	配 分	检测方式	自 检	得 分	备 注
用试切法对刀	5	不合格不得分			
$(\phi 46 \pm 0.02)$ mm	8	每超差 0.01mm 扣 2 分			
$\phi 30^{+0.025}_{0}$ mm	8	每超差 0.01mm 扣 2 分			
$\phi 60^{0}_{-0.025}$ mm	8	每超差 0.01mm 扣 2 分			
$\phi 56^{0}_{-0.025}$ mm	8	每超差 0.01mm 扣 2 分			
$\phi 48^{0}_{-0.025}$ mm	8	每超差 0.01mm 扣 2 分			
$7^{0}_{-0.03}$ mm	8	每超差 0.01mm 扣 2 分			
$8^{+0.03}_{0}$ mm	8	每超差 0.01mm 扣 2 分			
$C1.5$、$C1$	5	不合格不得分			
$50° \pm 2'$	5	不合格不得分			
(42 ± 0.03) mm	5	每超差 0.01mm 扣 2 分			
$Ra1.6\mu m$（3 处）	5	每降一级扣 2 分			
M24×1.5-6g	9	不合格不得分			
安全操作、清理机床	10	违规一次扣 2 分			
总 结					

四、尺寸检测

1）用涂色法检测工件的内孔锥度是否达到要求。

2）用内径千分尺检测工件的内孔尺寸是否达到要求。

3）用外径千分尺检测工件的外圆尺寸是否达到要求。

4）用游标卡尺检测工件的长度尺寸是否达到要求。

5）用螺纹塞规检验工件的内螺纹尺寸是否达到要求。

五、注意事项

1）机床工作前要有预热，认真检查润滑系统工作是否正常。

2）禁止用手接触刀尖和切屑，必须要用铁钩子或毛刷来清理切屑，禁止戴手套操作机床。

3）在加工过程中，不允许打开机床防护门。

4）装夹刀具时，车刀刀尖必须与主轴轴线等高。

5）若出现尺寸误差可以通过调整刀具的补偿来解决。

6）调头时，所有刀具必须重新对刀。

7）加工过程中，尽量采用试切、测量、补偿、试测方法控制尺寸精度。

8）加工槽时，注意工件是否发生滑动。

9）粗、精车螺纹必须是同样的主轴转速，如果改变螺纹转速会导致工件乱牙；螺纹加工的循环点不能随便改动，如果改变循环点会导致工件乱牙。

10）螺纹精度控制：加工螺纹时，螺纹循环运行后，停车测量；然后根据测量结果调整刀具磨损量，重新运行螺纹循环指令，直至符合尺寸要求。

11）程序中设置的换刀点，不一定是最佳位置，应根据所用刀具及机床情况，重新设置。

12）精加工时采用高主轴转速、小进给量、小的切削深度的方法来选择切削用量，采用小的刀尖圆弧半径可加工出较高的工件表面质量；采用恒线速切削来保证球体和锥体外表面质量要求。

13）所使用的精车刀有刀尖圆弧半径，精加工时，必须进行刀具半径补偿，否则加工的圆弧存在加工误差。

14）粗加工时在机床允许范围内应尽量选择大的切削深度和进给量，切削速度则相应选小些。

15）工件加工完毕，清除切屑，擦拭机床，使机床与环境保持清洁状态。

项目二十四

综合零件三的加工

【项目综述】

    本项目结合综合类零件的加工案例，综合训练学生实施加工工艺设计、程序编制、机床加工、零件精度检测、螺纹相关知识、产品提交等零件加工完整工作过程的工作方法。实施本项目训练学生的专业技能和应掌握的关联知识见表24-1。

表 24-1　专业技能和关联知识

专业技能	关联知识
1. 零件工艺结构分析 2. 零件加工工艺方案设计 3. 机床、毛坯、夹具、刀具、切削用量的合理选用 4. 工序卡的填写与加工程序的编写 5. 熟练操作机床对零件进行加工 6. 零件精度检测及加工结果判断	1. 零件的数控车削加工工艺设计 2. 循环加工指令的应用

    仔细分析图24-1所示图样，根据给定的工具和毛坯，编写出合理的加工程序，并加工出符合要求的零件。

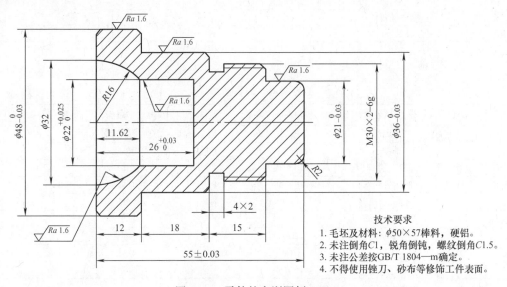

技术要求
1. 毛坯及材料：$\phi50\times57$棒料，硬铝。
2. 未注倒角C1，锐角倒钝，螺纹倒角C1.5。
3. 未注公差按GB/T 1804—m确定。
4. 不得使用锉刀、砂布等修饰工件表面。

图 24-1　零件的实训图例 SC024

一、零件的加工工艺设计与程序编制

1. 分析零件结构

零件外轮廓主要由 $\phi 48_{-0.03}^{\ 0}$ mm、$\phi 36_{-0.03}^{\ 0}$ mm、$\phi 21_{-0.03}^{\ 0}$ mm 的圆柱面，$\phi 22_{0}^{+0.025}$ mm 内孔，$R16$ mm 圆弧曲面，M30×2-6g 的外螺纹和倒角等表面组成。整张零件图尺寸标注完整，符合数控加工尺寸标注要求，零件轮廓描述清楚完整，表面粗糙度值要求为 $Ra1.6\mu m$ 和 $Ra3.2\mu m$，无热处理和硬度要求。

2. 选择毛坯和机床

根据图样要求，工件毛坯尺寸为 $\phi 50$ mm ×57mm 棒料，材质为硬铝，选择卧式数控车床。

3. 选择工具、量具和刀具

（1）选择工具　装夹工件所需要的工具清单见表24-2。

表24-2　工具清单

序号	名称	规格	单位	数量
1	自定心卡盘	$\phi 250$mm	个	1
2	卡盘扳手	—	副	1
3	刀架扳手	—	副	1
4	垫刀片	—	块	若干

（2）选择量具　检测所需要的量具清单见表24-3。

表24-3　量具清单

序号	名称	规格	分度值	单位	数量
1	游标卡尺	0～150mm	0.01mm	把	1
2	外径千分尺	0～50mm	0.01mm	把	1
3	内径千分尺	5～30mm	0.01mm	把	1
4	钢直尺	0～150mm	0.02mm	把	1
5	半径样板	$R1～R15$mm		套	1
6	螺纹塞规	M30×2	6g	套	1
7	表面粗糙度比较样块	—	—	套	1
8	百分表及表座	—	—	套	1

（3）选择刀具　刀具清单见表24-4。

表24-4　刀具清单

序号	刀具号	刀具名称	刀具规格/mm × mm	数量	加工表面	刀尖圆弧半径/mm
1	T01	93°外圆粗车刀	20×20	1把	粗车外轮廓	0.4
2	T02	93°外圆精车刀	20×20	1把	精车外轮廓	0.2
3	T03	93°内孔粗车刀	$\phi 16×35$	1把	粗车内孔	0.4
4	T04	93°内孔精车刀	$\phi 16×35$	1把	精车内孔	0.2
5	T05	3mm 切槽刀	20×20	1把	切槽	—
6	T06	60°外螺纹车刀	20×20	1把	加工螺纹	—
7	T07	中心钻	A3	1个	中心孔	—
8	T08	钻头	D18	1个	钻孔	—
9	T09	键槽铣刀	$\phi 16×35$	1把	平底孔	—

4. 确定零件装夹方式

1）加工工件时采用自定心卡盘装夹。卡盘夹持毛坯留出加工长度约 18.0mm。

2）工件调头时使用软爪或护套夹持工件 ϕ48.0mm 部分，预防已加工部分被夹伤。

5. 确定加工工艺路线

分析零件图可知，需通过两次装夹完成所有工序。因此，零件加工步骤如下：手动加工工件左端端面→手动钻中心孔、通孔→手动加工底孔面→粗加工左端内孔轮廓，留 0.2mm 精加工余量→精加工左端内孔轮廓至图样尺寸要求→粗加工左端外圆轮廓，留 0.2mm 精加工余量→精加工左端外圆轮廓至图样尺寸要求→工件调头、装夹并校正→加工右端端面，保证工件总长至图样尺寸要求→粗加工右端外圆轮廓，留 0.2mm 精加工余量→精加工右端外圆轮廓至图样尺寸要求→手动加工螺纹退刀槽→加工螺纹至图样尺寸要求。加工工艺路线如图 24-2 所示。

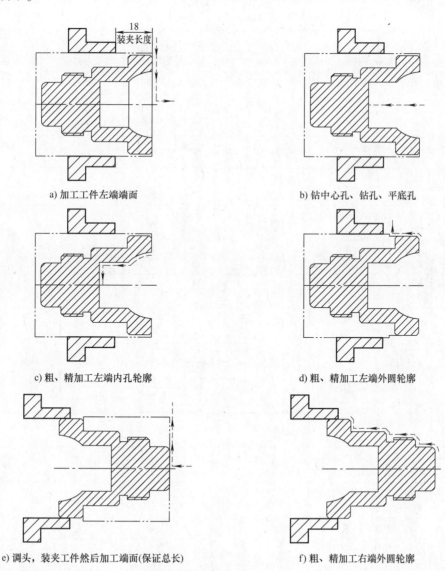

a) 加工工件左端端面

b) 钻中心孔、钻孔、平底孔

c) 粗、精加工左端内孔轮廓

d) 粗、精加工左端外圆轮廓

e) 调头，装夹工件然后加工端面(保证总长)

f) 粗、精加工右端外圆轮廓

图 24-2　加工工艺路线

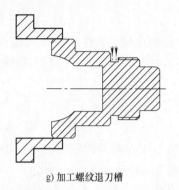

g) 加工螺纹退刀槽

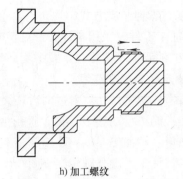

h) 加工螺纹

图 24-2　加工工艺路线（续）

6. 填写加工工序卡（表 24-5）

表 24-5　加工工序卡

零件图号	SC024	操作人员		实习日期	
使用设备	卧式数控车床	型号	CAK6140	实习地点	数控车车间
数控系统	GSK 980TA	刀架	4 刀位、自动换刀	夹具名称	自定心卡盘

工步号	工步内容	刀具号	程序号	主轴转速 $n/(r/min)$	进给量 $f/(mm/r)$	切削深度 a_p/mm	备注
1	加工工件左端端面（至端面平整、光滑）	T01	—	1000	0.05	0.3	手动
2	钻中心孔	T07	—	1000	—	—	手动
3	钻通孔	T08	—	300	—	—	手动
4	粗加工左端内孔底面，留 0.1mm 精加工余量	T09	—	500	—	—	手动
5	粗加工左端内孔轮廓，留 0.2mm 精加工余量	T03	O0001	800	0.2	1.5	自动
6	精加工左端内孔轮廓至图样尺寸	T04	O0001	1500	0.05	0.1	自动
7	粗加工左端外圆轮廓，留 0.2mm 精加工余量	T01	O0002	800	0.2	1.5	自动
8	精加工左端外圆轮廓至图样尺寸	T02	O0002	1500	0.05	0.1	自动
9	调头，装夹并校正工件	—	—	—	—	—	手动
10	加工左端端面，保证长度，且至端面平整、光滑	T01	—	1500	0.05	0.3	手动
11	粗加工右端外圆轮廓，留 0.2mm 精加工余量	T01	O0003	800	0.2	1.5	自动
12	精加工右端外圆轮廓至图样尺寸	T02	O0003	1500	0.05	0.1	自动
13	加工螺纹退刀槽	T05	—	300	—	—	手动
14	加工螺纹（至图样尺寸要求）	T06	O0004	520	2	按表	自动
审核人		批准人		日　期	

7. 建立工件坐标系

加工工件以零件端面中心为工件坐标系原点。

8. 编制加工程序（表24-6 ~ 表24-9）

表24-6　工件左端内孔轮廓粗、精加工程序

程序段号	程序内容	说　明
	%	程序开始符
	O0001;	程序号
N10	T0303;	调用93°内孔粗车刀
N20	G97　G99　F0.2;	设置进给为恒转速控制，进给量0.2mm/r
N30	M03　S800;	主轴正转，转速800r/min
N40	G00　X16.0　Z2.0;	快速进给至加工起始点
N50	G71　U1.5　R1.0;	外圆粗车固定循环加工，每刀切削深度1.5mm，退刀距离
N60	G71　P70　Q110　U−0.2;	1.0mm，循环段N70 ~ N110，径向余量0.2mm
N70	G00　X32.0;	
N80	G01　Z0.0;	
N90	G03　X22.0　Z−11.619　R16.0;	粗加工内孔轮廓
N100	G01　Z−26.0;	
N110	G01　X−1.0;	
N120	G00　X100.0　Z100.0;	快速退刀
N130	T0202;	调用93°内孔精车刀
N140	G97　G99　F0.05;	设置进给为恒转速控制，进给量0.05mm/r
N150	M03　S1500;	主轴正转，转速1500r/min
N160	G00　X16.0　Z2.0;	快速进给至加工起始点
N170	G70　P70　Q110;	精车固定循环加工，循环段N70 ~ N110
N180	G00　X100.0　Z100.0;	快速退刀
N190	M30;	程序结束
	%	程序结束符

表24-7　工件左端外圆轮廓加工程序

程序段号	程序内容	说　明
	%	程序开始符
	O0002;	程序号
N10	T0101;	调用93°外圆粗车刀
N20	G97　G99　F0.2;	设置进给为恒转速控制，进给量0.2mm/r
N30	M03　S800;	主轴正转，转速800r/min
N40	G00　X52.0　Z2.0;	快速进给至加工起始点
N50	X48.2;	粗加工内孔轮廓
N60	G01　Z−14.0;	

（续）

程序段号	程序内容	说　　明
N70	G00　X100.0；	快速退刀
N80	Z100.0；	
N90	T0202；	调用93°内孔精车刀
N100	G97　G99　F0.05；	设置进给为恒转速控制，进给量0.05mm/r
N110	M03　S1500；	主轴正转，转速1500r/min
N120	G00　X52.0Z2.0；	快速进给至加工起始点
N130	X46.0；	
N140	G01　X48.0　Z－1.0；	精加工内孔轮廓
N150	Z－14.0；	
N160	G00　X100.0；	快速退刀
N170	Z100.0；	
N180	M30；	程序结束
	%	程序结束符

表24-8　工件右端外圆轮廓粗、精加工程序

程序段号	程序内容	说　　明
	%	程序开始符
	O00003；	程序号
N10	T0101；	调用93°外圆粗车刀
N20	G97　G99　F0.2；	设置进给为恒转速控制，进给量0.2mm/r
N30	M03　S800；	主轴正转，转速800r/min
N40	G00　X52.0　Z2.0；	快速进给至加工起始点
N50	G71　U1.5　R1.0；	外圆粗车固定循环加工，每刀切削深度1.5mm，退刀距离
N60	G71　P70　Q180　U0.2；	1.0mm，循环段N70～N180，径向余量0.2mm
N70	G00　X17.0；	
N80	G01　Z0.0；	
N90	G03　X21.0　Z－2.0　R2.0；	
N100	G01　Z－10.0；	
N110	X27.0；	
N120	X29.8　Z－11.5；	粗加工外圆轮廓
N130	Z－25.0；	
N140	X34.0；	
N150	X36.0　Z－26.0；	
N160	Z－43.0；	
N170	X46.0；	
N180	X48.0　Z－44.0；	

（续）

程序段号	程序内容	说　明
N190	G00　X100.0　Z100.0;	快速退刀
N200	T0202;	调用93°外圆精车刀
N210	G97　G99　F0.05;	设置进给为恒转速控制，进给量0.05mm/r
N220	M03　S1500;	主轴正转，转速1500r/min
N230	G00　X52.0　Z2.0;	快速进给至加工起始点
N240	G70　P70　Q180;	精车固定循环加工，循环段N70～N180
N250	G00　X100.0　Z100.0;	快速退刀
N260	M30;	程序结束
	%	程序结束符

表24-9　工件螺纹加工程序

程序段号	程序内容	说　明
	%	程序开始符
	O0004;	程序号
N10	T0606;	调用60°外螺纹车刀
N20	G97　G99;	设置进给为恒转速控制
N30	M03　S520;	主轴正转，转速520r/min
N40	G00　X32.0　Z−8.0;	快速进给至加工起始点
N50	G92　X29.1　Z−23.0　F2.0;	螺纹切削固定循环加工，X轴第一刀切削深度0.9mm，Z轴终点坐标为−23.0mm，螺距为2.0mm
N60	X28.5;	X轴第二刀切削深度0.6mm
N70	X27.9;	X轴第三刀切削深度0.6mm
N80	X27.5;	X轴第四刀切削深度0.4mm
N90	X27.4;	X轴第五刀切削深度0.1mm
N100	G00　X100.0　Z100.0;	快速退刀
N110	M30;	程序结束
	%	程序结束符

二、工件加工实施过程

加工工件的步骤如下：

1）开启机床，各轴回机床参考点。

2）按照表24-4依次安装刀具。

3）使用自定心卡盘装夹毛坯，夹持毛坯留出加工长度约18.0mm。

4）对刀，并设置刀具补偿。

5）起动主轴，换取T01外圆精车刀具，加工工件左端端面，至端面平整、光滑为止。

6）起动主轴，换取T07中心钻，钻中心孔，钻深5.0mm。

7）起动主轴，换取T08钻头，钻深26.0mm。

8）起动主轴，换取T09键槽铣刀，铣平底孔面。

9）输入表24-6工件左端内孔轮廓粗、精加工程序。

10）单击【程序启动】按钮，自动加工工件。加工完毕后，测量工件尺寸与实际尺寸的差值，若不合格可通过修改【刀具磨损】中差值，直至工件尺寸合格为止。

11）输入表24-7工件左端外圆轮廓粗、精加工程序。

12）单击【程序启动】按钮，自动加工工件。加工完毕后，测量工件尺寸与实际尺寸的差值，若不合格可通过修改【刀具磨损】中差值，直至工件尺寸合格为止。

13）调头，装夹并校正工件。

14）换取T01号刀具，起动主轴，手动去除多余毛坯余量，需保证工件总长，且端面平整、光滑为止。

15）输入表24-8工件右端外圆轮廓粗、精加工程序。

16）单击【程序启动】按钮，自动加工工件。加工完毕后，测量工件尺寸与实际尺寸的差值，若不合格可通过修改【刀具磨损】中差值，直至工件尺寸合格为止。

17）起动主轴，换取T05切槽车刀，手动加工螺纹退刀槽。

18）输入表24-9螺纹加工程序。

19）单击【程序启动】按钮，自动加工工件。加工完毕后，使用螺纹环规检测，若不合格可通过修改【刀具磨损】中差值，直至工件尺寸合格为止。

20）去飞边。

21）加工完毕，卸下工件，清理机床。

三、总结与评价

根据表24-10要求对已加工的工件进行正确的自我评价，并找出在学习过程中遇到的问题，然后认真总结。

表 24-10 自我鉴定

鉴定项目及标准	配 分	检测方式	自 检	得 分	备 注
用试切法对刀	5	不合格不得分			
$\phi 21_{-0.03}^{0}$ mm	9	每超差 0.01mm 扣 2 分			
$\phi 36_{-0.03}^{0}$ mm	9	每超差 0.01mm 扣 2 分			
$\phi 48_{-0.03}^{0}$ mm	9	每超差 0.01mm 扣 2 分			
$\phi 22_{0}^{+0.025}$ mm	9	每超差 0.01mm 扣 2 分			
M30 ×2 −6g	12	不合格不得分			
(55 ±0.03) mm	6	每超差 0.01mm 扣 2 分			
$26_{0}^{+0.03}$ mm	5	每超差 0.01mm 扣 2 分			
螺纹退刀槽 4mm ×2mm	3	不合格不得分			
C1.5	2	不合格不得分			
C1 （3 处）	6	不合格不得分			
R2mm	2	不合格不得分			
R16mm	8	不合格不得分			
Ra1.6μm （5 处）	5	每降一级扣 1 分			
安全操作、清理机床	10	违规一次扣 2 分			
总 结					

四、尺寸检测

1）用内径百分表检测工件的内孔尺寸是否达到要求。

2）用外径千分尺检测工件的外圆尺寸是否达到要求。

3）用游标卡尺检测工件的长度尺寸是否达到要求。

4）用螺纹环规检验工件的外螺纹尺寸是否达到要求。

5）用半径样板检测工件的圆弧尺寸是否达到要求。

五、注意事项

1）机床工作前要有预热，认真检查润滑系统工作是否正常。

2）禁止用手接触刀尖和切屑，必须要用铁钩子或毛刷来清理切屑，禁止戴手套操作机床。

3）在加工过程中，不允许打开机床防护门。

4）装夹刀具时，车刀刀尖必须与主轴轴线等高。

5）若出现尺寸误差可以通过调整刀具的补偿来解决。

6）调头时，所有刀具必须重新对刀。

7）加工过程中，尽量采用试切、测量、补偿、试测方法控制尺寸精度。

8）加工内孔时，注意刀具的吃刀量与刀具长度，避免出现撞刀现象。

9）加工槽时，注意工件是否发生滑动。

10）粗、精车螺纹必须是同样的主轴转速，如果改变螺纹转速会导致工件乱牙；螺纹加工的循环点不能随便改动，如果改变循环点会导致工件乱牙。

11）螺纹精度控制：加工螺纹时，螺纹循环运行后，停车测量；然后根据测量结果调整刀具磨损量，重新运行螺纹循环指令，直至符合尺寸要求。

12）程序中设置的换刀点，不一定是最佳位置，应根据所用刀具及机床情况，重新设置。

13）精加工时采用高主轴转速、小进给量、小的切削深度的方法来选择切削用量，采用小的刀尖圆弧半径可加工出较高的工件表面质量；采用恒线速切削来保证球体和锥体外表面质量要求。

14）所使用的精车刀有刀尖圆弧半径，精加工时，必须进行刀具半径补偿，否则加工的圆弧存在加工误差。

15）粗加工时在机床允许范围内应尽量选择大的切削深度和进给量，切削速度则相应选小些。

16）工件加工完毕，清除切屑，擦拭机床，使机床与环境保持清洁状态。

项目二十五

综合零件四的加工

　　本项目结合综合类零件的加工案例，综合训练学生实施加工工艺设计、程序编制、机床加工、零件精度检测、螺纹相关知识、产品提交等零件加工完整工作过程的工作方法。实施本项目训练学生的专业技能和应掌握的关联知识见表 25-1。

表 25-1　专业技能和关联知识

专 业 技 能	关 联 知 识
1. 零件工艺结构分析	1. 零件的数控车削加工工艺设计
2. 零件加工工艺方案设计	2. 循环加工指令的应用
3. 机床、毛坯、夹具、刀具、切削用量的合理选用	
4. 工序卡的填写与加工程序的编写	
5. 熟练操作机床对零件进行加工	
6. 零件精度检测及加工结果判断	

　　仔细分析图 25-1 所示图样，根据给定的工具和毛坯，编写出合理的加工程序，并加工出符合要求的零件。

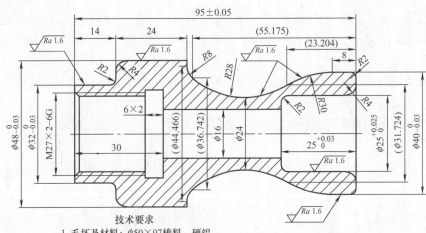

技术要求

1. 毛坯及材料：φ50×97棒料，硬铝。
2. 未注倒角C1，锐角倒钝，螺纹倒角C1.5。
3. 未注公差按GB/T 1804—m确定。
4. 不得使用锉刀、砂布等修饰工件表面。

图 25-1　零件的实训图例 SC025

一、零件的加工工艺设计与程序编制

1. 分析零件结构

零件外轮廓主要由 $\phi 48_{-0.03}^{\;\;0}$ mm、$\phi 32_{-0.03}^{\;\;0}$ mm、$\phi 40_{-0.03}^{\;\;0}$ mm 的圆柱面，$\phi 25_{\;\;0}^{+0.025}$ mm 内孔，圆弧曲面，M27×2 - 6G 的内螺纹和倒角等表面组成。整张零件图尺寸标注完整，符合数控加工尺寸标注要求，零件轮廓描述清楚完整，表面粗糙度值要求为 $Ra1.6\mu$m 和 $Ra3.2\mu$m，无热处理和硬度要求。

2. 选择毛坯和机床

根据图样要求，工件毛坯尺寸为 $\phi 50$mm × 97mm 棒料，材质为硬铝，选择卧式数控车床。

3. 选择工具、量具和刀具

(1) 选择工具　装夹工件所需要的工具清单见表25-2。

表 25-2　工具清单

序号	名称	规格	单位	数量
1	自定心卡盘	$\phi 250$mm	个	1
2	卡盘扳手	—	副	1
3	刀架扳手	—	副	1
4	垫刀片	—	块	若干

(2) 选择量具　检测所需要的量具清单见表25-3。

表 25-3　量具清单

序号	名称	规格	分度值	单位	数量
1	游标卡尺	0 ~ 150mm	0.01mm	把	1
2	外径千分尺	0 ~ 50mm	0.01mm	把	1
3	内径千分尺	5 ~ 30mm	0.01mm	把	1
4	钢直尺	0 ~ 150mm	0.02mm	把	1
5	半径样板	$R1 ~ R35$mm	—	套	1
6	螺纹塞规	M27 × 2	6G	套	1
7	表面粗糙度比较样块	—	—	套	1
8	百分表及表座	0 ~ 10	0.01mm	套	1

(3) 选择刀具　刀具清单见表25-4。

表 25-4　刀具清单

序号	刀具号	刀具名称	刀具规格/mm × mm	数量	加工表面	刀尖圆弧半径/mm
1	T01	93°外圆粗车刀	20 × 20	1 把	粗车外轮廓	0.4
2	T02	93°外圆精车刀	20 × 20	1 把	精车外轮廓	0.2
3	T03	93°内孔粗车刀	$\phi 16 × 40$	1 把	粗车内孔	0.4
4	T04	93°内孔精车刀	$\phi 16 × 40$	1 把	精车内孔	0.2
5	T05	3mm 内切槽刀	$\phi 16 × 40$	1 把	切槽	—
6	T06	60°内螺纹车刀	$\phi 16 × 50$	1 把	加工螺纹	—
7	T07	中心钻	A3	1 个	中心孔	—
8	T08	钻头	D16	1 个	钻孔	—

4. 确定零件装夹方式

1）加工工件时采用自定心卡盘装夹。卡盘夹持毛坯留出加工长度约 48.0mm。

2）工件调头时使用软爪或护套夹持工件 ϕ48.0mm 部分，预防已加工部分被夹伤。

5. 确定加工工艺路线

分析零件图可知，需通过两次装夹完成所有工序。因此，零件加工步骤如下：手动加工工件左端端面→手动钻中心孔、通孔→粗加工左端内孔轮廓，留 0.2mm 精加工余量→精加工左端内孔轮廓至图样尺寸要求→手动加工螺纹退刀槽→加工螺纹至图样尺寸要求→粗加工左端外圆轮廓，留 0.2mm 精加工余量→精加工左端外圆轮廓至图样尺寸要求→工件调头、装夹并校正→加工工件右端端面，保证总长至图样尺寸要求→粗加工右端内孔轮廓，留 0.2mm 精加工余量→精加工右端内孔轮廓至图样尺寸要求→粗加工右端外圆轮廓，留 0.2mm 精加工余量→精加工右端外圆轮廓至图样尺寸要求。加工工艺路线如图 25-2 所示。

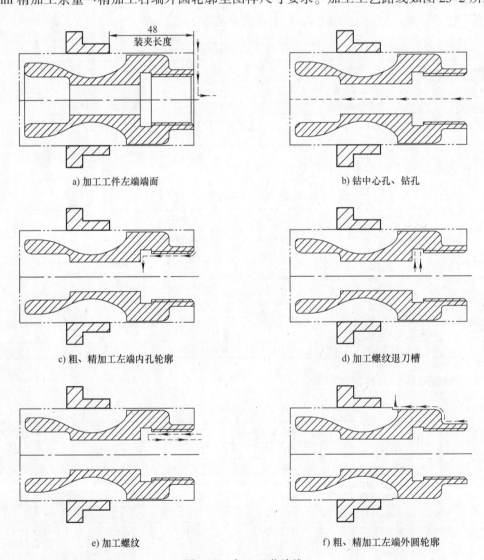

a) 加工工件左端端面

b) 钻中心孔、钻孔

c) 粗、精加工左端内孔轮廓

d) 加工螺纹退刀槽

e) 加工螺纹

f) 粗、精加工左端外圆轮廓

图 25-2　加工工艺路线

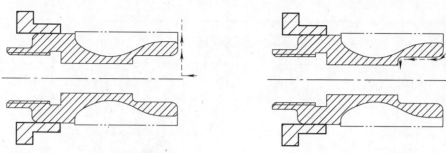

g) 调头，装夹工件并加工工件右端端面(保证总长)　　　　　h) 粗、精加工右端内孔轮廓

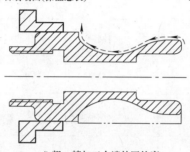

i) 粗、精加工右端外圆轮廓

图 25-2　加工工艺路线（续）

6. 填写加工工序卡（表 25-5）

表 25-5　加工工序卡

零件图号	SC025	操作人员		实习日期	
使用设备	卧式数控车床	型号	CAK6140	实习地点	数控车车间
数控系统	GSK 980TA	刀架	4 刀位、自动换刀	夹具名称	自定心卡盘

工步号	工步内容	刀具号	程序号	主轴转速 $n/(\text{r/min})$	进给量 $f/(\text{mm/r})$	切削深度 a_p/mm	备注
1	加工工件左端端面（至端面平整、光滑）	T01	—	1200	0.05	0.3	手动
2	钻中心孔	T07	—	1000	—	5	手动
3	钻通孔	T08	—	300	—	—	手动
4	粗加工左端内孔轮廓，留 0.2mm 精加工余量	T03	O0001	800	0.2	1.5	自动
5	精加工左端内孔轮廓至图样尺寸	T04	O0001	1500	0.05	0.1	自动
6	加工螺纹退刀槽	T05	—	300	—	—	手动
7	加工螺纹（至图样尺寸要求）	T06	O0002	520	2	按表	自动
8	粗加工左端外圆轮廓，留 0.2mm 精加工余量	T01	O0003	800	0.2	1.5	自动

（续）

工步号	工步内容	刀具号	程序号	主轴转速 n/(r/min)	进给量 f/(mm/r)	切削深度 a_p/mm	备注
9	精加工左端外圆轮廓至图样尺寸	T02	O0003	1500	0.05	0.1	自动
10	调头，装夹并校正工件	—					手动
11	加工工件右端端面，保证总长度，且至端面平整、光滑	T01	—	1200	0.05	0.3	手动
12	粗加工右端内孔轮廓，留 0.2mm 精加工余量	T03	O0004	800	0.2	1.5	自动
13	精加工右端内孔轮廓至图样尺寸	T04	O0004	1500	0.05	0.1	自动
14	粗加工右端外圆轮廓，留 0.2mm 精加工余量	T01	O0005	800	0.2	1	自动
15	精加工右端外圆轮廓至图样尺寸	T02	O0005	1500	0.05	0.1	自动
审核人		批准人			日 期		

7. 建立工件坐标系

加工工件以零件端面中心为工件坐标系原点。

8. 编制加工程序（表 25-6 ~ 表 25-10）

表 25-6　工件左端内孔轮廓粗、精加工程序

程序段号	程序内容	说　明
	%	程序开始符
	O0001;	程序号
N10	T0303;	调用 93° 内孔粗车刀
N20	G97　G99　F0.2;	设置进给为恒转速控制，进给量 0.2mm/r
N30	M03　S800;	主轴正转，转速 800r/min
N40	G00　X14.0　Z2.0;	快速进给至加工起始点
N50	G90　X19.0　Z-30.0;	内外径车削循环加工，X 轴第一刀切削深度 3mm，Z 轴终点坐标 -30.0mm
N60	X22.0;	粗加工内孔轮廓，X 向留 0.2mm 余量
N70	X25.2;	
N80	G00　X100.0　Z100.0;	快速退刀
N90	T0404;	调用 93° 内孔精车刀
N100	G97　G99　F0.05;	设置进给为恒转速控制，进给量 0.05mm/r
N110	M03　S1500;	主轴正转，转速 1500r/min
N120	G00　X14.0　Z2.0;	快速进给至加工起始点
N130	G00　X28.0;	精加工外圆轮廓
N140	G01　X25.0　Z-1.5;	
N150	Z-30.0;	
N160	G00　X100.0　Z100.0;	快速退刀
N170	M30;	程序结束
	%	程序结束符

表 25-7　工件内螺纹加工程序

程序段号	程序内容	说　明
	%	程序开始符
	O0002；	程序号
N10	T0606；	调用60°内螺纹车刀
N20	G97　G99　F2.0；	设置进给为恒转速控制，进给量2.0mm/r
N30	M03　S520；	主轴正转，转速520r/min
N40	G00　X20.0　Z2.0；	快速进给至加工起始点
N50	G92　X25.7　Z－26.0　F2.0；	螺纹切削固定循环加工，X轴第一刀切削深度0.7mm，Z轴终点坐标为－26.0mm，螺距为2.0mm
N60	X26.3；	第二刀切削深度0.6mm
N70	X26.8；	第三刀切削深度0.5mm
N80	X27.0；	第四刀切削深度0.2mm
N90	X27.1；	第五刀切削深度0.1mm
N100	G00　Z100.0；	快速退刀
N110	X100.0；	
N120	M30；	程序结束
	%	程序结束符

表 25-8　工件左端外圆轮廓粗、精加工程序

程序段号	程序内容	说　明
	%	程序开始符
	O0003；	程序号
N10	T0101；	调用93°外圆粗车刀
N20	G97　G99　F0.2；	设置进给为恒转速控制，进给量0.2mm/r
N30	M03　S800；	主轴正转，转速800r/min
N40	G00　X52.0　Z2.0；	快速进给至加工起始点
N50	G71　U1.5　R1.0；	外圆粗车固定循环加工，每刀切削深度1.5mm，退刀距离1.0mm，循环段N70～N120，径向余量0.2mm
N60	G71　P70　Q120　U0.2；	
N70	G00　X32.0；	粗加工外圆轮廓
N80	G01　Z－12.0；	
N90	G02　X36.0　Z－14.0　R2.0；	
N100	G01　X40.0；	
N110	G03　X48.0　Z－18.0　R4.0；	
N120	G01　Z－40.0；	
N130	G00　X100.0　Z100.0；	快速退刀
N140	T0202；	调用93°外圆精车刀
N150	G97　G99　F0.05；	设置进给为恒转速控制，进给量0.05mm/r
N160	M03　S1500；	主轴正转，转速1500r/min
N170	G00　X50.0　Z2.0；	快速进给至加工起始点
N180	G70　P70　Q120；	精车固定循环加工，循环段N70～N120
N190	G00　X100.0　Z100.0；	快速退刀
N200	M30；	程序结束
	%	程序结束符

表 25-9　工件右端内孔轮廓粗、精加工程序

程序段号	程序内容	说　明
	%	程序开始符
	O0003；	程序号
N10	T0303；	调用93°内孔粗车刀
N20	G97　G99　F0.2；	设置进给为恒转速控制，进给量0.2mm/r
N30	M03　S800；	主轴正转，转速800r/min
N40	G00　X15.0　Z2.0；	快速进给至加工起始点
N50	G71　U1.5　R1.0；	内孔粗车固定循环加工，每刀切削深度1.5mm，退刀距离
N60	G71　P70　Q120　U-0.2；	1.0mm，循环段N70~N120，径向余量0.2mm
N70	G00　X33.0；	
N80	G01　Z0	
N90	G02　X25.0　Z-4.0　R4.0；	
N100	G01　Z-23.0；	粗加工外圆轮廓
N110	G03　X21.0　Z-25.0　R2.0；	
N120	G01　X15.0；	
N130	G00　X100.0　Z100.0；	快速退刀
N140	T0202；	调用93°内孔精车刀
N150	G97　G99　F0.05；	设置进给为恒转速控制，进给量0.05mm/r
N160	M03　S1500；	主轴正转，转速1500r/min
N170	G00　X15.0　Z2.0；	快速进给至加工起始点
N180	G70　P70　Q120；	精车固定循环加工，循环段N70~N120
N190	G00　X100.0　Z100.0；	快速退刀
N200	M30；	程序结束
	%	程序结束符

表 25-10　工件右端外圆轮廓粗、精加工程序

程序段号	程序内容	说　明
	%	程序开始符
	O0005；	程序号
N10	T0101；	调用93°外圆粗车刀
N20	G97　G99　F0.2；	设置进给为恒转速控制，进给量0.2mm/r
N30	M03　S800；	主轴正转，转速800r/min
N40	G00　X52.0　Z2.0；	快速进给至加工起始点
N50	G73　U14.0　R14.0；	封闭切削粗加工循环，X轴切削量14.0mm，循环加工14次，循
N60	G73　P70　Q140　U0.2；	环段N70~N140，径向余量0.2mm

（续）

程序段号	程序内容	说　　明
N70	G00　X36.0；	粗加工外圆轮廓
N80	G01　Z0；	
N90	G03　X40.0　Z-2.0　R2.0；	
N100	G01　Z-8.0；	
N110	G03　X31.724　Z-23.204　R30.0；	
N120	G02　X36.742　Z-55.175　R28.0；	
N130	X44.466　Z-57.0　R5.0；	
N140	G01　X52.0；	
N150	G00　X100.0　Z100.0；	快速退刀
N160	T0202；	调用93°外圆精车刀
N170	G97　G99　F0.05；	设置进给为恒转速控制，进给量0.05mm/r
N180	M03　S1500；	主轴正转，转速1500r/min
N190	G00　X52.0　Z2.0；	快速进给至加工起始点
N200	G70　P70　Q140；	精车固定循环加工，循环段N70～N140
N210	G00　X100.0　Z100.0；	快速退刀
N220	M30；	程序结束
	%	程序结束符

二、工件加工实施过程

加工工件的步骤如下：

1）开启机床，各轴回机床参考点。

2）按照表25-4依次安装刀具。

3）使用自定心卡盘装夹毛坯，夹持毛坯留出加工长度约48.0mm。

4）对刀，并设置刀具补偿。

5）起动主轴，换取T01外圆精车刀具，加工工件左端端面，至端面平整、光滑为止。

6）起动主轴，换取T07中心钻，钻中心孔，钻深5.0mm。

7）起动主轴，换取T08钻头，钻通孔。

8）输入表25-6工件左端内孔轮廓粗、精加工程序。

9）单击【程序启动】按钮，自动加工工件。加工完毕后，测量工件尺寸与实际尺寸的差值，若不合格可通过修改【刀具磨损】中差值，直至工件尺寸合格为止。

10）起动主轴，换取T05内切槽刀，手动加工螺纹退刀槽。

11）输入表25-7工件内螺纹加工程序。

12）单击【程序启动】按钮，自动加工工件。加工完毕后，使用螺纹环规检测，若不合格可通过修改【刀具磨损】中差值，直至工件尺寸合格为止。

13）输入表25-8工件左端外圆轮廓粗、精加工程序。

14）单击【程序启动】按钮，自动加工工件。加工完毕后，测量工件尺寸与实际尺寸

的差值，若不合格可通过修改【刀具磨损】中差值，直至工件尺寸合格为止。

15）调头，装夹并校正工件。

16）换取 T01 号刀具，起动主轴，手动去除多余毛坯余量，需保证工件总长，且端面平整、光滑为止。

17）输入表 25-9 工件右端内孔轮廓粗、精加工程序。

18）单击【程序启动】按钮，自动加工工件。加工完毕后，测量工件尺寸与实际尺寸的差值，若不合格可通过修改【刀具磨损】中差值，直至工件尺寸合格为止。

19）输入表 25-10 工件右端外圆轮廓粗、精加工程序。

20）单击【程序启动】按钮，自动加工工件。加工完毕后，测量工件尺寸与实际尺寸的差值，若不合格可通过修改【刀具磨损】中差值，直至工件尺寸合格为止。

21）去飞边。

22）加工完毕，卸下工件，清理机床。

三、总结与评价

根据表 25-11 要求对已加工的工件进行正确的自我评价，并找出在学习过程中遇到的问题，然后认真总结。

表 25-11 自我鉴定

鉴定项目及标准	配 分	检测方式	自 检	得 分	备 注
用试切法对刀	5	不合格不得分			
$\phi32_{-0.03}^{0}$ mm	8	每超差 0.01mm 扣 2 分			
$\phi40_{-0.03}^{0}$ mm	8	每超差 0.01mm 扣 2 分			
$\phi48_{-0.03}^{0}$ mm	8	每超差 0.01mm 扣 2 分			
$\phi25_{0}^{+0.025}$ mm	8	每超差 0.01mm 扣 2 分			
$M27 \times 2 - 6g$	12	不合格不得分			
(95 ± 0.05) mm	4	每超差 0.01mm 扣 2 分			
$25_{0}^{+0.03}$ mm	4	每超差 0.01mm 扣 2 分			
退刀槽 6mm×2mm	2	不合格不得分			
$C1.5$	1	不合格不得分			
$R30$mm	6	不合格不得分			
$R28$mm	6	不合格不得分			
$R2$mm（3 处）	6	不合格不得分			
$R4$mm（2 处）	4	不合格不得分			
$R4$mm	2	不合格不得分			
$Ra1.6\mu m$（6 处）	6	每降一级扣 1 分			
安全操作、清理机床	10	违规一次扣 2 分			
总 结					

四、尺寸检测

1）用千分尺检测工件的外圆尺寸是否达到要求。

2）用游标卡尺检测工件的长度尺寸是否达到要求。

3）用内径千分尺和内径百分表检测工件的内孔尺寸是否达到要求。

4）用深孔内沟槽游标卡尺检测工件的内沟槽尺寸是否达到要求。

5）用螺纹塞规检测工件的内螺纹尺寸是否达到要求。

6）用半径样板检验工件的圆弧尺寸是否达到要求。

五、注意事项

1）机床工作前要有预热，认真检查润滑系统工作是否正常。

2）禁止用手接触刀尖和切屑，必须要用铁钩子或毛刷来清理切屑，禁止戴手套操作机床。

3）在加工过程中，不允许打开机床防护门。

4）装夹刀具时，车刀刀尖必须与主轴轴线等高。

5）若出现尺寸误差可以通过调整刀具的补偿来解决。

6）加工过程中，尽量采用试切、测量、补偿、试测方法控制尺寸精度。

7）加工槽时，注意工件是否发生滑动。

8）加工内孔时，注意刀具的吃刀量与刀具长度，避免出现撞刀现象。

9）加工内螺纹时，要考虑内螺纹车刀的长度，防止内螺纹车刀撞到不通孔孔底。

10）粗、精车螺纹必须是同样的主轴转速，如果改变螺纹转速会导致工件乱牙；螺纹加工的循环点不能随便改动，如果改变循环点会导致工件乱牙。

11）螺纹精度控制：加工螺纹时，螺纹循环运行后，停车测量；然后根据测量结果调整刀具磨损量，重新运行螺纹循环指令，直至符合尺寸要求。

12）程序中设置的换刀点，不一定是最佳位置，应根据所用刀具及机床情况，重新设置。

13）精加工时采用高主轴转速、小进给量、小的切削深度的方法来选择切削用量，采用小的刀尖圆弧半径可加工出较高的工件表面质量；采用恒线速切削来保证球体和锥体外表面质量要求。

14）所使用的精车刀有刀尖圆弧半径，精加工时，必须进行刀具半径补偿，否则加工的圆弧存在加工误差。

15）粗加工时在机床允许范围内应尽量选择大的切削深度和进给量，切削速度则相应选小些。

16）工件加工完毕，清除切屑、擦拭机床，使机床与环境保持清洁状态。

项目二十六

配合零件（两件）的加工

　　本项目结合一套配合零件（两件）的加工案例，综合训练学生实施加工工艺设计、程序编制、机床加工、零件精度检测、产品提交等零件加工完整工作过程的工作方法。实施本项目训练学生的专业技能和应掌握的关联知识见表 26-1。

表 26-1　专业技能和关联知识

专 业 技 能	关 联 知 识
1. 零件工艺结构分析 2. 零件加工工艺方案设计 3. 机床、毛坯、夹具、刀具、切削用量的合理选用 4. 工序卡的填写与加工程序的编写 5. 熟练操作机床对零件进行加工 6. 零件精度检测及加工结果判断	1. 零件的数控车削加工工艺设计 2. 循环指令的应用 3. 相关量具的使用

　　仔细分析图 26-1 所示图样，根据给定的工具和毛坯，编写出合理的加工程序，并加工出符合要求的零件。

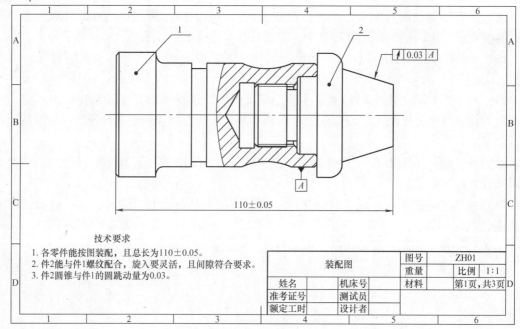

技术要求
1. 各零件能按图装配，且总长为 110±0.05。
2. 件2能与件1螺纹配合，旋入要灵活，且间隙符合要求。
3. 件2圆锥与件1的圆跳动量为0.03。

装配图		图号	ZH01
		重量	比例　1:1
姓名	机床号	材料	第1页，共3页
准考证号	测试员		
额定工时	设计者		

图 26-1　复合实训图例 SC026

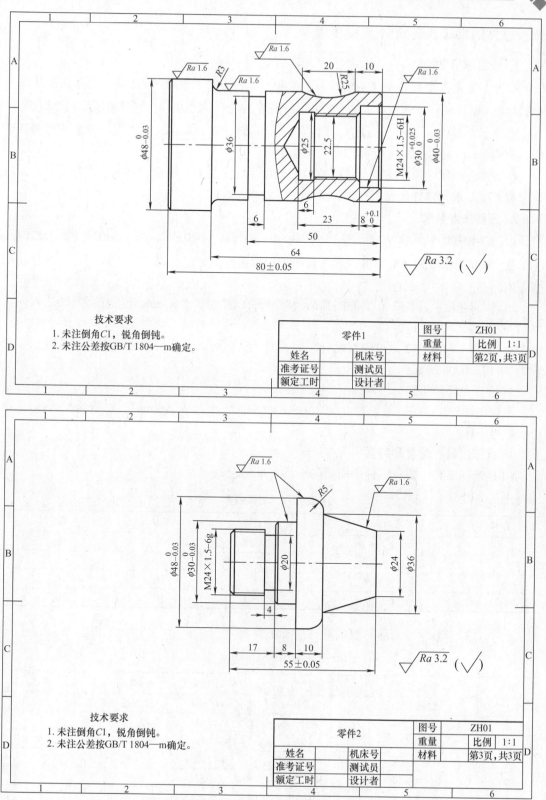

图 26-1 复合实训图例 SC026（续）

一、零件的加工工艺设计与程序编制

1. 分析零件结构

零件 1 外轮廓主要由 $\phi 48_{-0.03}^{\ 0}$ mm、$\phi 40_{-0.03}^{\ 0}$ mm 的圆柱面，$R25$mm 圆弧面，6mm × $\phi 36$mm 槽，M24×1.5 内螺纹、$\phi 30_{\ 0}^{+0.025}$ mm 内孔面，6mm×$\phi 25$mm 退刀槽和倒角等表面组成。

零件 2 主要由 $\phi 48_{-0.03}^{\ 0}$ mm，$\phi 30_{-0.03}^{\ 0}$ mm 的圆柱面，$R5$mm 圆弧面，锥度面，M24×1.5 外螺纹，4mm×$\phi 20$mm 槽和倒角等表面组成。

整张零件图尺寸标注完整，符合数控加工尺寸标注要求，零件轮廓描述清楚完整，无热处理和硬度要求。零件表面粗糙度值为 $Ra1.6\mu$m 和 $Ra3.2\mu$m。

2. 分析技术要求

1）尺寸精度和形状精度：外圆柱面 $\phi 48_{-0.03}^{\ 0}$ mm、$\phi 30_{-0.03}^{\ 0}$ mm、$\phi 40_{-0.03}^{\ 0}$ mm 和内孔 $\phi 30_{\ 0}^{+0.025}$ mm 的精度为 IT8～IT7。这些表面的形状精度未标注，说明要求限制在尺寸公差范围之内。

2）位置精度：零件 2 右端的圆锥面相对零件 1 的 $\phi 40_{-0.025}^{\ 0}$ mm 外圆柱面的轴线斜向圆跳动误差不大于 0.03mm。

3）零件 1 与零件 2 通过螺纹配合，旋入要灵活，间隙符合要求，且配合后装配长度保证为（110±0.08）mm。

3. 选择毛坯和机床

根据图样要求，零件毛坯尺寸为 $\phi 50$mm×85mm、$\phi 50$mm×60mm，材质为 45 钢，选择卧式数控车床。

4. 选择工具、量具和刀具

（1）选择工具 装夹工件所需要的工具清单见表 26-2。

表 26-2 工具清单

序号	名称	规格	单位	数量
1	自定心卡盘	$\phi 250$mm	个	1
2	卡盘扳手	—	副	1
3	刀架扳手	—	副	1
4	垫刀片	—	块	若干

（2）选择量具 检测所需要的量具清单见表 26-3。

表 26-3 量具清单

序号	名称	规格	精度/分度值	单位	数量
1	游标卡尺	0～150mm	0.01mm	把	1
2	钢直尺	0～150mm	0.02mm	把	1
3	外径千分尺	0～50mm	0.01mm	把	1
4	内径千分尺	5～30mm	0.01mm	把	1
5	螺纹环/塞规	M24×1.5	6g/6H	套	1
6	百分表/表座	0～10	0.01mm	套	1
7	半径样板	0～$R25$	—	套	1

（3）选择刀具　刀具的选择清单见表 26-4。

表 26-4　刀具清单

序号	刀具号	刀具名称	刀具规格/mm×mm	数量	加工表面	刀尖圆弧半径/mm
1	T01	93°外圆粗车刀	20×20	1把	粗车外轮廓	0.4
2	T02	93°外圆精车刀	20×20	1把	精车外轮廓	0.2
3	T03	粗镗孔刀	$\phi16\times35$	1把	粗车外轮廓	0.4
4	T04	精镗孔刀	$\phi16\times35$	1把	精车外轮廓	0.2
5	T05	3mm 外圆切槽刀	20×20	1把	切槽	—
6	T06	3mm 内圆切槽刀	$\phi16\times35$	1把	切槽	—
7	T07	60°外螺纹车刀	20×20	1把	螺纹	—
8	T08	60°内螺纹车刀	$\phi16\times35$	1把	螺纹	—
9	T09	中心钻	A3	1个	中心孔	—
10	T10	钻头	D20	1个	钻孔	—

5. 确定零件装夹方式

加工工件时采用自定心卡盘装夹。卡盘夹持毛坯留出适当的加工长度。

6. 确定加工工艺路线

分析零件图可知，由于零件 2 右端的圆锥面相对于零件 1 的 $\phi40_{-0.03}^{\ 0}$ mm 外圆柱面的轴线斜向圆跳动误差不大于 0.03mm，所以零件 1 和零件 2 需要配合加工，因此零件 1 和零件 2 要进行交替加工。具体加工工艺路线如图 26-2 所示。

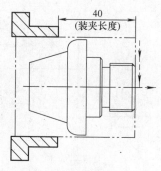

a) 加工零件2左端端面

b) 粗、精加工工件外圆轮廓

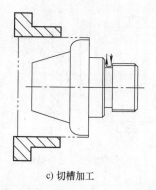

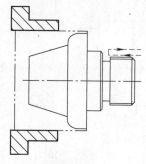

c) 切槽加工

d) 螺纹加工

图 26-2　加工工艺路线

数控车削加工案例详解

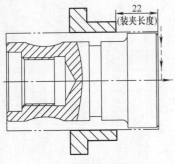

e) 加工零件1左端端面

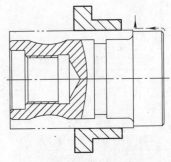

f) 粗、精加工工件外圆轮廓

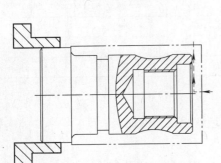

g) 调头、加工零件1右端端面(保证总长)

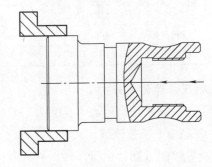

h) 钻中心钻、钻孔

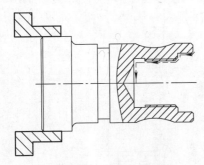

i) 粗、精加工工件内孔轮廓

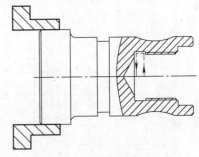

j) 加工内沟槽

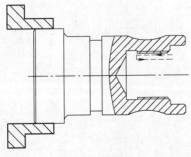

k) 加工内螺纹

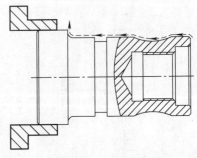

l) 粗、精加工工件外圆轮廓

图 26-2　加工工艺路线（续）

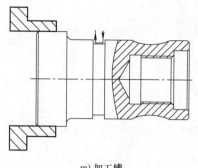

m) 加工槽

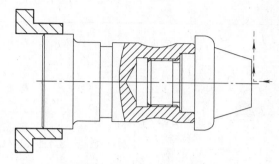

n) 两件配合、加工端面(保证零件1总长)

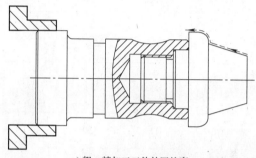

o) 粗、精加工工件外圆轮廓

图 26-2　加工工艺路线（续）

1）夹持零件 2 右端毛坯外圆（夹持长度 40mm）：手动加工左端端面→粗、精加工外圆轮廓（至图样尺寸要求)→加工螺纹退刀槽→粗、精加工螺纹（至图样尺寸要求）。

2）夹持零件 1 右端毛坯外圆（夹持长度 22mm）：手动加工左端端面→粗、精加工外圆轮廓（至图样尺寸要求）。

3）调头，夹持零件 1 左端外圆：加工右端端面（保证总长度至图样尺寸要求)→钻中心孔、钻孔→粗、精加工内孔（至图样尺寸要求）→加工内沟槽→粗、精加工螺纹（至图样尺寸要求)→粗、精加工外轮廓（至图样尺寸要求)→加工槽。

4）零件 2 拧紧在零件 1 上：加工零件 2 右端端面（保证长度至图样尺寸要求)→粗、精加工外圆轮廓（至图样尺寸要求）。

7. 填写加工工序卡（表 26-5）

表 26-5　加工工序卡

零件图号	SC026	操作人员		实习日期	
使用设备	卧式数控车床	型号	CAK6140	实习地点	数控车车间
数控系统	GSK 980TA	刀架	4 刀位、自动换刀	夹具名称	自定心卡盘
工步号	工步内容	刀具号	程序号	主轴转速 $n/(\text{r/min})$	进给量 $f/(\text{mm/r})$	切削深度 a_p/mm	备注
1	夹持零件 2，加工零件 2 左端端面（至端面平整、光滑）	T01	—	1500	0.05	0.3	手动

（续）

工步号	工步内容	刀具号	程序号	主轴转速 $n/(r/min)$	进给量 $f/(mm/r)$	切削深度 a_p/mm	备注
2	粗加工零件2左端外圆轮廓，留0.2mm精加工余量	T01	O0001	800	0.2	1	自动
3	精加工零件2左端外圆轮廓至图样尺寸	T02	O0001	1500	0.05	0.1	自动
4	加工零件2螺纹退刀槽	T05	—	400	—	—	手动
5	加工零件2螺纹	T07	O0002	520	2	按表	自动
6	夹持零件1，加工零件1左端端面（至端面平整、光滑）	T01	—	1500	0.05	0.3	手动
7	粗加工零件1左端外圆轮廓，留0.2mm精加工余量	T01	O0003	800	0.2	1	自动
8	精加工零件1左端外圆轮廓至图样尺寸	T02	O0003	1500	0.05	0.1	自动
9	将零件1调头、装夹并校正；加工右端端面（保证总长，至端面平整、光滑）	T01	—	800	—	1	手动
10	钻零件1右端中心孔	T09	—	1200	—	5	手动
11	钻零件1右端内孔	T10	—	300	—	—	手动
12	粗加工零件1右端内孔轮廓，留0.2mm精加工余量	T03	O0004	800	0.2	1	自动
13	精加工零件1右端内孔轮廓至图样尺寸	T04	O0004	1500	0.05	0.1	自动
14	加工零件1右端内孔及内沟槽	T06	—	400	—	—	手动
15	加工零件1螺纹	T07	O0005	520	2	按表	自动
16	粗加工零件1右端外圆轮廓，留0.2mm精加工余量	T01	O0006	800	0.2	1	自动
17	精加工零件1右端外圆轮廓至图样尺寸	T02	O0006	1500	0.05	0.1	自动
18	加工零件1外圆槽	T05	—	400	—	—	手动
19	将零件2拧紧在零件1上，加工端面（保证总长，至端面平整、光滑）	T01	—	800	—	1	手动
20	粗加工零件2右端外圆轮廓，留0.2mm精加工余量	T01	O0007	800	0.2	1	自动
21	精加工零件2右端外圆轮廓至图样尺寸	T02	O0007	1500	0.05	0.1	自动
审核人		批准人			日　期		

8. 建立工件坐标系

加工工件以零件端面中心为工件坐标系原点。

9. 编制加工程序（表26-6～表26-12）

表26-6 工件2左端外圆轮廓粗、精加工程序

程序段号	程序内容	说　明
	%	程序开始符
	O0001；	程序号
N10	T0101；	调用93°外圆粗车刀
N20	G97　G99　F0.2；	设置进给为恒转速控制，进给量0.2mm/r
N30	M03　S800；	主轴正转，转速800r/min
N40	G00　X52.0　Z2.0；	快速进给至加工起始点
N50	G71　U1.0　R1.0；	外圆粗车固定循环加工，每刀切削深度1.0mm，退刀距离
N60	G71　P70　Q140　U0.2；	1.0mm，循环段N70～N140，径向余量0.2mm
N70	G00　X21.0；	
N80	G01　Z0；	
N90	X23.8　Z-1.5；	
N100	Z-17.0；	
N110	X28.0；	粗加工外圆轮廓
N120	X30.0　Z-18.0；	
N130	Z-25.0；	
N140	X52.0；	
N150	G00　X100.0　Z100.0；	快速退刀
N160	T0202；	调用93°外圆精车刀
N170	G97　G99　F0.05；	设置进给为恒转速控制，进给量0.05mm/r
N180	M03　S1500；	主轴正转，转速1500r/min
N190	G00　X52.0　Z2.0；	快速进给至加工起始点
N200	G70　P70　Q140；	精车固定循环加工，循环段N70～N140
N210	G00　X100.0　Z100.0；	快速退刀
N220	M30；	程序结束
	%	程序结束符

表26-7 工件2外螺纹加工程序

程序段号	程序内容	说　明
	%	程序开始符
	O0002；	程序号
N10	T0707；	调用60°外螺纹车刀
N20	G97　G99　F2.0；	设置进给为恒转速控制，进给量2.0r/min
N30	M03　S520；	主轴正转，转速520r/min
N40	G00　X24.0　Z2.0；	快速进给至加工起始点
N50	G92　X23.0　Z-15.0　F1.5	螺纹切削循环加工，X轴第一刀切削深度0.8mm，Z轴终点坐标为-15.0mm，螺距为1.5mm

（续）

程序段号	程序内容	说　明
N60	X22.5	第二刀切削深度 0.5mm
N70	X22.0	第三刀切削深度 0.5mm
N80	X21.85	第四刀切削深度 0.15mm
N90	G00　X100.0　Z100.0;	快速退刀
N100	M30;	程序结束
	%	程序结束符

表 26-8　工件 1 左端外圆轮廓粗、精加工程序

程序段号	程序内容	说　明
	%	程序开始符
	O0003;	程序号
N10	T0101;	调用 93°外圆粗车刀
N20	G97　G99　F0.2;	设置进给为恒转速控制，进给量 0.2mm/r
N30	M03　S800;	主轴正转，转速 800r/min
N40	G00　X52.0　Z2.0;	快速进给至加工起始点
N50	G71　U1.0　R1.0;	外圆粗车固定循环加工，每刀切削深度 1.0mm，退刀距离
N60	G71　P70　Q100　U0.2;	1.0mm，循环段 N70 ~ N100，径向余量 0.2mm
N70	G00　X46.0;	
N80	G01　Z0;	
N90	X48.0　Z-1.0;	粗加工外圆轮廓
N100	Z-18.0;	
N110	G00　X100.0　Z100.0;	快速退刀
N120	T0202;	调用 93°外圆精车刀
N130	G97　G99　F0.05;	设置进给为恒转速控制，进给量 0.05mm/r
N140	M03　S1500;	主轴正转，转速 1500r/min
N150	G00　X52.0　Z2.0;	快速进给至加工起始点
N160	G70　P70　Q100;	精车固定循环加工，循环段 N70 ~ N100
N170	G00　X100.0　Z100.0;	快速退刀
N180	M30;	程序结束
	%	程序结束符

表 26-9　工件 1 右端内孔轮廓粗、精加工程序

程序段号	程序内容	说　明
	%	程序开始符
	O0004;	程序号
N10	T0101;	调用 93°外圆粗车刀
N20	G97　G99　F0.2;	设置进给为恒转速控制，进给量 0.2mm/r
N30	M03　S800;	主轴正转，转速 800r/min

（续）

程序段号	程序内容	说　　明
N40	G00　X20.0　Z2.0；	快速进给至加工起始点
N50	G71　U1.0　R1.0；	外圆粗车固定循环加工，每刀切削深度1.0mm，退刀距离
N60	G71　P70　Q130　U-0.2；	1.0mm，循环段N70~N130，径向余量0.2mm
N70	G00　X32.0；	粗加工外圆轮廓
N80	G01　Z0；	粗加工外圆轮廓
N90	X30.0　Z-1.0；	粗加工外圆轮廓
N100	Z-8.0；	粗加工外圆轮廓
N110	X25.5；	粗加工外圆轮廓
N120	X22.5　Z-9.5；	粗加工外圆轮廓
N130	Z-31.0；	粗加工外圆轮廓
N140	G00　X100.0　Z100.0；	快速退刀
N150	T0202；	调用93°外圆精车刀
N160	G97　G99　F0.05；	设置进给为恒转速控制，进给量0.05mm/r
N170	M03　S1500；	主轴正转，转速1500r/min
N180	G00　X20.0　Z2.0；	快速进给至加工起始点
N190	G70　P70　Q130；	精车固定循环加工，循环段N70~N130
N200	G00　X100.0　Z100.0；	快速退刀
N210	M30；	程序结束
	%	程序结束符

表26-10　工件1内螺纹加工程序

程序段号	程序内容	说　　明
	%	程序开始符
	O0005；	程序号
N10	T0808；	调用60°螺纹车刀
N20	G97　G99　F2.0；	设置进给为恒转速控制，进给量2.0mm/r
N30	M03　S520；	主轴正转，转速520r/min
N40	G00　X20.0　Z2.0；	快速进给至加工起始点
N50	G92　X23.0　Z-28.0　F1.5；	螺纹切削循环加工，X轴第一刀切削深度0.5mm，Z轴终点坐标为-28.0mm，螺距为1.5mm
N60	X23.5；	第二刀切削深度0.5mm
N70	X23.8；	第三刀切削深度0.3mm
N80	X23.95；	第四刀切削深度0.15mm
N90	G00　X100.0　Z100.0；	快速退刀
N100	M30；	程序结束
	%	程序结束符

表 26-11　工件 1 右端外圆轮廓粗、精加工程序

程序段号	程序内容	说　明
	%	程序开始符
	O0006;	程序号
N10	T0101;	调用 93°外圆粗车刀
N20	G97　G99　F0.2;	设置进给为恒转速控制，进给量 0.2mm/r
N30	M03　S800;	主轴正转，转速 800r/min
N40	G00　X52.0　Z2.0;	快速进给至加工起始点
N50	G71　U1.0　R1.0;	外圆粗车固定循环加工，每刀切削深度 1.0mm，退刀距离
N60	G71　P70　Q140　U0.2;	1.0mm，循环段 N70~N140，径向余量 0.2mm
N70	G00　X38.0;	
N80	Z0;	
N90	X40.0　Z-1.0;	
N100	Z-10.0;	粗加工外圆轮廓
N110	G02　Z-30.0　R25.0;	
N120	G01　Z-61.0;	
N130	G02　X46.0　Z-64.0　R3.0;	
N140	G01　X50.0;	
N150	G00　X100.0　Z100.0;	快速退刀
N160	T0202;	调用 93°外圆精车刀
N170	G97　G99　F0.05;	设置进给为恒转速控制，进给量 0.05mm/r
N180	M03　S1500;	主轴正转，转速 1500r/min
N190	G00　X52.0　Z2.0;	快速进给至加工起始点
N200	G70　P70　Q140;	精车固定循环加工，循环段 N70~N140
N210	G00　X100.0　Z100.0;	快速退刀
N220	M30;	程序结束
	%	程序结束符

表 26-12　工件 2 右端外圆轮廓粗、精加工程序

程序段号	程序内容	说　明
	%	程序开始符
	O0007;	程序号
N10	T0101;	调用 93°外圆粗车刀
N20	G97　G99　F0.2;	设置进给为恒转速控制，进给量 0.2mm/r
N30	M03　S800;	主轴正转，转速 800r/min
N40	G00　X52.0　Z2.0;	快速进给至加工起始点
N50	G71　U1.0　R1.0;	外圆粗车固定循环加工，每刀切削深度 1.0mm，退刀距离
N60	G71　P70　Q120　U0.2;	1.0mm，循环段 N70~N120，径向余量 0.2mm

（续）

程序段号	程序内容	说　　明
N70	G00　X24.0;	粗加工外圆轮廓
N80	G01　Z0;	
N90	X36.0　Z−20.0;	
N100	X38.0;	
N110	G03　X48.0　Z−25.0　R5.0;	
N120	G01　Z−32.0;	
N130	G00　X100.0　Z100.0;	快速退刀
N140	T0202;	调用93°外圆精车刀
N150	G97　G99　F0.05;	设置进给为恒转速控制，进给量0.05mm/r
N160	M03　S1500;	主轴正转，转速1500r/min
N170	G00　X52.0　Z2.0;	快速进给至加工起始点
N180	G70　P70　Q120;	精车固定循环加工，循环段N70～N120
N190	G00　X100.0　Z100.0;	快速退刀
N200	M30;	程序结束
	%	程序结束符

二、工件加工实施过程

加工工件的步骤如下：

1）开启机床，各轴回机床参考点。

2）按照表26-4依次安装工件2所需的外圆粗/精车刀、切槽刀及螺纹车刀。

3）使用自定心卡盘装夹工件2毛坯，夹持毛坯留出加工长度约40.0mm。

4）对刀，并设置刀具补偿。

5）手动换取外圆粗车刀，起动主轴，手动加工工件2左端端面，至端面平整、光滑为止。

6）输入表26-6工件2左端外圆轮廓粗、精加工程序。

7）单击【程序启动】按钮，自动加工工件。加工完毕后，测量工件尺寸与实际尺寸的差值，若不合格可通过修改【刀具磨损】中差值，直至工件尺寸合格为止。

8）手动换取切槽刀，起动主轴，手动加工螺纹退刀槽，直至工件尺寸合格为止。

9）输入表26-7工件2外螺纹加工程序。

10）单击【程序启动】按钮，自动加工工件。加工完毕后，使用螺纹环规检测，若不合格可通过修改【刀具磨损】中差值，直至合格为止。

11）清除飞边。

12）卸下工件2，按照表26-4依次安装工件1所需的内外圆粗/精刀、切槽刀、螺纹车刀及钻头等。

使用自定心卡盘装夹工件1毛坯，夹持毛坯留出加工长度约22.0mm。

13）对刀，并设置刀具补偿。

14）手动换取外圆粗车刀，起动主轴，手动加工工件1左端端面，至端面平整、光滑为止。

15）输入表 26-8 工件 1 左端外圆轮廓粗、精加工程序。

16）单击【程序启动】按钮，自动加工工件。加工完毕后，测量工件尺寸与实际尺寸的差值，若不合格可通过修改【刀具磨损】中差值，直至工件尺寸合格为止。

17）调头、装夹并使用百分表校正工件。

18）起动主轴，换取 T01 外圆粗车刀，加工件 1 右端端面，至端面平整、光滑为止。

19）起动主轴，换取 T09 中心钻，钻中心孔，钻深 5.0mm。

20）起动主轴，换取 T10 钻头，钻深 31.0mm。

21）输入表 26-9 工件 1 右端内孔轮廓粗、精加工程序。

22）单击【程序启动】按钮，自动加工工件。加工完毕后，测量工件尺寸与实际尺寸的差值，若不合格可通过修改【刀具磨损】中差值，直至工件尺寸合格为止。

23）手动换取内切槽刀，起动主轴，手动加工螺纹退刀槽，直至工件尺寸合格为止。

24）输入表 26-10 工件 1 内螺纹加工程序。

25）单击【程序启动】按钮，自动加工工件。

26）加工完毕后，使用螺纹塞规检测，若不合格可通过修改【刀具磨损】中差值，直至合格为止。

27）输入表 26-11 工件 1 右端外圆轮廓粗、精加工程序。

28）单击【程序启动】按钮，自动加工工件。加工完毕后，测量工件尺寸与实际尺寸的差值，若不合格可通过修改【刀具磨损】中差值，直至工件尺寸合格为止。

29）手动换取切槽刀，起动主轴，手动加工螺纹退刀槽，直至工件尺寸合格为止。

30）将件 2 拧紧在件 1 上，手动换取外圆粗车刀，起动主轴，手动加工端面，去除多余毛坯，保证工件长度，且端面平整、光滑为止。

31）输入表 26-12 工件 2 右端外圆轮廓粗、精加工程序。

32）单击【程序启动】按钮，自动加工工件。加工完毕后，测量工件尺寸与实际尺寸的差值，若不合格可通过修改【刀具磨损】中差值，直至工件尺寸合格为止。

33）去飞边。

34）加工完毕，卸下工件，清理机床。

三、总结与评价

根据表 26-13 要求对已加工的工件进行正确的自我评价，并找出在学习过程中遇到的问题，然后认真总结，填写表 26-14。

表 26-13　评分标准

班级		姓名		学号			日期	
课题名称		零件加工训练			零件图号			
序号	考核内容	考核要求	配分		评分标准	学生自评	教师评分	得分
零件 1 （50 分）								
1	外圆	$\phi 48_{-0.03}^{0}$ mm	5		超差 0.01mm 扣 2 分			
2		$\phi 40_{-0.03}^{0}$ mm	5		超差 0.01mm 扣 2 分			

（续）

序号	考核内容	考核要求	配分	评分标准	学生自评	教师评分	得分
零件 1（50 分）							
3	内孔	$\phi 30^{+0.025}_{0}$ mm	5	超差 0.01mm 扣 2 分			
4	长度	(80 ± 0.05) mm	2	超差 0.01mm 扣 1 分			
5		64mm	1	超差 0.01mm 扣 1 分			
6		50mm	1	超差不得分			
7		23mm	1	超差不得分			
8		20mm	1	超差不得分			
9		10mm	1	超差不得分			
10		$8^{+0.01}_{0}$	1	超差 0.01mm 扣 1 分			
11	圆弧	$R25$mm	2	超差不得分			
12		$R3$mm	2	超差不得分			
13	内螺纹	$M24 \times 1.5 - 6H$	6	不合格不得分			
14	外沟槽	$6mm \times \phi 36$mm	2	超差不得分			
15	内沟槽	$6mm \times \phi 25$mm	2	超差不得分			
16	表面粗糙度	$Ra1.6\mu m$（4 处）	4	表面粗糙度值增大一级扣 2 分			
17		$Ra3.2\mu m$	2	表面粗糙度值增大一级扣 2 分			
18	倒角	$C1.5$	1	超差不得分			
19		$C1$（3 处）	3	超差不得分			
20	其余		3	每错一处扣 1 分			
零件 2（40 分）							
1	外圆	$\phi 48^{0}_{-0.03}$ mm	4	超差 0.01mm 扣 2 分			
2		$\phi 30^{0}_{-0.03}$ mm	4	超差 0.01mm 扣 2 分			
3		$\phi 36$mm	2.5	超差不得分			
4		$\phi 24$mm	2.5	超差不得分			
5	长度	(55 ± 0.05) mm	4	超差 0.01mm 扣 1 分			
6		17mm	1	超差 0.01mm 扣 1 分			
7		8mm	1	超差 0.01mm 扣 1 分			
8		10mm	1	超差不得分			
9	外螺纹	$M24 \times 1.5 - 6g$	6	不合格不得分			
10	槽	$4mm \times \phi 20$mm	2	超差不得分			
11	圆弧	$R5$mm	2	超差不得分			
12	表面粗糙度	$Ra1.6\mu m$（3 处）	3	表面粗糙度值增大一级扣 1 分			
13		$Ra3.2\mu m$	2	表面粗糙度值增大一级扣 1 分			

（续）

序号	考核内容	考核要求	配分	评分标准	学生自评	教师评分	得分
零件2（40分）							
14	倒角	C1.5	1.5	超差不得分			
15		C1	1.5	超差不得分			
16	其余		2	每错一处扣1分			
其他（10分）							
1	配合长度	(110±0.05)mm	4	无法配合扣4分，长度尺寸不正确扣4分			
2	工艺	工艺制作正确、合理	3	工艺不合理扣2分			
3	程序	程序正确、简单、明确、规范	3	程序不正确不得分			
4	安全文明生产	按国家颁布的安全生产规定标准评定		1）违反有关规定酌情扣1～10分，危及人身或设备安全者终止考核 2）场地不整洁，工、夹、刀、量具等放置不合理酌情扣1～5分			
合　计			100	总　　分			

表 26-14　自我总结

遇到问题	1. 2. 3. 4. 5.
解决方案	1. 2. 3. 4. 5.
自我总结	

四、尺寸检测

1）用千分尺检测工件的外圆尺寸是否达到要求。

2）用游标卡尺检测工件的长度尺寸是否达到要求。

3）用游标万能角度尺检测工件的外锥度是否达到要求。

4）用涂色法检测工件的内孔锥度是否达到要求。

5）用内径千分尺和内径百分表检测工件的内孔尺寸是否达到要求。

6）用深孔内沟槽游标卡尺（图 26-3）检测工件的内沟槽尺寸是否达到要求。

7）用螺纹塞规来检测工件的内螺纹尺寸是否达到要求。

8）用螺纹环规来检测工件的外螺纹尺寸是否达到要求。

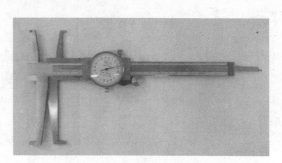

图 26-3　深孔内沟槽游标卡尺

9）用半径样板检测工件的圆弧尺寸是否达到要求。

五、注意事项

1）机床工作前要有预热，认真检查润滑系统工作是否正常。

2）禁止用手接触刀尖和切屑，必须要用铁钩子或毛刷来清理切屑，禁止戴手套操作机床。

3）在加工过程中，不允许打开机床防护门。

4）装夹刀具时，车刀刀尖必须与主轴轴线等高。

5）若出现尺寸误差可以通过调整刀具的补偿来解决。

6）加工过程中，尽量采用试切、测量、补偿、试测方法控制尺寸精度。

7）加工槽时，注意工件是否发生滑动。

8）加工内孔时，注意刀具的吃刀量与刀具长度，避免出现撞刀现象。

9）加工内螺纹时，要考虑内螺纹车刀的长度，防止内螺纹车刀撞到不通孔孔底。

10）粗、精车螺纹必须是同样的主轴转速，如果改变螺纹转速会导致工件乱牙；螺纹加工的循环点不能随便改动，如果改变循环点会导致工件乱牙。

11）螺纹精度控制：加工螺纹时，螺纹循环运行后，停车测量；然后根据测量结果调整刀具磨损量，重新运行螺纹循环指令，直至符合尺寸要求。

12）程序中设置的换刀点，不一定是最佳位置，应根据所用刀具及机床情况，重新设置。

13）精加工时采用高主轴转速、小进给量、小的切削深度的方法来选择切削用量，采用小的刀尖圆弧半径可加工出较高的工件表面质量；采用恒线速切削来保证球体和锥体外表面质量要求。

14）所使用的精车刀有刀尖圆弧半径，精加工时，必须进行刀具半径补偿，否则加工的圆弧存在加工误差。

15）粗加工时在机床允许范围内应尽量选择大的切削深度和进给量，切削速度则相应选小些。

16）工件加工完毕，清除切屑，擦拭机床，使机床与环境保持清洁状态。

项目二十七

配合零件（两件）的加工

　　本项目结合一套配合零件（两件）的加工案例，综合训练学生实施加工工艺设计、程序编制、机床加工、零件精度检测、产品提交等零件加工完整工作过程的工作方法。实施本项目训练学生的专业技能和应掌握的关联知识见表27-1。

表 27-1　专业技能和关联知识

专 业 技 能	关 联 知 识
1. 零件工艺结构分析 2. 零件加工工艺方案设计 3. 机床、毛坯、夹具、刀具、切削用量的合理选用 4. 工序卡的填写与加工程序的编写 5. 熟练操作机床对零件进行加工 6. 零件精度检测及加工结果判断	1. 零件的数控车削加工工艺设计 2. 循环指令的应用 3. 相关量具的使用

　　仔细分析图27-1所示图样，根据给定的工具和毛坯，编写出合理的加工程序，并加工出符合要求的零件。

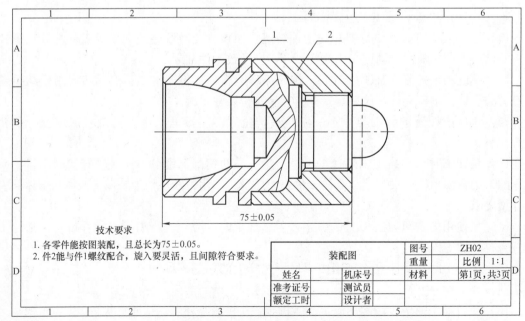

图 27-1　零件的实训图例 SC027

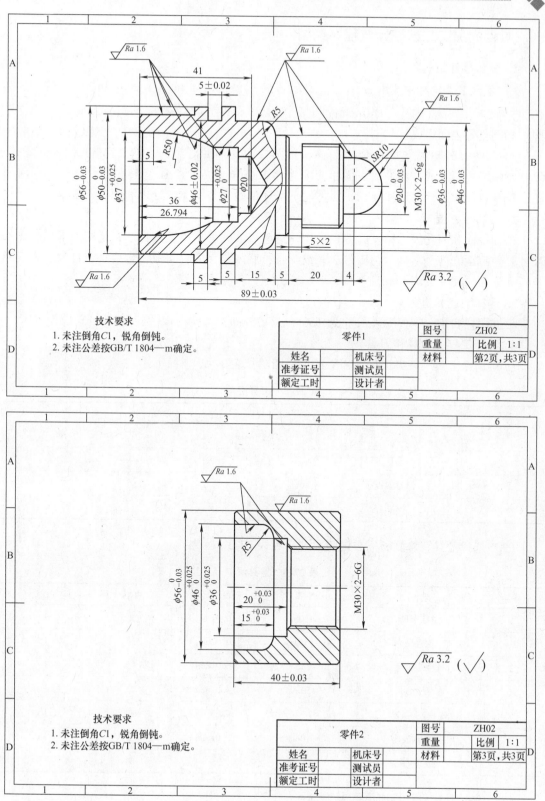

图 27-1　零件的实训图例 SC027（续）

一、零件的加工工艺设计与程序编制

1. 分析零件结构

1）零件 1 外轮廓主要由 $\phi 56_{-0.03}^{0}$ mm，$\phi 50_{-0.03}^{0}$ mm、$\phi 46_{-0.003}^{0}$ mm，$\phi 36_{-0.03}^{0}$ mm 的圆柱面，$\phi 27_{0}^{+0.025}$ mm 内孔，$R50$mm 内圆弧孔，M30×2–6g 外螺纹，5mm×2mm 退刀槽，外圆槽和倒角等表面组成。

2）零件 2 外轮廓主要由 $\phi 56_{-0.03}^{0}$ mm 的圆柱面，$\phi 46_{0}^{+0.025}$ mm 内孔，M30×2–6G 内螺纹和倒角等表面组成。零件的表面粗糙度为 $Ra1.6\mu m$ 和 $Ra3.2\mu m$。整张零件图尺寸标注完整，符合数控加工尺寸标注要求，零件轮廓描述清楚完整，无热处理和硬度要求。

2. 分析技术要求

外圆柱面和内孔尺寸精度为 IT6～IT7。这些表面的形状精度未标注，说明要求限制在其尺寸公差范围之内。零件 1 与零件 2 螺纹配合，旋入要灵活，间隙符合要求，且配合后装配长度保证为（75±0.05）mm。

3. 选择毛坯和机床

根据图样要求，零件毛坯尺寸为 $\phi 60$mm×135mm，材质为 45 钢，选择卧式数控车床。

4. 选择工具、量具和刀具

（1）选择工具 装夹工件所需要的工具清单见表 27-2。

表 27-2 工具清单

序号	名称	规格	单位	数量
1	自定心卡盘	$\phi 250$mm	个	1
2	卡盘扳手	—	副	1
3	刀架扳手	—	副	1
4	垫刀片	—	块	若干

（2）选择量具 检测所需要的量具清单见表 27-3。

表 27-3 量具清单

序号	名称	规格	精度/分度值	单位	数量
1	游标卡尺	0～150mm	0.01mm	把	1
2	钢直尺	0～150mm	0.02mm	把	1
3	外径千分尺	0～75mm	0.01mm	把	1
4	内径千分尺	5～50mm	0.01mm	把	1
5	螺纹环/塞规	M30×2–6g/6G	6g/6G	套	1
6	百分表/表座	0～10mm	0.01mm	套	1
7	半径样板	0～$R50$mm	—	套	1

（3）选择刀具 刀具清单见表 27-4。

表 27-4　刀具清单

序号	刀具号	刀具名称	刀具规格/mm×mm	数量	加工表面	刀尖圆弧半径/mm
1	T01	93°外圆粗车刀	20×20	1 把	粗车外轮廓	0.4
2	T02	93°外圆精车刀	20×20	1 把	精车外轮廓	0.2
3	T03	粗镗孔刀	φ16×35	1 把	粗车外轮廓	0.4
4	T04	精镗孔刀	φ16×35	1 把	精车外轮廓	0.2
5	T05	3mm 切槽刀	20×20	1 把	切槽	—
6	T06	60°外螺纹车刀	20×20	1 把	螺纹	—
7	T07	60°内螺纹车刀	φ16×35	1 把	螺纹	—
8	T08	中心钻	A3	1 个	中心孔	—
9	T09	钻头	D20	1 个	钻孔	—

5. 确定零件装夹方式

加工工件时采用自定心卡盘装夹。卡盘夹持毛坯留出适当的加工长度。

6. 确定加工工艺路线

分析零件图可知，零件 1 与零件 2 为共用料，为了减少工件装夹的次数，可通过一次装夹后完成两个工序的工作，因此各零件需要进行交替加工。具体加工工艺过程（图 27-2）如下：

1）夹持公共毛坯外圆（伸出长度 86mm），加工零件 2：手动钻中心孔、钻孔（钻深约 50mm）→手动加工右端端面→粗、精加工内孔轮廓（至图样尺寸要求）→加工螺纹（至图样尺寸要求）→切断工件。

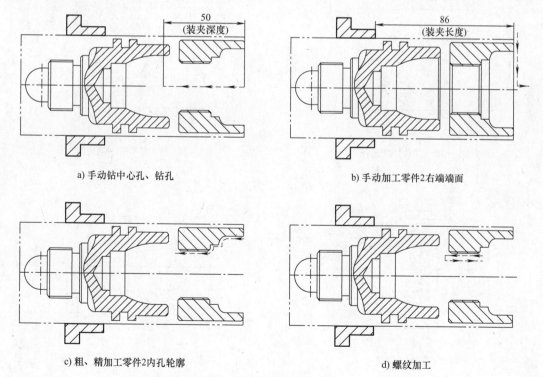

a）手动钻中心孔、钻孔　　b）手动加工零件2右端端面

c）粗、精加工零件2内孔轮廓　　d）螺纹加工

图 27-2　加工工艺路线

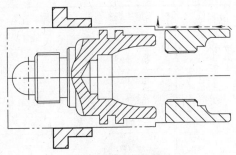

e) 粗、精加工零件2外圆轮廓

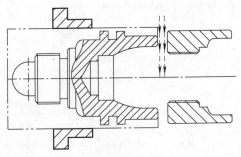

f) 切断工件

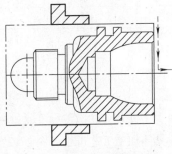

g) 加工零件1左端端面

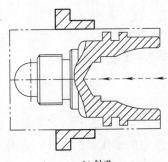

h) 钻孔

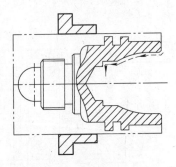

i) 粗、精加工零件1内孔轮廓

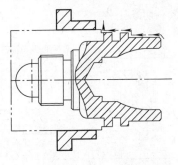

j) 粗、精加工零件1外圆轮廓

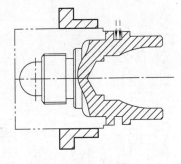

k) 加工零件1外圆槽

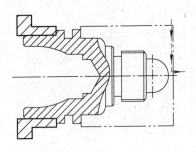

l) 调头，加工零件1右端端面(保证件1总长)

图 27-2　加工工艺路线（续）

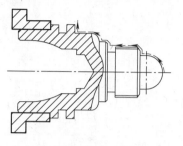

m) 粗、精加工零件1外圆轮廓

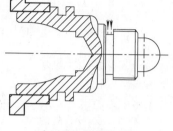

n) 加工零件1螺纹退刀槽

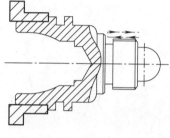

o) 加工零件1外螺纹

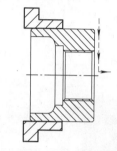

p) 加工零件2右端端面(保证零件2总长)

图 27-2 加工工艺路线（续）

2）不拆卸工件，加工零件 1 左端：手动钻孔（钻深约 40.0mm）→手动加工左端面面→粗、精加工内孔轮廓（至图样尺寸要求)→粗、精加工外圆轮廓（至图样尺寸要求)→加工外圆槽（至图样尺寸要求）。

3）调头，夹持零件 1 左端外圆，加工零件 1 右端：加工右端端面（保证长度至图样尺寸要求)→粗、精加工外圆轮廓（至图样尺寸要求)→手动加工螺纹退刀槽→加工螺纹（至图样尺寸要求）。

4）调头，夹持零件 2 左端外圆：加工零件 2 右端端面（保证长度至图样尺寸要求）。

7. 填写加工工序卡（表 27-5）

表 27-5 加工工序卡

零件图号	SC027	操作人员		实习日期	
使用设备	卧式数控车床	型号	CAK6140	实习地点	数控车车间
数控系统	GSK 980TA	刀架	4 刀位、自动换刀	夹具名称	自定心卡盘
工步号	工步内容	刀具号	程序号	主轴转速 $n/(\text{r/min})$	进给量 $f/(\text{mm/r})$	切削深度 a_p/mm	备注
---	---	---	---	---	---	---	---
1	钻中心孔	T08	—	1500	—	5	手动
2	钻孔	T09		300	—	—	手动
3	夹持公共毛坯，手动加工零件 2 右端端面（至端面平整、光滑）	T01		1500	0.05	0.3	手动
4	粗加工零件 2 右端内孔轮廓，留 0.2mm 精加工余量	T01	O0001	800	0.2	1.5	自动

（续）

工步号	工步内容	刀具号	程序号	主轴转速 $n/(r/min)$	进给量 $f/(mm/r)$	切削深度 a_p/mm	备注
5	精加工零件 2 右端内孔轮廓至图样尺寸	T02	O0001	1500	0.05	0.1	自动
6	加工零件 2 内螺纹	T07	O0002	520	2	按表	自动
7	粗加工零件 2 外圆轮廓，留 0.2mm 精加工余量	T01	O0003	800	0.2	1.5	自动
8	精加工零件 2 外圆轮廓至图样尺寸	T02	O0003	1500	0.05	0.1	自动
9	切断工件	T05	—	300	—	—	手动
10	钻孔	T09	—	300	—	—	手动
11	加工零件 1 左端端面（至端面平整、光滑）	T01	—	1500	0.05	0.3	手动
12	粗加工零件 1 左端内孔轮廓，留 0.2mm 精加工余量	T03	O0004	800	0.2	1.5	自动
13	精加工零件 1 左端内孔轮廓至图样尺寸	T04	O0004	1500	0.05	0.1	自动
14	粗加工零件 1 左端外圆轮廓，留 0.2mm 精加工余量	T03	O0005	800	0.2	1.5	自动
15	精加工零件 1 左端外圆轮廓至图样尺寸	T04	O0005	1500	0.05	0.1	自动
16	加工零件 1 外圆槽	T05	O0006	500	0.1	5	自动
17	调头，夹持零件 1，并校正工件，加工件 1 右端端面（保证总长，且至端面平整、光滑）	T01	—	1500	0.05	0.3	手动
18	粗加工零件 1 外圆轮廓，留 0.2mm 精加工余量	T01	O0007	800	0.2	1	自动
19	精加工零件 1 外圆轮廓至图样尺寸	T02	O0007	1500	0.05	0.1	自动
20	加工零件 1 螺纹退刀槽	T05	—	400	—	—	手动
21	加工零件 1 外螺纹	T06	O0008	520	2	按表	自动
22	夹持零件 2，加工右端端面（保证总长，且至端面平整、光滑）	T01	—	1500	0.05	0.3	手动

审核人		批准人			日　期	

8. 建立工件坐标系

加工工件以零件端面中心为工件坐标系原点。

9. 编制加工程序（表 27-6 ~ 表 27-13）

表 27-6　工件 2 内孔轮廓粗、精加工程序

程序段号	程序内容	说　明
	%	程序开始符
	O0001；	程序号
N10	T0303；	调用 93°内孔粗车刀
N20	G97　G99　F0.2；	设置进给为恒转速控制，进给量 0.2mm/r
N30	M03　S800；	主轴正转，转速 800r/min
N40	G00　X18.0　Z2.0；	快速进给至加工起始点
N50	G71　U1.5　R1.0；	外圆粗车固定循环加工，每刀切削深度 1.5mm，退刀距离
N60	G71　P70　Q150　U－0.2；	1.0mm，循环段 N70 ~ N150，径向余量 0.2mm
N70	G00　X48.0；	
N80	G01　Z0；	
N90	X46.0　Z－1.0；	
N100	Z－10.0；	
N110	G03　X36.0　Z－15.0　R5.0；	粗加工外圆轮廓
N120	G01　Z－20.0；	
N130	X31.0；	
N140	X28.2　Z－21.5；	
N150	Z－43.0；	
N160	G00　X100.0　Z100.0；	快速退刀
N170	T0404；	调用 93°内孔精车刀
N180	G97　G99　F0.05；	设置进给为恒转速控制，进给量 0.05mm/r
N190	M03　S1500；	主轴正转，转速 1500r/min
N200	G00　X18.0　Z2.0；	快速进给至加工起始点
N210	G70　P70　Q150；	精车固定循环加工，循环段 N70 ~ N150
N220	G00　X100.0　Z100.0；	快速退刀
N230	M30；	程序结束
	%	程序结束符

表 27-7　工件 2 内螺纹加工程序

程序段号	程序内容	说　明
	%	程序开始符
	O0002；	程序号
N10	T0707；	调用 60°螺纹车刀
N20	G97　G99　F2.0；	设置进给为恒转速控制，进给量 2.0r/min

（续）

程序段号	程序内容	说　明
N30	M03　S520；	主轴正转，转速520r/min
N40	G00　X26.0	快速进给至加工起始点
N50	Z－18.0；	
N60	G92　X28.9　Z－42.0　F2.0；	螺纹切削固定循环加工，X轴第一刀切削深度0.6mm，Z轴终点坐标为－42.0mm，螺距为2.0mm
N70	X29.5；	X轴第二刀切削深度0.6mm
N80	X30.1；	X轴第三刀切削深度0.6mm
N90	X30.5；	X轴第四刀切削深度0.4mm
N100	X30.6；	X轴第五刀切削深度0.1mm
N110	G00　Z100.0；	快速退刀
N120	X100.0；	
N130	M30；	程序结束
	%	程序结束符

表27-8　工件2外圆轮廓粗、精加工程序

程序段号	程序内容	说　明
	%	程序开始符
	O0003；	程序号
N10	T0101；	调用93°外圆粗车刀
N20	G97　G99　F0.2；	设置进给为恒转速控制，进给量0.2mm/r
N30	M03　S800；	主轴正转，转速800r/min
N40	G00　X62.0　Z2.0；	快速进给至加工起始点
N50	G71　U1.5　R1.0；	外圆粗车固定循环加工，每刀切削深度1.5mm，退刀距离1.0mm，循环段N70～N100，径向余量0.2mm
N60	G71　P70　Q100　U0.2；	
N70	G00　X54.0；	
N80	G01　Z0；	
N90	X56.0　Z－1.0；	粗加工外圆轮廓
N100	Z－43.0；	
N110	G00　X100.0　Z100.0；	快速退刀
N120	T0202；	调用93°外圆精车刀
N130	G97　G99　F0.05；	设置进给为恒转速控制，进给量0.05mm/r
N140	M03　S1500；	主轴正转，转速1500r/min
N150	G00　X62.0　Z2.0；	快速进给至加工起始点
N160	G70　P70　Q100；	精车固定循环加工，循环段N70～N100
N170	G00　X100.0　Z100.0；	快速退刀
N180	M30；	程序结束
	%	程序结束符

表27-9　工件1内孔轮廓粗、精加工程序

程序段号	程序内容	说　明
	%	程序开始符
	O0004;	程序号
N10	T0303;	调用93°内孔粗车刀
N20	G97　G99　F0.2;	设置进给为恒转速控制，进给量0.2mm/r
N30	M03　S800;	主轴正转，转速800r/min
N40	G00　X18.0　Z2.0;	快速进给至加工起始点
N50	G71　U1.5　R1.0;	外圆粗车固定循环加工，每刀切削深度1.5mm，退刀距离
N60	G71　P70　Q130　U-0.2;	1.0mm，循环段N70～N130，径向余量0.2mm
N70	G00　X39.0;	
N80	G01　Z0;	
N90	X37.0　Z-1.0;	
N100	Z-5.0;	粗加工外圆轮廓
N110	G03　X27.0　Z-26.794　R50.0;	
N120	G01　Z-36.0;	
N130	X18.0;	
N140	G00　X100.0　Z100.0;	快速退刀
N150	T0202;	调用93°内孔精车刀
N160	G97　G99　F0.05;	设置进给为恒转速控制，进给量0.05mm/r
N170	M03　S1500;	主轴正转，转速1500r/min
N180	G00　X18.0　Z2.0;	快速进给至加工起始点
N190	G70　P70　Q130;	精车固定循环加工，循环段N70～N130
N200	G00　X100.0　Z100.0;	快速退刀
N210	M30;	程序结束
	%	程序结束符

表27-10　工件1左端外圆轮廓粗、精加工程序

程序段号	程序内容	说　明
	%	程序开始符
	O0005;	程序号
N10	T0101;	调用93°外圆粗车刀
N20	G97　G99　F0.2;	设置进给为恒转速控制，进给量0.2mm/r
N30	M03　S800;	主轴正转，转速800r/min
N40	G00　X62.0Z2.0;	快速进给至加工起始点
N50	G71　U1.5　R1.0;	外圆粗车固定循环加工，每刀切削深度1.5mm，退刀距离
N60	G71　P70　Q130　U0.2;	1.0mm，循环段N70～N130，径向余量0.2mm

（续）

程序段号	程序内容	说　明
N70	G00　X48.0;	粗加工外圆轮廓
N80	G01Z0;	
N90	X50.0　Z－1.0;	
N100	Z－20.0;	
N110	X56.0;	
N120	Z－38.0;	
N130	X58.0;	
N140	G00　X100.0　Z100.0;	快速退刀
N150	T0202;	调用93°外圆精车刀
N160	G97　G99　F0.05;	设置进给为恒转速控制，进给量0.05mm/r
N170	M03　S1500;	主轴正转，转速1500r/min
N180	G00　X62.0　Z2.0;	快速进给至加工起始点
N190	G70　P70　Q130;	精车固定循环加工，循环段N70～N130
N200	G00　X100.0　Z100.0;	快速退刀
N210	M30;	程序结束
	%	程序结束符

表27-11　工件1外圆槽加工程序

程序段号	程序内容	说　明
	%	程序开始符
	O00006;	程序号
N10	T0505;	调用切槽刀
N20	G97　G99　F0.1;	设置进给为恒转速控制，进给量0.1mm/r
N30	M03　S500;	主轴正转，转速500r/min
N40	G00　X58.0　Z－28.0;	快速进给至加工起始点
N50	G01　X46.0;	切槽加工
N60	G04　X1.0;	
N70	G00　X58.0;	
N80	W－2.0;	
N90	G01　X46.0;	
N100	G04　X1.0;	
N110	G00　X58.0;	
N120	G00　X100.0　Z100.0;	快速退刀
N130	M30;	程序结束
	%	程序结束符

表 27-12　工件 1 右端外圆轮廓粗、精加工程序

程序段号	程序内容	说　　明
	%	程序开始符
	O0007；	程序号
N10	T0101；	调用 93°外圆粗车刀
N20	G97　G99　F0.2；	设置进给为恒转速控制，进给量 0.2mm/r
N30	M03　S800；	主轴正转，转速 800r/min
N40	G00　X62.0　Z2.0；	快速进给至加工起始点
N50	G71　U1.0　R1.0；	外圆粗车固定循环加工，每刀切削深度 1.0mm，退刀距离
N60	G71　P70　Q190　U0.2；	1.0mm，循环段 N70～N190，径向余量 0.2mm
N70	G00　X0.0；	
N80	G01　Z0；	
N90	G03　X20.0　Z-10.0　R10.0；	
N100	G01　Z-14.0；	
N110	X27.0；	
N120	X29.8　Z-15.5；	
N130	Z-34.0；	粗加工外圆轮廓
N140	X34.0；	
N150	X36.0　Z-35.0；	
N160	Z-39.0；	
N170	G03　X46.0　Z-44.0　R5.0；	
N180	G01　Z-54.0；	
N190	X58.0；	
N200	G00　X100.0　Z100.0；	快速退刀
N210	T0202；	调用 93°外圆精车刀
N220	G97　G99　F0.05；	设置进给为恒转速控制，进给量 0.05mm/r
N230	M03　S1500；	主轴正转，转速 1500r/min
N230	G00　X62.0　Z2.0；	快速进给至加工起始点
N230	G70　P70　Q190；	精车固定循环加工，循环段 N70～N190
N230	G00　X100.0　Z100.0；	快速退刀
N230	M30；	程序结束
	%	程序结束符

表 27-13　工件 1 外螺纹加工程序

程序段号	程序内容	说　　明
	%	程序开始符
	O0008；	程序号
N10	T0606；	调用 60°螺纹车刀
N20	G97　G99　F2.0；	设置进给为恒转速控制，进给量 2.0mm/r

（续）

程序段号	程序内容	说　明
N30	M03　S520；	主轴正转，转速520r/min
N40	G00　X32.0　Z−12.0；	快速进给至加工起始点
N50	G92　X28.9　Z−31.0　F2.0；	螺纹切削固定循环加工，X轴第一刀切削深度0.9mm，Z轴终点坐标为−31.0mm，螺距为2.0mm
N60	X28.3；	X轴第二刀切削深度0.6mm
N70	X27.8；	X轴第三刀切削深度0.5mm
N80	X27.5；	X轴第四刀切削深度0.3mm
N90	X27.4；	X轴第五刀切削深度0.1mm
N100	G00　X100.0　Z100.0；	快速退刀
N110	M30；	程序结束
	%	程序结束符

二、工件加工实施过程

加工工件的步骤如下：

1）开启机床，各轴回机床参考点。

2）按照表27-4依次安装所需的外圆粗/精车刀，内孔粗/精车刀，中心钻，钻头，内螺纹刀及切槽刀。

3）使用自定心卡盘装夹公共毛坯外圆，夹持毛坯留出加工长度约86.0mm。

4）对刀，并设置刀具补偿。

5）起动主轴，换取T08中心钻，钻中心孔，钻深5.0mm。

6）起动主轴，换取T09钻头，钻深50.0mm。

7）手动换取T01外圆粗车刀，起动主轴，手动加工工件2右端端面，至端面平整、光滑为止。

8）输入表27-6工件2内孔轮廓粗、精加工程序。

9）单击【程序启动】按钮，自动加工工件。加工完毕后，测量工件尺寸与实际尺寸的差值，若不合格可通过修改【刀具磨损】中差值，直至工件尺寸合格为止。

10）输入表27-7工件2内螺纹加工程序。

11）单击【程序启动】按钮，自动加工工件。加工完毕后，使用螺纹塞规检测，若不合格可通过修改【刀具磨损】中差值，直至合格为止。

12）输入表27-8工件2外圆轮廓粗、精加工程序。

13）单击【程序启动】按钮，自动加工工件。加工完毕后，测量工件尺寸与实际尺寸的差值，若不合格可通过修改【刀具磨损】中差值，直至工件尺寸合格为止。

14）手动换取T05 3mm外圆切槽刀，起动主轴，手动切断工件，Z方向留0.5mm余量。

15）不需拆除工件，手动换取T01外圆粗车刀，起动主轴，手动加工工件1左端端面，至端面平整、光滑为止。

16）起动主轴，换取T09钻头，钻深41.0mm。

17）输入表27-9工件1内孔轮廓粗、精加工程序。

…

18）单击【程序启动】按钮，自动加工工件。加工完毕后，测量工件尺寸与实际尺寸的差值，若不合格可通过修改【刀具磨损】中差值，直至工件尺寸合格为止。

19）输入表 27-10 工件 1 左端外圆轮廓粗、精加工程序。

20）单击【程序启动】按钮，自动加工工件。加工完毕后，测量工件尺寸与实际尺寸的差值，若不合格可通过修改【刀具磨损】中差值，直至工件尺寸合格为止。

21）输入表 27-11 工件 1 外圆槽加工程序。

22）单击【程序启动】按钮，自动加工工件。加工完毕后，测量工件尺寸与实际尺寸的差值，若不合格可通过修改【刀具磨损】中差值，直至工件尺寸合格为止。

23）将件 1 调头，使用百分表校正工件。

24）手动换取 T01 外圆粗车刀，起动主轴，手动加工件 1 右端端面，去除多余毛坯，保证工件长度，且端面平整、光滑为止。

25）输入表 27-12 工件 1 右端外圆轮廓粗、精加工程序。

26）单击【程序启动】按钮，自动加工工件。加工完毕后，测量工件尺寸与实际尺寸的差值，若不合格可通过修改【刀具磨损】中差值，直至工件尺寸合格为止。

27）手动换取 T05 3mm 外圆切槽刀，起动主轴，手动加工螺纹退刀槽，直至工件尺寸合格为止。

28）输入表 27-13 工件 1 外螺纹加工程序。

29）单击【程序启动】按钮，自动加工工件。加工完毕后，使用螺纹环规检测，若不合格可通过修改【刀具磨损】中差值，直至合格为止。

30）装夹件 2，使用百分表校正工件。

31）手动换取 T01 外圆粗车刀，起动主轴，手动加工件 2 右端端面，去除多余毛坯，保证工件长度，且端面平整、光滑为止。

32）去飞边。

33）加工完毕，卸下工件，清理机床。

三、总结与评价

根据表 27-14 要求对已加工的工件进行正确的自我评价，并找出在学习过程中遇到的问题，然后认真总结，填写表 27-15。

表 27-14　评分标准

班级		姓名		学号		日期		
课题名称		零件加工训练		零件图号				
序号	考核内容	考核要求	配分	评分标准		学生自评	教师评分	得分
零件 1（49.5 分）								
1	外圆	$\phi56_{-0.03}^{0}$ mm	3	超差 0.01mm 扣 1 分				
2		$\phi50_{-0.03}^{0}$ mm	3	超差 0.01mm 扣 1 分				
3		$\phi46_{-0.03}^{0}$ mm	3	超差 0.01mm 扣 1 分				
4		$\phi36_{-0.03}^{0}$ mm	3	超差 0.01mm 扣 1 分				
5		$\phi20_{-0.03}^{0}$ mm	3	超差 0.01mm 扣 1 分				

（续）

序号	考核内容	考核要求	配分	评分标准	学生自评	教师评分	得分
				零件1（49.5分）			
6	内孔	$\phi 37^{+0.025}_{0}$ mm	3	超差0.01mm扣1分			
7		$\phi 27^{+0.025}_{0}$ mm	3	超差0.01mm扣1分			
8	长度	（89±0.03）mm	3	超差0.01mm扣1分			
9	外槽	（5±0.02）mm	1.5	超差0.01mm扣1分			
10		（ϕ46±0.02）mm	1.5	超差0.01mm扣1分			
11	外沟槽	5mm×2mm	1	超差不得分			
12	外螺纹	M30×2-6g	5	不合格不得分			
13	圆弧	R5mm	1.5	超差不得分			
14		SR10mm	3	超差不得分			
15		R50mm	1.5	超差不得分			
16	表面粗糙度	Ra1.6μm（8处）	4	表面粗糙度值增大一级扣0.5分			
17		Ra3.2μm	2	表面粗糙度值增大一级扣2分			
18	倒角	螺纹倒角	1	超差不得分			
19		C1（3处）	1.5	超差不得分			
20	其余		2	每错一处扣1分			
				零件2（34.5分）			
1	外圆	$\phi 56^{0}_{-0.03}$ mm	3	超差0.01mm扣1分			
2	内孔	$\phi 46^{+0.025}_{0}$ mm	3	超差0.01mm扣1分			
3		$\phi 36^{+0.025}_{0}$ mm	3	超差0.01mm扣1分			
4	长度	（40±0.03）mm	3	超差0.01mm扣1分			
5		$20^{+0.03}_{0}$ mm	3	超差0.01mm扣1分			
6	长度	$15^{+0.03}_{0}$ mm	3	超差0.01mm扣1分			
7	内螺纹	M30×2-6G	5	不合格不得分			
8	圆弧	R5mm	2	超差不得分			
9	表面粗糙度	Ra1.6μm（3处）	1.5	表面粗糙度值增大一级扣1分			
10		Ra3.2μm	2	表面粗糙度值增大一级扣1分			
11	倒角	螺纹倒角（2处）	3	超差不得分			
12		C1（2处）	1	超差不得分			
13	其余		2	每错一处扣1分			
				其他（16分）			
1	配合长度	（75±0.05）mm	8	无法配合扣4分，长度尺寸不正确扣4分			

（续）

序号	考核内容	考核要求	配分	评分标准	学生自评	教师评分	得分
				其他（16分）			
2	工艺	工艺制作正确、合理	4	工艺不合理扣2分			
3	程序	程序正确、简单、明确、规范	4	程序不正确不得分			
4	安全文明生产	按国家颁布的安全生产规定标准评定		1）违反有关规定酌情扣1~10分，危及人身或设备安全者终止考核 2）场地不整洁，工、夹、刀、量具等放置不合理酌情扣1~5分			
	合　计		100	总　　分			

表 27-15　自我总结

遇到问题	1. 2. 3. 4. 5.
解决方案	1. 2. 3. 4. 5.
自我总结	

四、尺寸检测

1）用千分尺检测工件的外圆尺寸是否达到要求。

2）用游标卡尺检测工件的长度尺寸是否达到要求。

3）用游标万能角度尺检测工件的外锥度是否达到要求。

4）用涂色法检测工件的内孔锥度是否达到要求。

5）用内径千分尺和内径百分表检测工件的内孔尺寸是否达到要求。

6）用深孔内沟槽游标卡尺检测工件的内沟槽尺寸是否达到要求。

7）用螺纹塞规检测工件的内螺纹尺寸是否达到要求。

8）用螺纹环规检测工件的外螺纹尺寸是否达到要求。

9）用半径样板检测工件的圆弧尺寸是否达到要求。

五、注意事项

1）机床工作前要有预热，认真检查润滑系统工作是否正常。

2）禁止用手接触刀尖和切屑，必须要用铁钩子或毛刷来清理切屑，禁止戴手套操作机床。

3）在加工过程中，不允许打开机床防护门。

4）装夹刀具时，车刀刀尖必须与主轴轴线等高。

5）若出现尺寸误差可以通过调整刀具的补偿来解决。

6）加工过程中，尽量采用试切、测量、补偿、试测方法控制尺寸精度。

7）加工槽时，注意工件是否发生滑动。

8）加工内孔时，注意刀具的吃刀量与刀具长度，避免出现撞刀现象。

9）加工内螺纹时，要考虑内螺纹车刀的长度，防止内螺纹车刀撞到不通孔孔底。

10）粗、精车螺纹必须是同样的主轴转速，如果改变螺纹转速会导致工件乱牙；螺纹加工的循环点不能随便改动，如果改变循环点会导致工件乱牙。

11）螺纹精度控制：加工螺纹时，螺纹循环运行后，停车测量；然后根据测量结果调整刀具磨损量，重新运行螺纹循环指令，直至符合尺寸要求。

12）程序中设置的换刀点，不一定是最佳位置，应根据所用刀具及机床情况，重新设置。

13）精加工时采用高主轴转速、小进给量、小的切削深度的方法来选择切削用量，采用小的刀尖圆弧半径可加工出较高的工件表面质量；采用恒线速切削来保证球体和锥体外表面质量要求。

14）所使用的精车刀有刀尖圆弧半径，精加工时，必须进行刀具半径补偿，否则加工的圆弧存在加工误差。

15）粗加工时在机床允许范围内应尽量选择大的切削深度和进给量，切削速度则相应选小些。

16）工件加工完毕，清除切屑，擦拭机床，使机床与环境保持清洁状态。

项目二十八

配合零件（三件）的加工

【项目综述】

本项目结合一套配合零件（三件）的加工案例，综合训练学生实施加工工艺设计、程序编制、机床加工、零件精度检测、产品提交等零件加工完整工作过程的工作方法。实施本项目训练学生的专业技能和应掌握的关联知识见表28-1。

表28-1　专业技能和关联知识

专业技能	关联知识
1. 零件工艺结构分析 2. 零件加工工艺方案设计 3. 机床、毛坯、夹具、刀具、切削用量的合理选用 4. 工序卡的填写与加工程序的编写 5. 熟练操作机床对零件进行加工 6. 零件精度检测及加工结果判断	1. 零件的数控车削加工工艺设计 2. 循环指令的应用 3. 相关量具的使用

仔细分析图28-1所示图样，根据给定的工具和毛坯，编写出合理的加工程序，并加工出符合要求的零件。

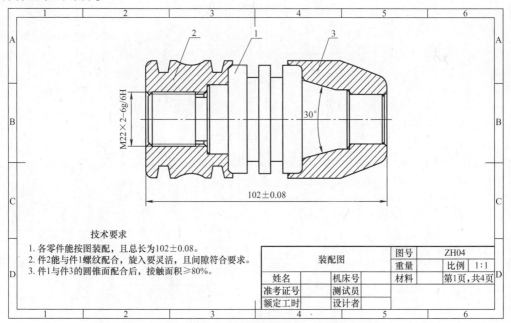

图 28-1　零件的实训图例 SC028

233

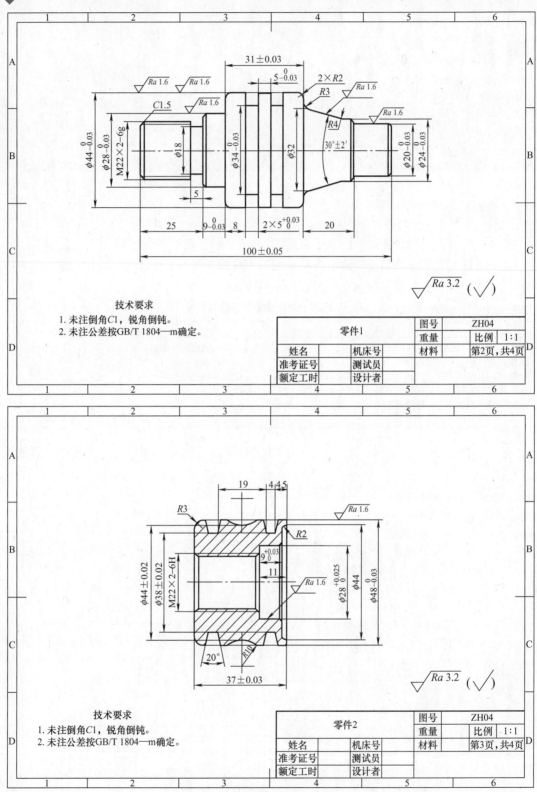

图 28-1　零件的实训图例 SC028（续）

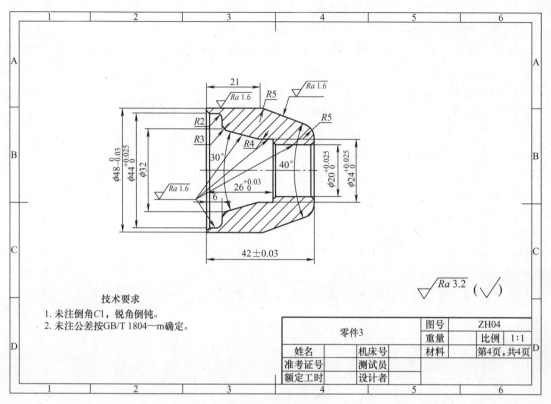

图 28-1　零件的实训图例 SC028（续）

一、零件的加工工艺设计与程序编制

1. 分析零件结构

1）零件 1 外轮廓主要由 $\phi 44_{-0.03}^{0}$ mm、$\phi 28_{-0.03}^{0}$ mm、$\phi 24_{-0.03}^{0}$ mm 的圆柱面，$30° \pm 2'$ 圆锥面，M22 × 2 外螺纹，5 × ϕ18mm 退刀槽，2 条外圆槽和倒角等表面组成；

2）零件 2 外轮廓主要由 $\phi 48_{-0.03}^{0}$ mm 的圆柱面，R10mm 圆弧，2 条 20°楔形槽，锥度表面，M22 × 2 内螺纹，$\phi 28_{0}^{+0.025}$ mm 内孔和倒角等表面组成。

3）零件 3 外轮廓主要由 $\phi 48_{-0.03}^{0}$ mm 的圆柱面，圆锥面，$\phi 20_{0}^{+0.025}$ mm 内孔，内圆锥面和倒角等表面组成。

4）零件的表面粗糙度为 Ra1.6μm、Ra3.2μm。整张零件图尺寸标注完整，符合数控加工尺寸标注要求，零件轮廓描述清楚完整，无热处理和硬度要求。

2. 分析技术要求

1）尺寸精度和形状精度：外圆柱面和内孔尺寸精度为 IT6 ~ IT7。这些表面的形状精度均未标注，说明要求限制在其尺寸公差范围之内。

2）配合后装配长度为（102 ± 0.08）mm。

3）零件 1 与零件 2 的螺纹配合，旋入要灵活，间隙符合要求。

4）零件 1 与零件 3 的圆锥面配合，接触面积需大于或等于 80%，旋入要灵活，间隙符合要求，且配合后装配长度保证为（98 ± 0.08）mm。

5）零件 2 与零件 3 的材料为公共用料，需要切断。

3. 选择毛坯和机床

根据图样要求，零件毛坯尺寸为 $\phi45mm \times 102mm$、$\phi50mm \times 86mm$，材质为 45 钢，选择卧式数控车床。

4. 选择工具、量具和刀具

（1）选择工具　装夹工件所需要的工具清单见表 28-2。

表 28-2　工具清单

序号	名称	规格	单位	数量
1	自定心卡盘	$\phi250mm$	个	1
2	卡盘扳手	—	副	1
3	刀架扳手	—	副	1
4	垫刀片	—	块	若干
5	红丹	—	—	若干

（2）选择量具　检测所需要的量具清单见表 28-3。

表 28-3　量具清单

序号	名称	规格	精度/分度值	单位	数量
1	游标卡尺	$0 \sim 150mm$	0.01mm	把	1
2	钢直尺	$0 \sim 150mm$	0.02mm	把	1
3	外径千分尺	$0 \sim 50mm$	0.01mm	把	1
4	内径千分尺	$5 \sim 50mm$	0.01mm	把	1
5	螺纹环/塞规	$M22 \times 2$	6g/6H	套	1
6	百分表/表座	$0 \sim 10mm$	0.01mm	套	1
7	半径样板	$0 \sim R25mm$	—	套	1
8	游标万能角度尺	$0 \sim 320°$	2′	把	1

（3）选择刀具　刀具清单见表 28-4。

表 28-4　刀具清单

序号	刀具号	刀具名称	刀具规格/mm×mm	数量	加工表面	刀尖圆弧半径/mm
1	T01	93°外圆粗车刀	20×20	1 把	粗车外轮廓	0.4
2	T02	93°外圆精车刀	20×20	1 把	精车外轮廓	0.2
3	T03	粗镗孔刀	$\phi16 \times 50$	1 把	粗车外轮廓	0.4
4	T04	精镗孔刀	$\phi16 \times 50$	1 把	精车外轮廓	0.2
5	T05	3mm 切槽刀	20×20	1 把	切槽/切断	—
6	T06	60°外螺纹车刀	20×20	1 把	螺纹	—
7	T07	60°内螺纹车刀	$\phi16 \times 50$	1 把	螺纹	—
8	T08	中心钻	A3	1 个	中心孔	—
9	T09	钻头	D16	1 个	钻孔	—

5. 确定零件装夹方式

加工工件时采用自定心卡盘装夹。卡盘夹持毛坯留出适当的加工长度。

6. 确定加工工艺路线

分析零件图可知，零件2与零件3为共用料，为了减少工件装夹的次数，可通过一次装夹后完成两个工序的工作；零件2与零件1通过螺纹连接，为了保证件2的尺寸精度，零件2需要配合加工，因此各零件需要进行交替加工。具体加工工艺过程（图28-2）如下：

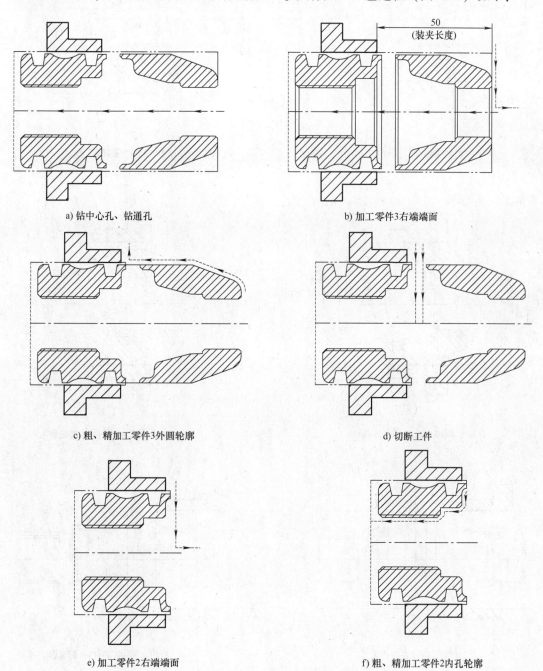

图 28-2　加工工艺路线

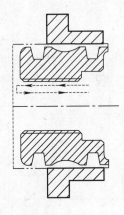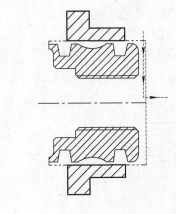

g) 加工螺纹

h) 调头零件2，加工左端端面(保证总长)

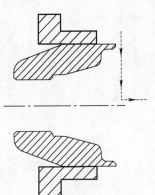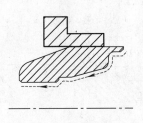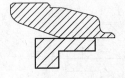

i) 加工零件3右端端面(保证总长)

j) 粗、精加工零件3内孔轮廓

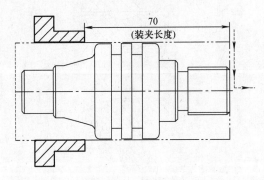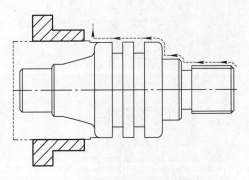

k) 加工零件1左端端面

l) 粗、精加工零件1外圆轮廓

图28-2　加工

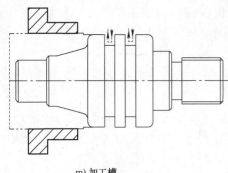

m) 加工槽

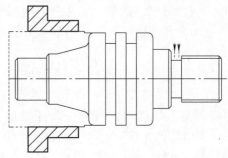

n) 加工螺纹退刀槽

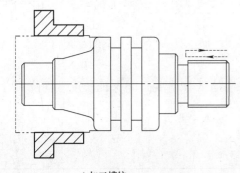

o) 加工槽纹

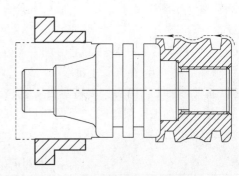

p) 粗、精加工工件零件2外圆轮廓

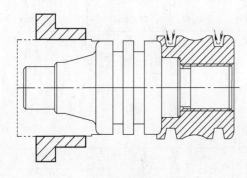

q) 加工楔形槽

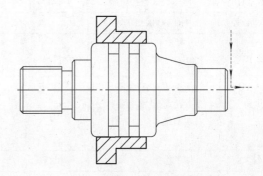

r) 调头，加工零件1右端端面(保证总长)

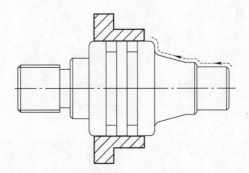

s) 粗、精加工零件1外圆轮廓

工艺路线（续）

数控车削加工案例详解

1）夹持零件2与零件3公共毛坯外圆（夹持长度50mm），加工零件3：手动加工右端端面→钻中心孔、钻孔→粗、精加工外圆轮廓（至图样尺寸要求）→切断工件（Z方向留0.5mm余量）。

2）不需拆除，加工零件2：手动加工右端端面→粗、精加工内孔轮廓（至图样尺寸要求）→粗、精加工螺纹（至图样尺寸要求）。

3）调头，夹持零件2并校正：手动加工左端端面（保证长度至图样尺寸要求）。

4）夹持零件3并校正：手动加工右端端面（保证长度至图样尺寸要求）→粗、精加工内孔轮廓（至图样尺寸要求）。

5）夹持零件1毛坯外圆（夹持长度70mm），加工零件1：手动加工左端端面→粗、精加工外圆轮廓（至图样尺寸要求）→加工外圆槽（至图样尺寸要求）→手动加工螺纹退刀槽→加工螺纹。

6）将零件2拧紧在零件1上，加工零件2：粗、精加工外圆轮廓（至图样尺寸要求）→加工两条楔形槽（至图样尺寸要求）。

7）拆除零件2，调头，夹持零件1并校正：手动加工右端端面（保证长度至图样尺寸要求）→粗、精加工外圆轮廓（至图样尺寸要求）。

7. 填写加工工序卡（表28-5）

表28-5　加工工序卡

零件图号	SC028	操作人员		实习日期	
使用设备	卧式数控车床	型号	CAK6140	实习地点	数控车车间
数控系统	GSK 980TA	刀架	4刀位、自动换刀	夹具名称	自定心卡盘
工步号	工步内容	刀具号	程序号	主轴转速 $n/(r/min)$	进给量 $f/(mm/r)$	切削深度 a_p/mm	备注
---	---	---	---	---	---	---	---
1	夹持零件2与零件3公共毛坯，加工零件3右端端面（至端面平整、光滑）	T01	—	1500	0.05	0.3	手动
2	钻中心孔	T08		1500	—	5	手动
3	钻通孔	T09	—	300	—	—	手动
4	粗加工零件3右端外圆轮廓，留0.2mm精加工余量	T01	O0001	800	0.2	1.5	自动
5	精加工零件3右端外圆轮廓至图样尺寸	T02	O0001	1500	0.05	0.1	自动
6	切断工件	T05	—	300	—	—	手动
7	夹持零件2与零件3公共毛坯，加工件2右端端面（至端面平整、光滑）	T01		1500	0.05	0.3	手动
8	粗加工零件2内孔轮廓，留0.2mm精加工余量	T03	O0002	800	0.2	1.5	自动

（续）

工步号	工步内容	刀具号	程序号	主轴转速 $n/(\text{r/min})$	进给量 $f/(\text{mm/r})$	切削深度 a_p/mm	备注
9	精加工零件 2 内孔轮廓至图样尺寸	T04	O0002	1500	0.05	0.1	自动
10	加工零件 2M22×2 螺纹	T07	O0003	520	2	按表	自动
11	调头，夹持零件 2 并校正，加工左端端面（保证总长，且至端面平整、光滑）	T01	—	1500	0.05	0.3	手动
12	夹持零件 3 并校正（保证总长，且至端面平整、光滑）	T01	—	1500	0.05	0.3	手动
13	粗加工零件 3 内孔轮廓，留 0.2mm 精加工余量	T03	O0004	800	0.2	1.5	自动
14	精加工零件 3 内孔轮廓至图样尺寸	T04	O0004	1500	0.05	0.1	自动
15	夹持零件 1，加工左端端面（至端面平整、光滑）	T01	—	1500	0.05	0.3	手动
16	粗加工零件 1 左端外圆轮廓，留 0.2mm 精加工余量	T01	O0005	800	0.2	1.5	自动
17	精加工零件 1 左端外圆轮廓至图样尺寸	T02	O0005	1500	0.05	0.1	自动
18	加工零件 1 外圆槽	T05	O0006	500	0.1	5	自动
19	加工零件 1 螺纹退刀槽	T05	—	400	—	—	手动
20	加工零件 1M22×2 螺纹	T07	O0007	520	2	按表	自动
21	将零件 2 拧紧在零件 1 上，粗加工零件 2 外圆轮廓，留 0.2mm 精加工余量	T01	O0008	800	0.2	1	自动
22	精加工零件 2 外圆轮廓至图样尺寸	T02	O0008	1500	0.05	0.1	自动
23	加工零件 2 楔形槽	T05	O0009	500	0.1	5	自动
24	调头，装夹零件 1 并校正（保证总长，且至端面平整、光滑）	T01	—	1500	0.05	0.3	手动
25	粗加工零件 1 右端外圆轮廓，留 0.2mm 精加工余量	T01	O0010	800	0.2	1.5	自动
26	精加工零件 1 右端外圆轮廓至图样尺寸	T02	O0010	1500	0.05	0.1	自动
审核人		批准人			日　期		

8. 建立工件坐标系

加工工件以零件端面中心为工件坐标系原点。

9. 编制加工程序（表28-6~表28-15）

表28-6　工件3右端外圆轮廓粗、精加工程序

程序段号	程序内容	说　明
	%	程序开始符
	O0001;	程序号
N30	T0101;	调用93°外圆粗车刀
N40	G97　G99　F0.2;	设置进给为恒转速控制，进给量0.2mm/r
N50	M03　S800;	主轴正转，转速800r/min
N60	G00　X52.0　Z2.0;	快速进给至加工起始点
N70	G71　U1.5　R1.0;	外圆粗车固定循环加工，每刀切削深度1.5mm，退刀距离
N80	G71　P90　Q140　U0.2;	1.0mm，循环段N90~N140，径向余量0.2mm
N90	G00　X26.353;	
N100	G01　Z0;	
N110	G03　X37.75　Z-3.29　R5.0;	粗加工外圆轮廓
N120	G01　X47.397　Z-19.29;	
N130	G03　X28.0　Z-21.0　R5.0;	
N140	Z-45.0;	
N150	G00　X100.0　Z100.0;	快速退刀
N160	T0202;	调用93°外圆精车刀
N170	G97　G99　F0.05;	设置进给为恒转速控制，进给量0.05mm/r
N180	M03　S1500;	主轴正转，转速1500r/min
N190	G00　X52.0　Z2.0;	快速进给至加工起始点
N200	G70　P90　Q140;	精车固定循环加工，循环段N90~N140
N210	G00　X100.0　Z100.0;	快速退刀
N220	M30;	程序结束
	%	程序结束符

表28-7　工件2右端内孔轮廓粗、精加工程序

程序段号	程序内容	说　明
	%	程序开始符
	O0002;	程序号
N30	T0303;	调用93°内孔粗车刀
N40	G97　G99　F0.2;	设置进给为恒转速控制，进给量0.2mm/r
N50	M03　S800;	主轴正转，转速800r/min
N60	G00　X15.0　Z2.0;	快速进给至加工起始点
N70	G71　U1.5　R1.0;	外圆粗车固定循环加工，每刀切削深度1.5mm，退刀距离
N80	G71　P90　Q170　U-0.2;	1.0mm，循环段N90~N170，径向余量0.2mm

(续)

程序段号	程序内容	说　　明
N90	G00　X44.0;	
N100	G01　Z0;	
N110	G03　X40.0　Z-2.0　R2.0;	
N120	G01　X30.0;	
N130	X28.0　Z-3.0;	粗加工外圆轮廓
N140	Z-11.0;	
N150	X23.0;	
N160	X20.2　Z-12.5;	
N170	Z-40.0;	
N180	G00　X100.0　Z100.0;	快速退刀
N190	T0404;	调用93°内孔精车刀
N200	G97　G99　F0.05;	设置进给为恒转速控制，进给量0.05mm/r
N210	M03　S1500;	主轴正转，转速1500r/min
N220	G00　X15.0　Z2.0;	快速进给至加工起始点
N230	G70　P90　Q170;	精车固定循环加工，循环段N90～N170
N240	G00　X100.0　Z100.0;	快速退刀
N250	M30;	程序结束
	%	程序结束符

表28-8　工件2内螺纹加工程序

程序段号	程序内容	说　　明
	%	程序开始符
	O00003;	程序号
N30	T0707;	调用60°内螺纹车刀
N40	G97　G99　F2.0;	设置进给为恒转速控制，进给量2.0mm/r
N50	M03　S520;	主轴正转，转速520r/min
N60	G00　X18.0　Z2.0;	快速进给至加工起始点
N70	G92　X20.9　Z-39.0　F2.0;	螺纹切削循环加工，X轴第一刀切削深度0.7mm，Z轴终点坐标为-39.0mm，螺纹导程为2.0mm
N80	X21.5;	X轴第二刀切削深度0.6mm
N90	X22.1;	X轴第三刀切削深度0.6mm
N100	X22.5;	X轴第四刀切削深度0.4mm
N110	X22.6;	X轴第五刀切削深度0.1mm
N120	G00　X100.0　Z100.0;	快速退刀
N130	M30;	程序结束
	%	程序结束符

表 28-9　工件 3 内孔轮廓粗、精加工程序

程序段号	程序内容	说　明
	%	程序开始符
	O0004；	程序号
N30	T0303；	调用 93°内孔粗车刀
N40	G97　G99　F0.2；	设置进给为恒转速控制，进给量 0.2mm/r
N50	M03　S800；	主轴正转，转速 800r/min
N60	G00　X15.0　Z2.0；	快速进给至加工起始点
N70	G71　U1.5　R1.0；	外圆粗车固定循环加工，每刀切削深度 1.5mm，退刀距离
N80	G71　P90　Q210　U－0.2；	1.0mm，循环段 N90～N210，径向余量 0.2mm
N90	G00　X46.0；	
N100	G01　Z0；	
N110	X44.0　Z－1.0；	
N120	Z－4.0；	
N130	G03　X40.0　Z－6.0　R2.0；	
N140	G01　X36.604；	
N150	G02　X30.808　Z－8.224　R3.0；	粗加工外圆轮廓
N160	G01　X24.273　Z－20.42；	
N170	G02　X24.0　Z－21.455　R4.0；	
N180	G01　Z－26.0；	
N190	X22.0；	
N200	X20.0　Z－27.0；	
N210	Z－45.0；	
N220	G00　X100.0　Z100.0；	快速退刀
N230	T0202；	调用 93°外圆精车刀
N240	G97　G99　F0.05；	设置进给为恒转速控制，进给量 0.05mm/r
N250	M03　S1500；	主轴正转，转速 1500r/min
N260	G00　X15.0　Z2.0；	快速进给至加工起始点
N270	G70　P90　Q210；	精车固定循环加工，循环段 N90～N210
N280	G00　X100.0　Z100.0；	快速退刀
N290	M30；	程序结束
	%	程序结束符

表 28-10　工件 1 左端外圆轮廓粗、精加工程序

程序段号	程序内容	说　明
	%	程序开始符
	O0005；	程序号
N30	T0101；	调用 93°外圆粗车刀
N40	G97　G99　F0.2；	设置进给为恒转速控制，进给量 0.2mm/r

（续）

程序段号	程序内容	说　明
N50	M03　S800;	主轴正转，转速800r/min
N60	G00　X46.0　Z2.0;	快速进给至加工起始点
N70	G71　U1.5　R1.0;	外圆粗车固定循环加工，每刀切削深度1.5mm，退刀距离
N80	G71　P90　Q180　U0.2;	1.0mm，循环段N90～N180，径向余量0.2mm
N90	G00　X19.0;	粗加工外圆轮廓
N100	G01　Z0;	
N110	X21.8　Z-1.5;	
N120	Z-25.0;	
N130	X26.0;	
N140	X28.0　Z-26.0;	
N150	Z-34.0;	
N160	X40.0;	
N170	G03　X44.0　Z-36.0　R2.0;	
N180	G01　Z-67.0;	
N190	G00　X100.0　Z100.0;	快速退刀
N200	T0202;	调用93°外圆精车刀
N210	G97　G99　F0.05;	设置进给为恒转速控制，进给量0.05mm/r
N220	M03　S1500;	主轴正转，转速1500r/min
N230	G00　X46.0　Z2.0;	快速进给至加工起始点
N240	G70　P90　Q180;	精车固定循环加工，循环段N90～N180
N250	G00　X100.0　Z100.0;	快速退刀
N260	M30;	程序结束
	%	程序结束符

表28-11　工件1外圆槽加工程序

程序段号	程序内容	说　明
	%	程序开始符
	O0006;	程序号
N30	T0505;	调用3mm切槽刀
N40	G97　G99　F0.1;	设置进给为恒转速控制，进给量0.1mm/r
N50	M03　S500;	主轴正转，转速500r/min
N60	G00　X46.0　Z-45.0;	快速进给至加工起始点
N70	M98　P0061;	调用槽加工子程序
N80	G00　Z-55.0;	快速进给至加工起始点
N90	M98　P0061;	调用槽加工子程序
N100	G00　X100.0　Z100.0;	快速退刀
N110	M30;	程序结束
	%	程序结束符

(续)

程序段号	程序内容	说　　明
	槽加工子程序	
	O0061；	程序号
N140	G01　X34.0　F0.1；	
N150	G04　X1.0；	
N160	G00　X46.0；	
N170	W - 2.0；	加工槽
N180	G01　X34.0　F0.1；	
N190	G04　X1.0；	
N200	G00　X46.0；	
N210	M99；	子程序结束

表 28-12　　工件 1 外螺纹加工程序

程序段号	程序内容	说　　明
	%	程序开始符
	O0007；	程序号
N30	T0606；	调用60°螺纹车刀
N40	G97　G99　F2.0；	设置进给为恒转速控制，进给量2.0mm/r
N50	M03　S520；	主轴正转，转速520r/min
N60	G00　X24.0　Z2.0；	快速进给至加工起始点
N70	G92　X21.1　Z - 22.0　F2.0；	螺纹切削循环加工，X 轴第一刀切削深度 0.7mm，Z 轴终点坐标为 - 22.0mm，螺纹导程为 2.0mm
N80	X20.5；	X 轴第二刀切削深度 0.6mm
N90	X19.9；	X 轴第三刀切削深度 0.6mm
N100	X19.5；	X 轴第四刀切削深度 0.4mm
N110	X19.4；	X 轴第五刀切削深度 0.1mm
N120	G00　X100.0　Z100.0；	快速退刀
N130	M30；	程序结束
	%	程序结束符

表 28-13　　工件 2 外圆轮廓粗、精加工程序

程序段号	程序内容	说　　明
	%	程序开始符
	O0008；	程序号
N30	T0101；	调用93°外圆粗车刀
N40	G97　G99　F0.2；	设置进给为恒转速控制，进给量0.2mm/r
N50	M03　S800；	主轴正转，转速800r/min
N60	G00　X52.0　Z2.0；	快速进给至加工起始点
N70	G71　U1.0　R1.0；	外圆粗车固定循环加工，每刀切削深度 1.0mm，退刀距离 1.0mm，循环段 N90～N140，径向余量 0.2mm
N80	G71　P90　Q140　U0.2；	

（续）

程序段号	程序内容	说　明
N90	G00　X42.0；	
N100	G01　Z0；	
N110	G03　X48.0　Z-3.0　R3.0；	粗加工外圆轮廓
N120	G01　Z-13.0；	
N130	G02　Z-25.0　R10.0；	
N140	G01　Z-39.0；	
N150	G00　X100.0　Z100.0；	快速退刀
N160	T0202；	调用93°外圆精车刀
N170	G97　G99　F0.05；	设置进给为恒转速控制，进给量0.05mm/r
N180	M03　S1500；	主轴正转，转速1500r/min
N190	G00　X52.0　Z2.0；	快速进给至加工起始点
N200	G70　P90　Q140；	精车固定循环加工，循环段N90~N140
N210	G00　X100.0　Z100.0；	快速退刀
N220	M30；	程序结束
	%	程序结束符

表28-14　工件2楔形槽加工程序

程序段号	程序内容	说　明
	%	程序开始符
	O0009；	程序号
N30	T0505；	调用3mm切槽刀
N40	G97　G99　F0.1；	设置进给为恒转速控制，进给量0.1mm/r
N50	M03　S500；	主轴正转，转速500r/min
N60	G00　X52.0　Z-8.5；	快速进给至加工起始点
N70	M98　P0101；	调用槽加工子程序
N80	G00　Z-31.5；	快速进给至加工起始点
N90	M98　P0101；	调用槽加工子程序
N100	G00　X100.0　Z100.0；	快速退刀
N110	M30；	程序结束
	%	程序结束符
	槽加工子程序	
	O0110；	程序号
N140	G01　X38.0　F0.1；	
N150	G04　X1.0；	
N160	G00　X52.0；	
N170	W-1.0；	
N180	G01　X38.0；	
N190	G04　X1.0；	
N200	G00　X52.0；	加工槽
N210	W1.882；	
N220	G01　X38.0　W-0.882；	
N230	W-1.0；	
N240	X48.0　W-0.882；	
N250	G00　X52.0；	
N260	M99；	子程序结束

表 28-15　工件 1 右端外圆轮廓粗、精加工程序

程序段号	程序内容	说　明
	%	程序开始符
	O0011；	程序号
N30	T0101；	调用 93°外圆粗车刀
N40	G97　G99　F0.2；	设置进给为恒转速控制，进给量 0.2mm/r
N50	M03　S800；	主轴正转，转速 800r/min
N60	G00　X46.0　Z2.0；	快速进给至加工起始点
N70	G71　U1.5　R1.0；	外圆粗车固定循环加工，每刀切削深度 1.5mm，退刀距离
N80	G71　P90　Q210　U0.2；	1.0mm，循环段 N90～N210，径向余量 0.2mm
N90	G00　X18.0；	
N100	G01　Z0；	
N110	X20.0　Z-1.0；	
N120	Z-15.0；	
N130	X22.0；	
N140	X24.0　Z-16.0；	
N150	Z-19.545；	粗加工外圆轮廓
N160	G02　X24.273　Z-20.58　R4.0；	
N170	G01　X30.808　Z-32.776；	
N180	G02　X36.604　Z-35.0　R3.0；	
N190	G01　X40.0；	
N200	G03　X44.0　Z-37.0　R2.0；	
N210	G01　X45.0；	
N220	G00　X100.0　Z100.0；	快速退刀
N230	T0202；	调用 93°外圆精车刀
N240	G97　G99　F0.05；	设置进给为恒转速控制，进给量 0.05mm/r
N250	M03　S1500；	主轴正转，转速 1500r/min
N260	G00　X46.0　Z2.0；	快速进给至加工起始点
N270	G70　P90　Q210；	精车固定循环加工，循环段 N90～N210
N280	G00　X100.0　Z100.0；	快速退刀
N290	M30；	程序结束
	%	程序结束符

二、工件加工实施过程

加工工件的步骤如下：

1）开启机床，各轴回机床参考点。

2）按照表 28-4 依次安装所需的外圆粗/精车刀，中心钻，钻头及切槽刀。

3）使用自定心卡盘装夹工件 2 与工件 3 公共毛坯外圆，夹持毛坯留出加工长度约 50.0mm。

4）对刀，并设置刀具补偿。

5）起动主轴，换取 T08 中心钻，钻中心孔，钻深 5mm。

6）起动主轴，换取 T09 钻头，钻通孔。

7）手动换取 T01 外圆粗车刀，起动主轴，手动加工件 3 右端端面，至端面平整、光滑为止。

8）输入表 28-6 工件 3 右端外圆轮廓粗、精加工程序。

9）单击【程序启动】按钮，自动加工工件。加工完毕后，测量工件尺寸与实际尺寸的差值，若不合格可通过修改【刀具磨损】中差值，直至工件尺寸合格为止。

10）手动换取 T05 3mm 外圆切槽刀，起动主轴，手动切断工件，Z 方向留 0.5mm 余量。

11）按照表 28-4 依次安装所需的外圆粗车刀、内孔粗精车刀及内螺纹车刀。

12）对刀，并设置刀具补偿。

13）不需拆除工件，手动换取 T01 外圆粗车刀，起动主轴，手动加工件 2 右端端面，至端面平整、光滑为止。

14）输入表 28-7 工件 2 右端内孔轮廓粗、精加工程序。

15）单击【程序启动】按钮，自动加工工件。加工完毕后，测量工件尺寸与实际尺寸的差值，若不合格可通过修改【刀具磨损】中差值，直至工件尺寸合格为止。

16）输入表 28-8 工件 2 内螺纹加工程序。

17）单击【程序启动】按钮，自动加工工件。加工完毕后，使用螺纹塞规检测，若不合格可通过修改【刀具磨损】中差值，直至合格为止。

18）将件 2 调头，使用百分表校正工件。

19）手动换取 T01 外圆粗车刀，起动主轴，手动加工件 2 左端端面，去除多余毛坯，保证工件长度，且端面平整、光滑为止。

20）卸下工件 2，装夹工件 3，使用百分表校正工件。

21）按照表 28-4 依次安装所需的外圆粗车刀及内孔粗/精车刀。

22）对刀，并设置刀具补偿。

23）手动换取 T01 外圆粗车刀，起动主轴，手动加工件 3 右端端面，去除多余毛坯，保证工件长度，且端面平整、光滑为止。

24）输入表 28-9 工件 3 内孔轮廓粗、精加工程序。

25）单击【程序启动】按钮，自动加工工件。加工完毕后，测量工件尺寸与实际尺寸的差值，若不合格可通过修改【刀具磨损】中差值，直至工件尺寸合格为止。

26）卸下件 3，装夹件 1，夹持毛坯留出加工长度约 70.0mm。

27）按照表 28-4 依次安装所需的外圆粗/精车刀、外螺纹车刀及切槽刀。

28）对刀，并设置刀具补偿。

29）手动换取 T01 外圆粗车刀，起动主轴，手动加工件 1 左端端面，至端面平整、光滑为止。

30）输入表 28-10 工件 1 左端外圆轮廓粗、精加工程序。

31）单击【程序启动】按钮，自动加工工件。加工完毕后，测量工件尺寸与实际尺寸的差值，若不合格可通过修改【刀具磨损】中差值，直至工件尺寸合格为止。

32）输入表 28-11 工件 1 外圆槽加工程序。

33）单击【程序启动】按钮，自动加工工件。加工完毕后，测量工件尺寸与实际尺寸

的差值，若不合格可通过修改【刀具磨损】中差值，直至工件尺寸合格为止。

34）手动换取T05外圆切槽刀，起动主轴，手动加工螺纹退刀槽，直至工件尺寸合格为止。

35）输入表28-12工件1外螺纹加工程序。

36）单击【程序启动】按钮，自动加工工件。加工完毕后，使用螺纹环规检测，若不合格可通过修改【刀具磨损】中差值，直至合格为止。

37）将工件2拧紧在工件1上，按照表28-4依次安装所需的外圆粗/精刀及切槽刀。

38）对刀，并设置刀具补偿。

39）输入表28-13工件2外圆轮廓粗、精加工程序。

40）单击【程序启动】按钮，自动加工工件。加工完毕后，测量工件尺寸与实际尺寸的差值，若不合格可通过修改【刀具磨损】中差值，直至工件尺寸合格为止。

41）输入表28-14工件2楔形槽加工程序。

42）单击【程序启动】按钮，自动加工工件。加工完毕后，测量工件尺寸与实际尺寸的差值，若不合格可通过修改【刀具磨损】中差值，直至工件尺寸合格为止。

43）卸下工件2，调头装夹工件1，使用百分表校正工件。

44）输入表28-15工件1右端外圆轮廓粗、精加工程序。

45）单击【程序启动】按钮，自动加工工件。加工完毕后，测量工件尺寸与实际尺寸的差值，若不合格可通过修改【刀具磨损】中差值，直至工件尺寸合格为止。

46）去飞边。

47）加工完毕，卸下工件，清理机床。

三、总结与评价

根据表28-16要求对已加工的工件进行正确的自我评价，并找出在学习过程中遇到的问题，然后认真总结，填写表28-17。

表28-16 评分标准

班级		姓名		学号		日期		
课题名称		零件加工训练		零件图号				
序号	考核内容	考核要求	配分	评分标准		学生自评	教师评分	得分
零件1（34.5分）								
1	外圆	$\phi 44_{-0.03}^{0}$ mm	2	超差0.01mm扣1分				
2		$\phi 28_{-0.03}^{0}$ mm	2	超差0.01mm扣1分				
3		$\phi 24_{-0.03}^{0}$ mm	2	超差0.01mm扣1分				
4		$\phi 20_{-0.03}^{0}$ mm	2	超差0.01mm扣1分				
5	长度	(100 ± 0.05) mm	2	超差0.01mm扣1分				
6		(31 ± 0.03) mm	1.5	超差0.01mm扣1分				
7		$9_{-0.03}^{0}$ mm	1.5	超差0.01mm扣1分				

（续）

序号	考核内容	考核要求	配分	评分标准	学生自评	教师评分	得分
			零件 1（34.5 分）				
8	外槽	$\phi 34_{-0.03}^{0}$ mm	1	超差 0.01mm 扣 1 分			
9		$5_{-0.03}^{0}$ mm	1	超差 0.01mm 扣 1 分			
10		$2 \times 5_{0}^{+0.03}$ mm	2	超差 0.01mm 扣 1 分			
11	外沟槽	$5 \times \phi 18$ mm	1	超差不得分			
12	外螺纹	$M22 \times 2 - 6g$	3	不合格不得分			
13	圆弧	$2 \times R2$ mm	2	超差不得分			
14		$R3$ mm	1	超差不得分			
15	角度	$30° \pm 2'$	2	超差 2′ 扣 1 分			
16	表面粗糙度	$Ra1.6\mu m$（6 处）	2	表面粗糙度值增大一级扣 0.5 分			
17		$Ra3.2\mu m$	2	表面粗糙度值增大一级扣 2 分			
18	倒角	螺纹倒角	1	超差不得分			
19		$C1$（3 处）	1.5	超差不得分			
20	其余		2	每错一处扣 1 分			
			零件 2（26 分）				
1	外圆	$\phi 48_{-0.03}^{0}$ mm	2	超差 0.01mm 扣 1 分			
2	内孔	$\phi 28_{0}^{+0.025}$ mm	2	超差 0.01mm 扣 1 分			
3	长度	(37 ± 0.03) mm	2	超差 0.01mm 扣 1 分			
4		$9_{0}^{+0.03}$ mm	1.5	超差 0.01mm 扣 1 分			
5	内螺纹	$M22 \times 2 - 6H$	3	不合格不得分			
6	圆弧	$R2$ mm	1	超差不得分			
7		$R3$ mm	1	超差不得分			
8		$R10$ mm	2	超差不得分			
9	V 型槽	$20°$	2	超差不得分			
10		$\phi 38 \pm 0.02$ mm	2	超差不得分			
11	表面粗糙度	$Ra1.6\mu m$（2 处）	1.5	表面粗糙度值增大一级扣 1 分			
12		$Ra3.2\mu m$	2	表面粗糙度值增大一级扣 1 分			
13	倒角	螺纹倒角（2 处）	1.5	超差不得分			
14		$C1$	0.5	超差不得分			
15	其余		2	每错一处扣 1 分			
			零件 3（23.5 分）				
1	外圆	$\phi 48_{-0.03}^{0}$ mm	2	超差 0.01mm 扣 1 分			
2	内孔	$\phi 44_{0}^{+0.025}$ mm	2	超差 0.01mm 扣 1 分			
3		$\phi 24_{0}^{+0.025}$ mm	2	超差 0.01mm 扣 1 分			
4		$\phi 20_{0}^{+0.025}$ mm	2	超差 0.01mm 扣 1 分			

（续）

序号	考核内容	考核要求	配分	评分标准	学生自评	教师评分	得分
零件3（23.5分）							
5	长度	(42±0.03)mm	2	超差0.01mm扣1分			
6	角度	30°	1	超差不得分			
7		40°	1	超差不得分			
8	圆弧	$R2$mm	1	超差不得分			
9		$R3$mm	1	超差不得分			
10		$R4$mm	1	超差不得分			
11		$R5$mm	1	超差不得分			
12	表面粗糙度	$Ra1.6\mu m$（6处）	3	表面粗糙度值增大一级扣1分			
13		$Ra3.2\mu m$	2	表面粗糙度值增大一级扣1分			
14	倒角	$C1$（3处）	0.5	超差不得分			
15	其余		2	每错一处扣1分			
其他（16分）							
1	配合长度	(102±0.08)mm	4	无法配合扣4分，长度尺寸不正确扣4分			
2		螺纹配合	3	不合格不得分			
3		锥度配合	3	不合格不得分			
4	工艺	工艺制作正确、合理	3	工艺不合理扣2分			
5	程序	程序正确、简单、明确、规范	3	程序不正确不得分			
6	安全文明生产	按国家颁布的安全生产规定标准评定		1) 违反有关规定酌情扣1~10分，危及人身或设备安全者终止考核 2) 场地不整洁，工、夹、刀、量具等放置不合理酌情扣1~5分			
合 计			100	总 分			

表28-17 自我总结

遇到问题	1. 2. 3. 4. 5.
解决方案	1. 2. 3. 4. 5.
自我总结	

四、尺寸检测

1）用千分尺检测工件的外圆尺寸是否达到要求。

2）用游标卡尺来检测工件的长度尺寸是否达到要求。

3）用游标万能角度尺检测工件的外锥度是否达到要求。

4）用涂色法检测工件的内孔锥度是否达到要求。

5）用内径千分尺和内径百分表检测工件的内孔尺寸是否达到要求。

6）用深孔内沟槽游标卡尺检测工件的内沟槽尺寸是否达到要求。

7）用螺纹塞规检测工件的内螺纹尺寸是否达到要求。

8）用螺纹环规检测工件的外螺纹尺寸是否达到要求。

9）用半径样板检测工件的圆弧尺寸是否达到要求。

五、注意事项

1）机床工作前要有预热，认真检查润滑系统工作是否正常。

2）禁止用手接触刀尖和切屑，必须要用铁钩子或毛刷来清理切屑，禁止戴手套操作机床。

3）在加工过程中，不允许打开机床防护门。

4）装夹刀具时，车刀刀尖必须与主轴轴线等高。

5）若出现尺寸误差可以通过调整刀具的补偿来解决。

6）加工过程中，尽量采用试切、测量、补偿、试测方法控制尺寸精度。

7）加工槽时，注意工件是否发生滑动。

8）加工内孔时，注意刀具的吃刀量与刀具长度，避免出现撞刀现象。

9）加工内螺纹时，要考虑内螺纹车刀的长度，防止内螺纹车刀撞到不通孔孔底。

10）粗、精车螺纹必须是同样的主轴转速，如果改变螺纹转速会导致工件乱牙；螺纹加工的循环点不能随便改动，如果改变循环点会导致工件乱牙。

11）螺纹精度控制：加工螺纹时，螺纹循环运行后，停车测量；然后根据测量结果调整刀具磨损量，重新运行螺纹循环指令，直至符合尺寸要求。

12）程序中设置的换刀点，不一定是最佳位置，应根据所用刀具及机床情况，重新设置。

13）精加工时采用高转速小进给小切削深度的方法来选择切削用量，采用小的刀尖圆弧半径可加工出较高的工件表面质量；采用恒线速切削来保证球体和锥体外表面质量要求。

14）所使用的精车刀有刀尖圆弧半径，精加工时，必须进行刀具半径补偿，否则加工的圆弧存在加工误差。

15）粗加工时在机床允许范围内应尽量选择大的切削深度和进给量，切削速度则相应选小些。

16）工件加工完毕，清除切屑，擦拭机床，使机床与环境保持清洁状态。

项目二十九

配合零件（三件）的加工

【项目综述】

本项目结合一套配合零件（三件）的加工案例，综合训练学生实施加工工艺设计、程序编制、机床加工、零件精度检测、产品提交等零件加工完整工作过程的工作方法。实施本项目训练学生的专业技能和应掌握的关联知识见表29-1。

表 29-1 专业技能和关联知识

专 业 技 能	关 联 知 识
1. 零件工艺结构分析 2. 零件加工工艺方案设计 3. 机床、毛坯、夹具、刀具、切削用量的合理选用 4. 工序卡的填写与加工程序的编写 5. 熟练操作机床对零件进行加工 6. 零件精度检测及加工结果判断	1. 零件的数控车削加工工艺设计 2. 循环指令的应用 3. 相关量具的使用

仔细分析图 29-1 所示图样，根据给定的工具和毛坯，编写出合理的加工程序，并加工出符合要求的零件。

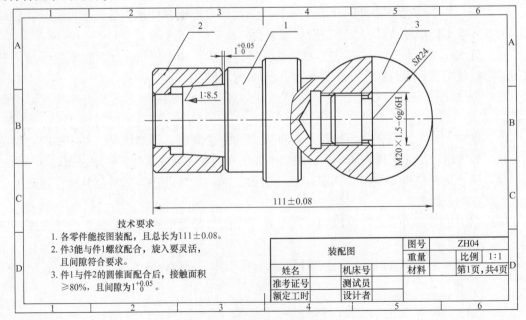

图 29-1 零件的实训图例 SC029

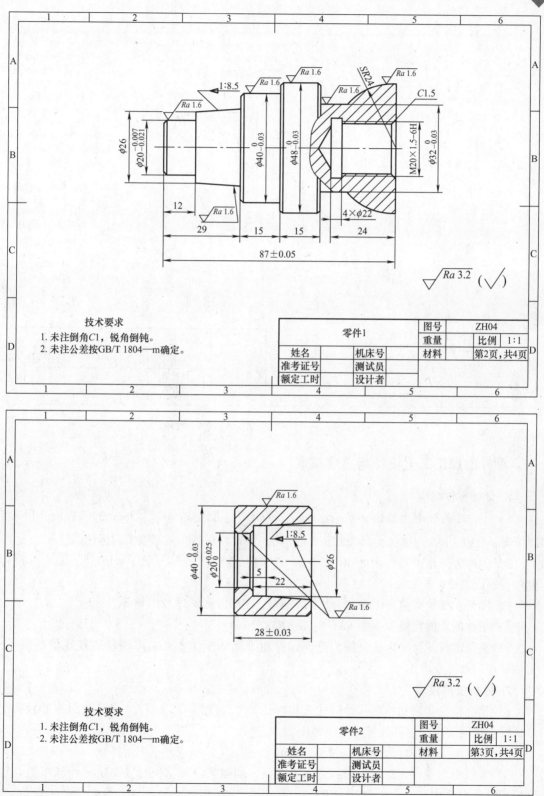

图 29-1　零件的实训图例 SC029（续）

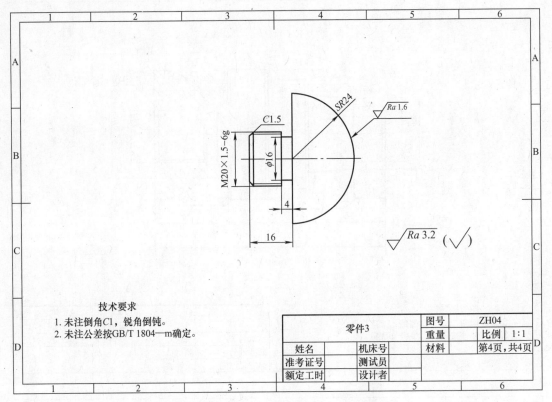

图 29-1　零件的实训图例 SC020（续）

一、零件的加工工艺设计与程序编制

1. 分析零件结构

1）零件 1 外轮廓主要由 $\phi 48_{-0.03}^{0}$ mm、$\phi 40_{-0.03}^{0}$ mm、$\phi 20_{-0.021}^{-0.007}$ mm 的圆柱面，1：8.5 圆锥面，M20 × 1.5 内螺纹，4 × ϕ22mm 内沟槽，SR24mm 圆球和倒角等表面组成。

2）零件 2 外轮廓主要由 $\phi 40_{-0.03}^{0}$ mm 的圆柱面，1：8.5 圆锥面，$\phi 20_{0}^{+0.025}$ mm 内孔和倒角等表面组成。

3）零件 3 外轮廓主要由 M20 × 1.5 外螺纹，SR24mm 圆球和倒角等表面组成。

4）工件的表面粗糙度值为 Ra1.6μm、Ra3.2μm。

5）整张零件图尺寸标注完整，符合数控加工尺寸标注要求，零件轮廓描述清楚完整，无热处理和硬度要求。

2. 分析技术要求

1）尺寸精度和形状精度：外圆柱面和内孔尺寸精度为 IT6 ~ IT7。这些表面的形状精度未标注，说明要求限制其在尺寸公差范围之内。

2）配合后装配长度为（111 ± 0.08）mm。

3）零件 1 与零件 3 螺纹配合，旋入要灵活，间隙符合要求，且 SR24mm 圆球按整体轮廓要求，需配合加工。

4）零件 1 与零件 2 的圆锥面配合，接触面积需大于或等于 80%，旋入要灵活，间隙符合要求，且配合后间隙需保证为 $1^{+0.05}_{0}$ mm。

5）零件1、零件2与零件3的材料为公共用料，需要切断。

3. 选择毛坯和机床

根据图样要求，零件毛坯尺寸为 $\phi50$mm × 170mm，材质为45钢，选择卧式数控车床。

4. 选择工具、量具和刀具

（1）选择工具 装夹工件所需要的工具清单见表29-2。

表 29-2 工具清单

序号	名称	规格	单位	数量
1	自定心卡盘	$\phi250$mm	个	1
2	卡盘扳手	—	副	1
3	刀架扳手	—	副	1
4	垫刀片	—	块	若干
5	红丹	—		若干

（2）选择量具 检测所需要的量具清单见表29-3。

表 29-3 量具清单

序号	名称	规格	精度/分度值	单位	数量
1	游标卡尺	0 ~ 150mm	0.01mm	把	1
2	钢尺	0 ~ 150mm	0.02mm	把	1
3	外径千分尺	0 ~ 50mm	0.01mm	把	1
4	内径千分尺	5 ~ 50mm	0.01mm	把	1
5	螺纹环/塞规	M20 × 1.5	6g/6H	套	1
6	百分表/表座	0 ~ 10mm	0.01mm	套	1
7	半径样板	0 ~ R25mm		套	1
8	游标万能角度尺	0 ~ 320°	2′	把	1

（3）选择刀具 刀具清单见表29-4。

表 29-4 刀具清单

序号	刀具号	刀具名称	刀具规格/mm × mm	数量	加工表面	刀尖圆弧半径/mm
1	T01	93°外圆粗车刀	20 × 20	1把	粗车外轮廓	0.4
2	T02	93°外圆精车刀	20 × 20	1把	精车外轮廓	0.2
3	T03	粗镗孔刀	$\phi16 × 35$	1把	粗车外轮廓	0.4
4	T04	精镗孔刀	$\phi16 × 35$	1把	精车外轮廓	0.2
5	T05	3mm 外圆切槽刀	20 × 20	1把	切槽/切断	—
6	T06	3mm 内孔切槽刀	20 × 20	1把	切槽/切断	—
7	T07	60°外螺纹车刀	20 × 20	1把	螺纹	—
8	T08	60°内螺纹车刀	$\phi16 × 35$	1把	螺纹	—
9	T09	中心钻	A3	1个	中心孔	—
10	T10	钻头	D16	1个	钻孔	—

5. 确定零件装夹方式

工件加工时采用自定心卡盘装夹。卡盘夹持毛坯留出适当的加工长度。

6. 确定加工工艺路线

分析零件图可知，零件1、零件2与零件3为共用料，为了减少工件装夹的次数，可通过一次装夹后完成多个工序的工作；零件3与零件1通过螺纹连接，且 $SR24$mm 圆球需要按整体轮廓要求，因此需要配合加工，并且进行交替加工。零件2为单件，可单独加工。具体加工工艺过程（图29-2）如下：

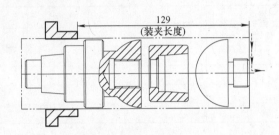

a) 加工零件3左端端面

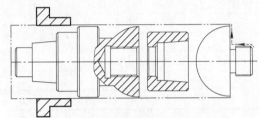

b) 粗、精加工零件3左端外圆轮廓

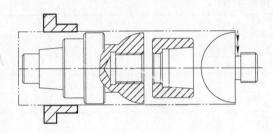

c) 加工螺纹退刀槽

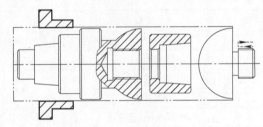

d) 加工螺纹

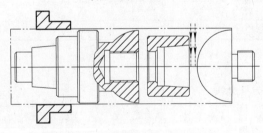

e) 切断工件

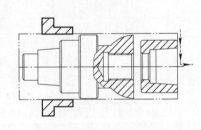

f) 加工零件2右端端面

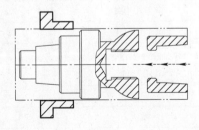

g) 钻中心孔、钻孔

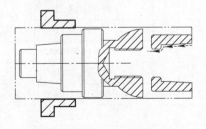

h) 粗、精加工零件2右端内孔轮廓

图29-2　加工工艺路线

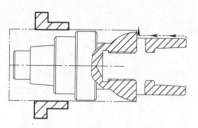

i) 粗、精加工零件2右端外圆轮廓

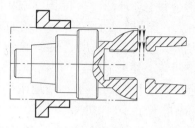

j) 切断工件

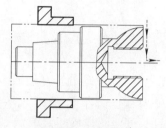

k) 加工零件1右端端面

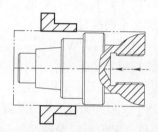

l) 钻中心孔、钻孔

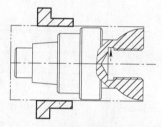

m) 加工螺纹退刀槽

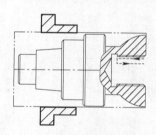

n) 加工内螺纹

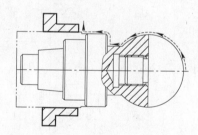

o) 粗、精加工零件1右端外圆轮廓

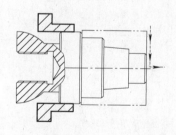

p) 调头、加工零件1左端端面(保证总长)

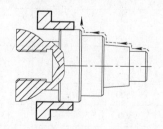

q) 粗、精加工零件1左端外圆轮廓

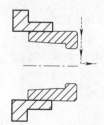

r) 加工零件2左端端面(保证总长)

图 29-2　加工工艺路线（续）

1) 夹持公共毛坯外圆（夹持长度129.0mm），加工件3：手动加工左端端面→粗、精加工外圆轮廓（至图样尺寸要求)→手动加工螺纹退刀槽→粗、精加工螺纹（至图样尺寸要求)→手动切断工件（Z方向留0.5mm余量）。

2) 不需拆除，加工零件2：手动加工右端端面→手动钻中心孔、钻孔→粗、精加工内孔轮廓（至图样尺寸要求)→粗、精加工外圆轮廓（至图样尺寸要求)→手动切断工件（Z方向留0.5mm余量）。

3) 不需拆除，加工零件1：手动加工右端端面→手动钻中心孔、钻孔→粗、精加工内孔轮廓（至图样尺寸要求)→手动加工内沟槽→粗、精加工螺纹（至图样尺寸要求)→粗、精加工外圆轮廓（至图样尺寸要求）。

4) 将零件3拧紧在零件1上，一起加工零件1与零件3的$SR24$mm圆弧：粗、精加工外圆轮廓（至图样尺寸要求）。

5) 拆卸零件3，调头，夹持零件1并校正，加工零件1：手动加工左端端面（保证长度至图样尺寸要求)→粗、精加工外圆轮廓（至图样尺寸要求）。

6) 夹持零件2并校正：手动加工左端端面（保证长度至图样尺寸要求）。

7. 填写加工工序卡 （表29-5）

表29-5　加工工序卡

零件图号	SC029		操作人员		实习日期	
使用设备	卧式数控车床	型号		CAK6140	实习地点	数控车车间
数控系统	GSK 980TA	刀架		4刀位、自动换刀	夹具名称	自定心卡盘
工步号	工步内容	刀具号	程序号	主轴转速 $n/(\text{r/min})$	进给量 $f/(\text{mm/r})$	切削深度 a_p/mm	备注
---	---	---	---	---	---	---	---
1	夹持公共毛坯，加工件3左端端面（至端面平整、光滑）	T01	—	1500	0.05	0.3	手动
2	粗加工零件3左端外圆轮廓，留0.2mm精加工余量	T01	O0001	800	0.2	1	自动
3	精加工零件3左端外圆轮廓至图样尺寸	T02	O0001	1500	0.05	0.1	自动
4	加工零件3螺纹退刀槽	T05		400	—	—	手动
5	加工零件3螺纹	T07	O0002	520	2	按表	自动
6	切断工件（Z方向留0.5mm余量）	T05	—	300	—	—	手动
7	加工零件2右端端面（至端面平整、光滑）	T01		1500	0.05	0.3	手动
8	钻中心孔	T09		1500	—	5	手动
9	钻孔	T10		300	—	32	手动
10	粗加工零件2右端内孔轮廓，留0.2mm精加工余量	T03	O0003	800	0.2	1	自动

（续）

工步号	工步内容	刀具号	程序号	主轴转速 $n/(r/min)$	进给量 $f/(mm/r)$	切削深度 a_p/mm	备注
11	精加工零件 2 右端内孔轮廓至图样尺寸	T04	00003	1500	0.05	0.1	自动
12	粗加工零件 2 右端外圆轮廓，留 0.2mm 精加工余量	T03	00004	800	0.2	1	自动
13	精加工零件 2 右端外圆轮廓至图样尺寸	T04	00004	1500	0.05	0.1	自动
14	切断工零件（Z 方向留 0.5mm 余量）	T05	—	300	—	—	手动
15	加工零件 1 右端端面（至端面平整、光滑）	T01	—	1500	0.05	0.3	手动
16	粗加工零件 1 右端内孔轮廓，留 0.2mm 精加工余量	T03	00005	800	0.2	1	自动
17	精加工零件 1 右端内孔轮廓至图样尺寸	T04	00005	1500	0.05	0.1	自动
18	加工零件 1 螺纹退刀槽	T05	—	400	—	—	手动
19	加工零件 1 螺纹	T08	00006	520	1.5	按表	自动
20	将零件 3 拧紧在零件 1 上，粗加工零件 1、3 外圆轮廓，留 0.2mm 精加工余量	T01	00007	800	0.2	1	自动
21	精加工零件 1、3 外圆轮廓至图样尺寸	T02	00007	1500	0.05	0.1	自动
22	调头，夹持件 1 并校正，加工左端端面（保证总长，且至端面平整、光滑）	T01	—	1500	0.05	0.3	手动
23	粗加工零件 1 左端外圆轮廓，留 0.2mm 精加工余量	T01	00008	800	0.2	1	自动
24	精加工零件 1 左端外圆轮廓至图样尺寸	T02	00008	1500	0.05	0.1	自动
25	夹持零件 2 并校正，加工左端端面（保证总长，且至端面平整、光滑）	T01	—	1500	0.05	0.3	手动

审核人		批准人		日　期	

8. 建立工件坐标系

加工工件以零件端面中心为工件坐标系原点。

9. 编制加工程序（表29-6～表29-13）

表29-6　工件3左端外圆轮廓粗、精加工程序

程序段号	程序内容	说　　明
	%	程序开始符
	O0001；	程序号
N30	T0101；	调用93°外圆粗车刀
N40	G97　G99　F0.2；	设置进给为恒转速控制，进给量0.2mm/r
N50	M03　S800；	主轴正转，转速800r/min
N60	G00　X52.0　Z2.0；	快速进给至加工起始点
N70	G71　U1.0　R1.0；	
N80	G71　P90　Q130　U0.2；	
N90	G00　X17.0；	
N100	G01　Z0；	粗加工外圆轮廓
N110	X19.8　Z－1.5；	
N120	Z－16.0；	
N130	X51.0；	
N140	G00　X100.0　Z100.0；	快速退刀
N150	T0202；	调用93°外圆精车刀
N160	G97　G99　F0.05；	设置进给为恒转速控制，进给量0.05mm/r
N170	M03　S1500；	主轴正转，转速1500r/min
N180	G00　X52.0　Z2.0；	快速进给至加工起始点
N190	G70　P90　Q130；	精加工外圆轮廓
N200	G00　X100.0　Z100.0；	快速退刀
N210	T0505；	调用3mm外圆切槽刀
N220	G97　G99　F0.08；	设置进给为恒转速控制，进给量0.08mm/r
N230	M03　S600；	主轴正转，转速600r/min
N240	G00　X21.0　Z－15.0；	快速进给至加工起始点
N250	G75　R0.3；	切槽加工
N260	G75　X16.0　Z－16.0　P10000　Q10000；	
N270	G97　G99　F0.08；	设置进给为恒转速控制，进给量0.08mm/r
N280	M03　S800；	主轴正转，转速800r/min
N290	G01　X16.0；	
N300	Z－16.0；	精加工外圆切槽轮廓
N310	X51.0；	
N320	G00　X100.0　Z100.0；	快速退刀
N330	M30；	程序结束
	%	程序结束符

表 29-7　工件 3 左端螺纹加工程序

程序段号	程序内容	说　明
	%	程序开始符
	O0002；	程序号
N30	T0707；	调用 60°螺纹车刀
N40	G97　G99　F2.0；	设置进给为恒转速控制，进给量 2.0mm/r
N50	M03　S520；	主轴正转，转速 520r/min
N60	G00　X22.0　Z2.0；	快速进给至加工起始点
N70	G92　X19.2　Z－15.0　F2.0；	螺纹加工
N80	X18.7；	
N90	X18.2；	
N100	X18.05；	
N110	G00　X100.0　Z100.0；	快速退刀
N120	M30；	程序结束
	%	程序结束符

表 29-8　工件 2 右端内孔轮廓粗、精加工程序

程序段号	程序内容	说　明
	%	程序开始符
	O0003；	程序号
N30	T0303；	调用 93°内孔粗车刀
N40	G97　G99　F0.2；	设置进给为恒转速控制，进给量 0.2mm/r
N50	M03　S800；	主轴正转，转速 800r/min
N60	G00　X15.0　Z2.0；	快速进给至加工起始点
N70	G71　U1.0　R1.0；	粗加工外圆轮廓
N80	G71　P90　Q140　U－0.2；	
N90	G00　X27.882；	
N100	G01　Z0；	
N110	X26.0　Z－17.0；	
N120	X22.0；	
N130	X20.0　Z－18.0；	
N140	Z－32.0；	
N150	G00　X15.0　Z100.0；	快速退刀
N160	Z100.0；	快速退刀
N170	T0404；	调用 93°内孔精车刀
N180	G97　G99　F0.05；	设置进给为恒转速控制，进给量 0.05mm/r
N190	M03　S1500；	主轴正转，转速 1500r/min
N200	G00　X15.0　Z2.0；	快速进给至加工起始点
N210	G70　P90　Q140；	精加工外圆轮廓
N220	G00　X15.0；	快速退刀
N230	Z100.0；	快速退刀
N240	M30；	程序结束
	%	程序结束符

表 29-9　工件 2 右端外圆轮廓粗、精加工程序

程序段号	程序内容	说　明
	%	程序开始符
	O0004；	程序号
N30	T0101；	调用 93°外圆粗车刀
N40	G97　G99　F0.2；	设置进给为恒转速控制，进给量 0.2mm/r
N50	M03　S800；	主轴正转，转速 800r/min
N60	G00　X52.0　Z2.0；	快速进给至加工起始点
N70	G71　U1.0　R1.0；	粗加工外圆轮廓
N80	G71　P90　Q120　U0.2；	
N90	G00　X38.0；	
N100	G01　Z0；	
N110	X40.0　Z-1.0；	
N120	Z-32.0；	
N130	G00　X100.0　Z100.0；	快速退刀
N140	T0202；	调用 93°外圆精车刀
N150	G97　G99　F0.05；	设置进给为恒转速控制，进给量 0.05mm/r
N160	M03　S1500；	主轴正转，转速 1500r/min
N170	G00　X52.0　Z2.0；	快速进给至加工起始点
N180	G70　P90　Q120；	精加工外圆轮廓
N190	G00　X100.0　Z100.0；	快速退刀
N200	M30；	程序结束
	%	程序结束符

表 29-10　工件 1 右端内孔轮廓粗、精加工程序

程序段号	程序内容	说　明
	%	程序开始符
	O0005；	程序号
N30	T0303；	调用 93°内孔粗车刀
N40	G97　G99　F0.2；	设置进给为恒转速控制，进给量 0.2mm/r
N50	M03　S800；	主轴正转，转速 800r/min
N60	G00　X15.0　Z2.0；	快速进给至加工起始点
N70	G71　U1.0　R1.0；	粗加工外圆轮廓
N80	G71　P90　Q120　U-0.2；	
N90	G00　X21.5；	
N100	G01　Z0；	
N110	X18.7　Z-1.0；	
N120	Z-24.0；	
N130	G00　X15.0；	快速退刀
N140	Z100.0	快速退刀
N150	T0404；	调用 93°内孔精车刀
N160	G97　G99　F0.05；	设置进给为恒转速控制，进给量 0.05mm/r
N170	M03　S1500；	主轴正转，转速 1500r/min

（续）

程序段号	程序内容	说　明
N180	G00　X15.0　Z2.0;	快速进给至加工起始点
N190	G70　P90　Q120;	精加工外圆轮廓
N200	G00　X15.0;	快速退刀
N210	Z100.0;	快速退刀
N220	T0606;	调用 3mm 内孔切槽刀
N230	G97　G99　F0.08;	设置进给为恒转速控制，进给量 0.08mm/r
N240	M03　S600;	主轴正转，转速 600r/min
N250	G00　X15.0　Z2.0;	快速进给至加工起始点
N260	Z－27.0;	
N270	G75　R0.3;	切槽加工
N280	G75　X22.0　Z－28.0 P10000　Q10000;	
N290	G97　G99　F0.08;	设置进给为恒转速控制，进给量 0.08mm/r
N300	M03　S800;	主轴正转，转速 800r/min
N310	G01　X22.0;	精加工外圆切槽轮廓
N320	Z－28.0;	
N330	X15.0;	
N340	G00　Z100.0;	快速退刀
N350	M30;	程序结束
	%	程序结束符

表 29-11　工件 1 内螺纹加工程序

程序段号	程序内容	说　明
	%	程序开始符
	O0006;	程序号
N30	T0808;	调用 60° 螺纹车刀
N40	G97　G99;	设置进给为恒转速控制
N50	M03　S520;	主轴正转，转速 520r/min
N60	G00　X15.0　Z2.0;	快速进给至加工起始点
N70	G92　X19.1　Z－14.0　F1.5;	螺纹加工
N80	X19.6;	
N90	X20.1;	
N100	X20.25;	
N110	G00　X15.0　Z100.0;	快速退刀
N120	M30;	程序结束
	%	程序结束符

表 29-12　工件 1、3 外圆轮廓粗、精加工程序

程序段号	程序内容	说　明
	%	程序开始符
	O0007;	程序号
N30	T0101;	调用 93° 外圆粗车刀
N40	G97　G99　F0.2;	设置进给为恒转速控制，进给量 0.2mm/r
N50	M03　S800;	主轴正转，转速 800r/min
N60	G00　X52.0　Z2.0;	快速进给至加工起始点
N70	G73　U25.0　R25.0;	
N80	G73　P90　Q160　U0.2;	
N90	G00　X0.0;	
N100	G01　Z0;	
N110	G03　X32.0　Z-41.889　R24.0;	固定形状切削复合循环
N120	G01　Z-52.0;	
N130	X46.0;	
N140	X48.0　Z-53.0;	
N150	Z-69.0;	
N160	X50.0;	
N170	G00　X100.0　Z100.0;	快速退刀
N180	T0202;	调用 93° 外圆精车刀
N190	G97　G99　F0.05;	设置进给为恒转速控制，进给量 0.05mm/r
N200	M03　S1500;	主轴正转，转速 1500r/min
N210	G00　X52.0　Z2.0;	快速进给至加工起始点
N220	G70　P90　Q160;	精加工外圆轮廓
N230	G00　X100.0　Z100.0;	快速退刀
N240	M30;	程序结束
	%	程序结束符

表 29-13　工件 1 左端外圆轮廓粗、精加工程序

程序段号	程序内容	说　明
	%	程序开始符
	O0008;	程序号
N30	T0101;	调用 93° 外圆粗车刀
N40	G97　G99　F0.2;	设置进给为恒转速控制，进给量 0.2mm/r
N50	M03　S800;	主轴正转，转速 800r/min
N60	G00　X52.0　Z2.0;	快速进给至加工起始点

（续）

程序段号	程序内容	说　明
N70	G71　U1.0　R1.0；	
N80	G71　P90　Q190　U0.2；	
N90	G00　X18.0；	
N100	G01　Z0；	
N110	X20.0　Z−1.0；	
N120	Z−12.0；	
N130	X26.0；	粗加工外圆轮廓
N140	X28.0　Z−29.0；	
N150	X38.0；	
N160	X40.0　Z−30.0；	
N170	Z−44.0；	
N180	X46.0；	
N190	X48.0　Z−45.0；	
N200	G00　X100.0　Z100.0；	快速退刀
N210	T0202；	调用93°外圆精车刀
N220	G97　G99　F0.05；	设置进给为恒转速控制，进给量0.05mm/r
N230	M03　S1500；	主轴正转，转速1500r/min
N240	G00　X52.0　Z2.0；	快速进给至加工起始点
N250	G70　P90　Q190；	精加工外圆轮廓
N260	G00　X100.0　Z100.0；	快速退刀
N270	M30；	程序结束
	%	程序结束符

二、工件加工实施过程

加工工件的步骤如下：

1）开启机床，各轴回机床参考点。

2）按照表29-4依次安装所需的外圆粗/精车刀，内、外螺纹车刀及切槽刀。

3）使用自定心卡盘装夹公共毛坯外圆，夹持毛坯留出加工长度约129.0mm。

4）对刀，并设置刀具补偿。

5）手动换取T01外圆粗车刀，起动主轴，手动加工工件3左端端面，至端面平整、光滑为止。

6）输入表29-6工件3左端外圆轮廓粗、精加工程序。

7）单击【程序启动】按钮，自动加工工件。加工完毕后，测量工件尺寸与实际尺寸的差值，若不合格可通过修改【刀具磨损】中差值，直至工件尺寸合格为止。

8）手动换取T05切槽刀，起动主轴，手动加工螺纹退刀槽，直至工件尺寸合格为止。

9）输入表29-7工件3左端螺纹加工程序。

10）单击【程序启动】按钮，自动加工工件。加工完毕后，使用螺纹环规检测，若不合格可通过修改【刀具磨损】中差值，直至合格为止。

11）手动换取 T05 外圆切槽刀，起动主轴，手动切断工件，Z 方向留 0.5mm 余量。

12）按照表 29-4 依次安装所需的外圆粗刀，内孔粗精车刀，切槽刀，中心钻及钻头。

13）对刀，并设置刀具补偿。

14）不需拆除工件，手动换取 T01 外圆粗车刀，起动主轴，手动加工件 2 右端端面，至端面平整、光滑为止。

15）输入表 29-8 工件 2 右端内孔轮廓粗、精加工程序。

16）单击【程序启动】按钮，自动加工工件。加工完毕后，测量工件尺寸与实际尺寸的差值，若不合格可通过修改【刀具磨损】中差值，直至工件尺寸合格为止。

17）输入表 29-9 工件 2 右端外圆轮廓粗、精加工程序。

18）单击【程序启动】按钮，自动加工工件。加工完毕后，测量工件尺寸与实际尺寸的差值，若不合格可通过修改【刀具磨损】中差值，直至工件尺寸合格为止。

19）手动换取 T05 外圆切槽刀，起动主轴，手动切断工件，Z 方向留 0.5mm 余量。

20）按照表 29-4 依次安装所需的外圆粗刀，内孔粗精车刀，内外切槽刀，中心钻及钻头。

21）输入表 29-10 工件 1 右端内孔轮廓粗、精加工程序。

22）单击【程序启动】按钮，自动加工工件。加工完毕后，测量工件尺寸与实际尺寸的差值，若不合格可通过修改【刀具磨损】中差值，直至工件尺寸合格为止。

23）手动换取 T06 切槽刀，起动主轴，手动加工螺纹退刀槽，直至工件尺寸合格为止。

24）输入表 29-11 工件 1 内螺纹加工程序。

25）单击【程序启动】按钮，自动加工工件。加工完毕后，使用螺纹塞规检测，若不合格可通过修改【刀具磨损】中差值，直至合格为止。

26）将工件 2 拧紧在工件 1 上，按照表 29-4 依次安装所需的外圆粗/精刀。

27）对刀，并设置刀具补偿。

28）输入表 29-12 工件 1、3 外圆轮廓粗、精加工程序。

29）单击【程序启动】按钮，自动加工工件。加工完毕后，测量工件尺寸与实际尺寸的差值，若不合格可通过修改【刀具磨损】中差值，直至工件尺寸合格为止。

30）拆卸件 3，调头装夹件 1，使用百分表校正工件。

31）手动换取 T01 外圆粗车刀，起动主轴，手动加工件 1 左端端面，去除多余毛坯，保证工件长度，且端面平整、光滑为止。

32）输入表 29-13 工件 1 左端外圆轮廓粗、精加工程序。

33）单击【程序启动】按钮，自动加工工件。加工完毕后，测量工件尺寸与实际尺寸的差值，若不合格可通过修改【刀具磨损】中差值，直至工件尺寸合格为止。

34）装夹件 2，使用百分表校正工件。

35）手动换取 T01 外圆粗车刀，起动主轴，手动加工件 2 左端端面，去除多余毛坯，保证工件长度，且端面平整、光滑为止。

36）去飞边。

37）加工完毕，卸下工件，清理机床。

三、总结与评价

根据表 29-14 要求对已加工的工件进行正确的自我评价，并找出在学习过程中遇到的问题，然后认真总结，填写表 29-15。

表 29-14　评分标准

班级		姓名		学号		日期		
课题名称		零件加工训练		零件图号				
序号	考核内容	考核要求	配分	评分标准		学生自评	教师评分	得分
零件 1 （42 分）								
1	外圆	$\phi 48_{-0.03}^{0}$ mm	4	超差 0.01mm 扣 1 分				
2		$\phi 40_{-0.03}^{0}$ mm	4	超差 0.01mm 扣 1 分				
3		$\phi 32_{-0.03}^{0}$ mm	4	超差 0.01mm 扣 1 分				
4		$\phi 20_{-0.021}^{-0.007}$ mm	4	超差 0.01mm 扣 1 分				
5	长度	(87 ± 0.05) mm	4	超差 0.01mm 扣 1 分				
6	内沟槽	$4 \times \phi 22$ mm	2	超差不得分				
7	内螺纹	$M20 \times 1.5 - 6H$	5	不合格不得分				
8	圆弧	$SR24$ mm	2	超差不得分				
9	角度	$1 : 8.5$	2	超差 2′扣 1 分				
10	表面粗糙度	$Ra1.6\mu m$ （6 处）	4	表面粗糙度值增大一级扣 0.5 分				
11		$Ra3.2\mu m$	2	表面粗糙度值增大一级扣 2 分				
12	倒角	螺纹倒角	1	超差不得分				
13		$C1$ （4 处）	2	超差不得分				
14	其余		2	每错一处扣 1 分				
零件 2 （23 分）								
1	外圆	$\phi 40_{-0.03}^{0}$ mm	4	超差 0.01mm 扣 1 分				
2	内孔	$\phi 20_{0}^{+0.025}$ mm	4	超差 0.01mm 扣 1 分				
3	长度	28 ± 0.03 mm	4	超差 0.01mm 扣 1 分				
4	角度	$1 : 8.5$	3	超差 2′扣 1 分				
5	表面粗糙度	$Ra1.6\mu m$ （2 处）	2	表面粗糙度值增大一级扣 1 分				
6		$Ra3.2\mu m$	2	表面粗糙度值增大一级扣 1 分				
7	倒角	$C1$ （2 处）	2	超差不得分				
8	其余		2	每错一处扣 1 分				

数控车削加工案例详解

（续）

序号	考核内容	考核要求	配分	评分标准	学生自评	教师评分	得分
			零件3（15分）				
1	圆弧	$SR24\text{mm}$	3	超差不得分			
2	外沟槽	$4 \times \phi16\text{mm}$	1	超差不得分			
3	外螺纹	$M20 \times 1.5 - 6g$	5	不合格不得分			
4	表面粗糙度	$Ra1.6\mu m$（1处）	1	表面粗糙度值增大一级扣1分			
5		$Ra3.2\mu m$	2	表面粗糙度值增大一级扣1分			
6	倒角	螺纹倒角	1	超差不得分			
7	其余		2	每错一处扣1分			
			其他（20分）				
1	配合	长度（111±0.08）mm	4	无法配合扣4分，长度尺寸不正确扣4分			
2		螺纹配合	3	不合格不得分			
3		锥度配合	4	不合格不得分			
4		$SR24\text{mm}$ 整体轮廓	3	不合格不得分			
5	工艺	工艺制作正确、合理	3	工艺不合理扣2分			
6	程序	程序正确、简单、明确、规范	3	程序不正确不得分			
7	安全文明生产	按国家颁布的安全生产规定标准评定		1）违反有关规定酌情扣1~10分，危及人身或设备安全者终止考核 2）场地不整洁，工、夹、刀、量具等放置不合理酌情扣1~5分			
	合　计		100	总　分			

表29-15　自我总结

遇到问题	1. 2. 3. 4. 5.
解决方案	1. 2. 3. 4. 5.
自我总结	

四、尺寸检测

1）用千分尺检测工件的外圆尺寸是否达到要求。

2）用游标卡尺检测工件的长度尺寸是否达到要求。

3）用游标万能角度尺检测工件的外锥度是否达到要求。

4）用涂色法检测工件的内孔锥度是否达到要求。

5）用内径千分尺和内径百分表检测工件的内孔尺寸是否达到要求。

6）用深孔内沟槽游标卡尺检测工件的内沟槽尺寸是否达到要求。

7）用螺纹塞规检测工件的内螺纹尺寸是否达到要求。

8）用螺纹环规检测工件的外螺纹尺寸是否达到要求。

9）用半径样板检测工件的圆弧尺寸是否达到要求。

五、注意事项

1）机床工作前要有预热，认真检查润滑系统工作是否正常。

2）禁止用手接触刀尖和切屑，必须要用铁钩子或毛刷来清理切屑，禁止戴手套操作机床。

3）在加工过程中，不允许打开机床防护门。

4）装夹刀具时，车刀刀尖必须与主轴轴线等高。

5）若出现尺寸误差可以通过调整刀具的补偿来解决。

6）加工过程中，尽量采用试切、测量、补偿、试测方法控制尺寸精度。

7）加工槽时，注意工件是否发生滑动。

8）加工内孔时，注意刀具的吃刀量与刀具长度，避免出现撞刀现象。

9）加工内螺纹时，要考虑内螺纹车刀的长度，防止内螺纹车刀撞到不通孔孔底。

10）粗、精车螺纹必须是同样的主轴转速，如果改变螺纹转速会导致工件乱牙；螺纹加工的循环点不能随便改动，如果改变循环点会导致工件乱牙。

11）螺纹精度控制：加工螺纹时，螺纹循环运行后，停车测量；然后根据测量结果调整刀具磨损量，重新运行螺纹循环指令，直至符合尺寸要求。

12）程序中设置的换刀点，不一定是最佳位置，应根据所用刀具及机床情况，重新设置。

13）精加工时采用高主轴转速、小进给量、小的切削深度的方法来选择切削用量，采用小的刀尖圆弧半径可加工出较高的工件表面质量；采用恒线速切削来保证球体和锥体外表面质量要求。

14）所使用的精车刀有刀尖圆弧半径，精加工时，必须进行刀具半径补偿，否则加工的圆弧存在加工误差。

15）粗加工时在机床允许范围内应尽量选择大的切削深度和进给量，切削速度则相应选小些。

16）工件加工完毕，清除切屑，擦拭机床，使机床与环境保持清洁状态。